Ingrid Gerstbach | Peter Gerstbach

# Basiswissen Business-Analyse

Ingrid Gerstbach | Peter Gerstbach

# Basiswissen Business-Analyse

Probleme lösen, Chancen nutzen

alles, was sie wissen müssen

REDLINE | VERLAG

**Bibliografische Information der Deutschen Nationalbibliothek:**
Die Deutsche Nationalbibliothek verzeichnet diese Publikation in der Deutschen Nationalbibliografie; detaillierte bibliografische Daten sind im Internet über **http://d-nb.de** abrufbar.

**Für Fragen und Anregungen:**
lektorat@redline-verlag.de

1. Auflage 2015


ein Imprint der Münchner Verlagsgruppe GmbH,
Nymphenburger Straße 86
D-80636 München
Tel.: 089 651285-0
Fax: 089 652096



Redaktion: Ulrike Kroneck, Melle-Buer
Satz: Grafikstudio Förster, Belgern
Druck: Konrad Triltsch GmbH, Ochsenfurt
Printed in Germany

ISBN Print 978-3-86881-574-0
ISBN E-Book (PDF) 978-3-86414-702-9
ISBN E-Book (EPUB, Mobi) 978-3-86414-701-2

# Inhalt

# Vorwort

Trotz jahrzehntelanger Forschung und Mühe scheint es, dass wir ständig in Projekten stecken, bei denen Anforderungen nicht erfüllt oder ungeeignete »Lösungen« entwickelt werden. In vielen Fällen wurde nur eine begrenzte, oder – schlimmer noch – gar keine Business-Analyse durchgeführt. Das trägt zweifellos zum Scheitern von Change-Projekten bei, erhöht das Risiko von vergeudeten Investitionen und ineffizienten Maßnahmen. Wir müssen grundsätzlich verstehen, warum Projekte scheitern und verschiedene andere Möglichkeiten betrachten, um dieses systematische Scheitern zu beenden. Business-Analyse gewinnt in diesem Zusammenhang zunehmend an Bedeutung auf der ganzen Welt und die Anerkennung von Business-Analyse war noch nie höher. Aber trotz all dem gibt es noch eine Menge zu tun.

Bücher über Business-Analyse sind ein wesentlicher Bestandteil, um diese Anerkennung weiter zu steigern. Sie bilden die Grundlage für die Entwicklung der Theorie und Praxis der Business-Analyse, legen Standards und erforderliche Best Practices fest, damit wir unsere Arbeit effektiv erledigen können. Sie erklären auch den Mehrwert, den Business-Analysten in Change-Projekte bringen. Um effektiv und nachhaltig zu arbeiten, müssen die Praktiker vor allem in drei Bereichen kompetent sein: Sie brauchen die fachlichen Fähigkeiten, die entscheidend für eine effektive Analyse sind; die persönlichen Qualitäten, die es ihnen ermöglichen, mit den Stakeholdern zu arbeiten; und das Wissen über den Geschäftsbereich, das die Kommunikation und das Verständnis erleichtert.

Einige Bücher haben einen relativ schmalen Blickwinkel, diskutieren vielleicht einen bestimmten Teil der Business-Analyse wie zum Beispiel Requirements Engineering und erwecken manches Mal den Anschein, dass sich bei Business-Analyse alles um Anforderungen dreht. Doch in der Praxis gibt es noch viel mehr zur Business-Analyse zu sagen, und genau das übernehmen Ingrid und Peter Gerstbach in ihrem Buch. Sie decken das umfassendste Spektrum der Business-Analyse ab und damit alle Aufgaben, die in der Business-Analyse anfallen. Dazu haben sie in ihrem Buch das BA-Prozessmodell aus der BCS-Veröffentlichung *»Business-Analysis«* weiterentwickelt, um einen Rahmen für die Tätigkeiten in der Business-Analyse anzubieten. Sie machen deutlich, wie wichtig das Verständnis des Unternehmensbedarfs ist, bevor Lösungen vorgeschlagen werden, und auch die Berücksichtigung es ganzheitlichen Charakters der Business-Analyse, einschließlich des organisatorischen Kontextes und der Stakeholder, die den Input einbringen und schlussendlich auch die Akzeptanz. Sie diskutieren den oft übersehenen Aspekt der sozialen Kompetenzen, die entscheidend sind, damit Business-Analyse erfolgreiche Unternehmensveränderungen überhaupt erst ermöglichen kann.

Wenn wir die Anerkennung, die Business-Analyse verdient, erreichen wollen, ist es wichtig, dass Bücher wie dieses veröffentlicht werden. Wir brauchen sie, um einen Maßstab für die Tätigkeiten von Business-Analyse bereitzustellen, um die Rolle und Aktivitäten zu überprüfen und wertvolle Einblicke zu bieten, wie man der effektivste Business-Analyst überhaupt sein kann. Das Buch bezieht auch einen organisationalen Kontext mit ein, um die Prioritäten der Arbeit in der Business-Analyse zu identifizieren und um sicherzustellen, dass sie wirklich ganzheitlich betrachtet wird. Ich gratuliere Ingrid und Peter, dass sie das erste Buch über Business-Analyse in deutscher Sprache verfasst haben und damit eine hervorragende Ressource für Business-Analysten anbieten.

*Debra Paul*

*Oktober 2014*

# Intro

## Die Herausforderung der Business-Analyse

Business-Analyse hat sich zu einer Spezialdisziplin entwickelt, die einen wirklichen Mehrwert für Unternehmen bietet. Auf Business-Analysten wartet ein extrem spannendes Aufgabengebiet: Eingebettet in einen Veränderungsprozess, ist es immer eine spannende Herausforderung, Unternehmen durch diesen Prozess zu begleiten und Nutzen zu erzeugen.

Business-Analyse bietet Unternehmen eine Chance, Prozesse, IT und Organisation so auszurichten, dass tatsächlich Ziele erreicht und Probleme effektiv gelöst werden. Sie kann aber auch eine Chance sein, mögliche Optionen für notwendige Veränderung zu erarbeiten, immer unter Berücksichtigung eines bestimmten finanziellen oder zeitlichen Budgets. Business-Analysten ermöglichen objektive Ansichten, die die bisherigen Annahmen infrage stellen. Sie finden heraus, wo wirkliche Geschäftsvorteile herausgearbeitet werden können und wo potenzielle Weiterentwicklungsmöglichkeiten liegen.

In den letzten Jahren haben Business-Analysten ihre Fähigkeit dermaßen erweitert, dass die Breite ihrer Einsatzmöglichkeiten, wo sie helfen und wo sie eingreifen können, sehr umfangreich geworden ist. Als interne Berater sind erfahrene Business-Analysten nicht nur in der Lage, verschiedene Prozesse und Systeme mit dem Unternehmen zu verbinden. Sie können auch in Bereichen, die seit jeher schon unter ständigem Erfolgsdruck stehen – wie die Erreichung von prognostizierten Geschäftsvorteilen –, eingreifen und mitarbeiten. Externe Berater arbeiten eher abteilungsübergreifend, was sich wiederum auf die gesamte Organisation auswirkt. Es ist also wichtig, sich genau zu überlegen, wo Business-Analysten eingesetzt und in welchem Bereich ihre Arbeit durchgeführt werden soll.

Die Herausforderung für Business-Analysten ist, ihr umfangreiches Werkzeugset aus sowohl persönlichen Eigenschaften als auch spezifischem Know-how ständig zu erweitern, damit sie auf diese Weise Unternehmen dabei unterstützen können, ihren Bedarf effizient zu lösen.

Die Herausforderung für Unternehmen ist es, die Business-Analysten wiederum in ihrer persönlichen Entwicklung zu unterstützen, um so sicherzustellen, dass sie Autoritäten der Business-Analyse sind und auch mit den schwierigsten Situationen umgehen können – schließlich wollen die Unternehmen unbesorgt den Rat der Business-Analysten annehmen können.

Dieses Buch ist vor allem für die Business-Analyse-Community geschrieben worden, aber es richtet sich auch an alle, die vor den Herausforderungen der heutigen Geschäftswelt stehen. Unser Ziel ist es damit, nicht nur den Business-Analysten, sondern auch Managern, Führungskräften und allen Beteiligten eine nützliche Anleitung an die Hand zu geben.

*Ingrid und Peter Gerstbach*

Kapitel 1

# Business-Analyse als Wegbereiter des Unternehmenserfolgs

Veränderungen in Unternehmen lassen sich mithilfe der Business-Analyse am besten umsetzen: Denn sie ist in der Lage, Bedarfe und Probleme in Unternehmen zuverlässig zu ermitteln und passende Lösungen aufzuzeigen. Und zwar genau die Lösungen, die sich langfristig und stabil in den Unternehmen verankern lassen – weil sie auf die Mission und Vision eines Unternehmens einzahlen.

## 1.1 Was ist Business-Analyse und warum macht sie Unternehmen erfolgreicher?

Nie zuvor standen Unternehmen so sehr vor der Herausforderung, ihre Konkurrenzfähigkeit zu halten und weiter auszubauen wie heute: Finanz- und Wirtschaftskrisen beuteln die bereits angeschlagenen Organisationen immer wieder, die Globalisierung zieht ständige Auseinandersetzungen um Produkte und Preise nach sich. Unternehmen müssen permanent Probleme bzw. Chancen identifizieren, um diese dann schnell und zuverlässig zu überschaubaren Kosten zu lösen bzw. zu nutzen.

Auch die Kosten, die durch fehlerhafte Prozesse, schlechte Kommunikation, ungünstige Entwicklung und unvollkommene Anforderungserhebung ausgelöst werden, sind erstaunlich hoch. Viele Probleme, die im Geschäftsalltag entstehen, beruhen letztendlich auf mangelhaften oder gar nicht erfolgten Geschäftsanalysen. Das wiederum führt zu schlechten Lösungen, weil kritische Elemente des Problems übersehen werden oder die Lösung komplexer wird, als sie tatsächlich sein müsste. Unternehmen können weniger gut bzw. gar nicht die jeweilige momentane Lage und den tatsächlichen Nutzen eines Projekts erfassen.

Auf die Ebene des Tagesgeschäfts übertragen, können sich die genannten Herausforderungen so darstellen:

- Eine neue Gesetzgebung erfordert veränderte Abläufe.
- Der Vertrieb eines Unternehmens braucht Unterstützung, damit er die neue Marketing-Strategie umsetzen kann.
- Die Marketing-Abteilung möchte elektronische Aussendungen so anpassen, dass die Kunden weitere Produkte empfohlen bekommen, die zu den bereits bestellten Produkten passen.

Ob die Unternehmen groß oder klein, die internen Strukturen komplex oder einfach sind und ganz egal, welche Unternehmensziele verfolgt werden: Unterm Strich versucht jedes Unternehmen, diese und ähnliche Probleme schnell in den Griff zu bekommen und effizient zu lösen.

### Wichtig: Das richtige Problem lösen

Den meisten Managern fehlt es jedoch an Zeit, um die Ursachen eines aktuellen Problems zu erforschen, es von allen Seiten zu beleuchten, zu analysieren und die übergreifenden Zusammenhänge zu verstehen, um schließlich die bestmögliche Lösung zu finden und umzusetzen. Hinzu kommt noch, dass die meisten Lösungen ohne Software gar nicht umgesetzt werden können. Das bedeutet, dass spezielles Know-how notwendig ist. Es ist aber schlicht und ergreifend nicht die Aufgabe eines Managers, sich darum zu kümmern. Die meisten von ihnen wollen auch gar keine Programmiersprache erlernen. Oder den tieferen Sinn eines Systems begreifen. Alles, was ein Manager will, ist eine schnelle, umsetzbare und damit brauchbare Lösung für das Problem. Dank der IT-Abteilung wird er eine solche Lösung auch erhalten. Die notwendige Software lässt sich meistens schnell definieren und entwickeln. Danach müssen nur noch die Datenbanken befüllt, Netzwerke untereinander verbunden und Hardware installiert werden. Sobald der IT-Experte weiß, was der Manager bzw. das Unternehmen eigentlich genau benötigt, kann er mit seiner Arbeit starten.

Hört sich einfach an, ist es aber nicht. Denn bis es eine brauchbare Lösung gibt, müssen viele Voraussetzungen erfüllt sein:

- Jemand muss alle notwendigen Informationen sammeln, um das Problem verstehen zu können.
- Jemand muss den Bedarf des Unternehmens analysieren, damit am Ende das *richtige* Problem gelöst wird.
- Jemand muss unterschiedliche Lösungsalternativen erarbeiten, gegeneinander abwägen und eine fundierte Entscheidungsgrundlage für das Management erarbeiten.
- Jemand muss vorgeben, was genau geschehen soll, um das Problem zu lösen. Und dies muss so formuliert sein, dass sich die Umsetzungsexperten an die Arbeit machen können.
- Jemand muss prüfen, ob die Organisation auch tatsächlich in der Lage ist, den gewünschten Nutzen aus der umgesetzten Lösung zu ziehen und schließlich im Nachgang prüfen, ob die Änderungen die erwünschte Wirkung erzielt haben.

## Definition der Business-Analyse

Wer aber ist dieser Jemand, der sich all diesen Herausforderungen stellt? Diese wichtige Rolle nennt sich *Business-Analyst*. Er hat in den letzten Jahren seinen festen Platz bereits in vielen Unternehmen gefunden. Der Auftrag des Business-Analysten lautet: Unternehmensbedarf finden und Geschäftsprobleme lösen.

Um diese Rolle zu erfüllen, reicht es aber nicht, nur Anforderungen zu erheben. Die Spezifikation von Anforderungen ist zwar eine durchaus wichtige Aufgabe, aber der Business-Analyst ist immer auch Problemlöser. Er ist der Erste, an den man sich wendet, sobald ein Unternehmen einen Bedarf erkennt. Und das gilt für jegliche Art von Bedarfen – seien sie politischer, technischer, kaufmännischer, missverstandener, unklarer, sozialer, technologischer oder philosophischer Natur. Das gilt für große und kleine Probleme – für Probleme, die durch Informationstechnologie gelöst werden können und für Probleme, für die ein überarbeiteter Geschäftsprozess, eine Umschulung der Mitarbeiter oder eine neue Organisationsstruktur sinnvoll wäre.

Der Business-Analyst nimmt sich der Fragestellung an und versucht zunächst, den Unternehmensbedarf in der Tiefe zu verstehen und herauszufinden, wie die Konsequenzen für das Unternehmen aussehen, wenn das Problem gelöst oder auch nicht gelöst ist. Erst danach begibt er sich auf die Suche nach einer Lösung, die den Unternehmensbedarf befriedigt, indem eventuell ein Problem ganz eliminiert, die Situation zumindest deutlich verbessert oder eine neue Chance erkannt und ergriffen wird. Was also ist Business-Analyse? Und was macht der Business-Analyst und was macht er nicht?

Der Business-Analyst

- ermittelt die Informationen,
- analysiert den Bedarf,
- bewertet und evaluiert mögliche und tatsächliche Lösungen,
- definiert die Anforderungen
- und unterstützt bei der Veränderung.

Das International Institute of Business Analysis® (IIBA®) definiert Business-Analyse wie folgt[1]:

> »Business-Analysis is the practice of enabling change in an enterprise by defining needs and recommending solutions that deliver value to stakeholders. (...)«

[1] Quelle: International Institute of Business Analysis (2015): A Guide to the Business Analysis Body of Knowledge® (BABOK® Guide), 3. Auflage (zur Zeit der Veröffentlichung dieses Buches noch nicht erschienen) IIBA® und die später erwähnten BABOK®, Business Analysis Body of Knowledge®, CBAP® und CCBA® sind registrierte Markenzeichen des International Institute of Business Analysis. Certified Business Analysis Professional, Certification of Competency in Business Analysis sind Marken des International Institute of Business Analysis

Das IIBA™ ist u. a. verantwortlich für den *Business-Analysis Body of Knowledge* (BABOK®). Im BABOK® werden die Business-Analyse-Wissensgebiete und die damit verbundenen Tätigkeiten beschrieben, aber auch, welche Fähigkeiten und Fertigkeiten ein Business-Analyst braucht, um erfolgreich agieren zu können.

Im BABOK® Guide v2[2] lautet die Definition von Business-Analyse:

> »Business-Analyse ist die Summe der Aufgaben und Methoden, die eingesetzt werden, um zwischen unterschiedlichen Stakeholdern zu vermitteln mit dem Ziel, die Strukturen, Grundsätze und Abläufe eines Unternehmens zu verstehen und zielführende Lösungen zu empfehlen (...) Ein Business-Analyst ist jede Person, die Business-Analyse-Aktivitäten durchführt – unter welchem Titel auch immer.«

Die Herausforderung für den Business-Analysten liegt also darin, das Unternehmen zu verstehen, Probleme und Chancen im Zusammenhang mit den Anforderungen zu sehen und darauf basierende Lösungen vorzuschlagen, die es dem Unternehmen ermöglichen, seine Ziele zu erreichen. Das International Institute of Business-Analysis (IIBA™) hat das in seinem Slogan auf den Punkt gebracht: *»Helping Business do Business better.«*

Auf Basis dieser Definition lassen sich die Tätigkeiten eines Business-Analysten beispielhaft so beschreiben:

- Der Business-Analyst untersucht das eigentliche *Problem*, sodass Zeit und Energie nicht auf eine vermeintliche Lösung verschwendet werden.

2 *International Institute of Business Analysis (2012): Leitfaden zum Business Analysis Body of Knowledge® - BABOK®* Guide 2.0, Verlag Dr. Götz Schmidt. Wettenberg, S. 15f

- Der Business-Analyst zeigt dem Management auf, was es tatsächlich von der Veränderung zu erwarten hat, damit das Endresultat frühestmöglich angenommen werden kann und alle in ein und dieselbe Richtung arbeiten.
- Der Business-Analyst fährt sein gesamtes analytisches und kreatives Denken auf, um sicherzugehen, dass das Unternehmen die besten Entscheidungen trifft.
- Der Business-Analyst stellt Informationen für die obere Führungsebene bereit, damit diese ihre Entscheidungen schneller und effizienter treffen kann.
- Der Business-Analyst schafft ein Umfeld, in dem der Informationsfluss zwischen den Geschäftseinheiten und der IT reibungslos funktioniert, um so die Qualität von Lösungen zu erhöhen.
- Der Business-Analyst vermittelt und »übersetzt« zwischen Management und Technik, um Missverständnisse auf ein Minimum zu reduzieren.
- Der Business-Analyst agiert als Change Agent, um Geschäftsprozesse zu verbessern.
- Der Business-Analyst sorgt dafür, dass Veränderungen auf schnellstem Weg umgesetzt werden, damit der laufende Betrieb nicht unter dem neuen Prozess leidet, sondern im Gegenteil dessen Vorteile auch unmittelbar nutzen kann.

Diese Punkte geben einen ersten Einblick in die vielen wichtigen Herausforderungen eines Business-Analysten und machen auch erste Hindernisse deutlich, sowohl technischer als auch politischer Natur.

In der Mitte von allen und umgeben von engagierten ITlern, Prozessexperten, Organisationsexperten und Führungskräften vermittelt der Business-Analyst also bei Missverständnissen, definiert Funktionen und Features, beschwichtigt das Management, untersucht mögliche Auswirkungen am Markt, entwickelt konstruktive Veränderungsszenarien und schlägt nach all dieser Arbeit Lösungen vor.

## Vorteile der Business-Analyse

Business-Analyse ist der entscheidende Erfolgsfaktor für Unternehmen. An dieser Stelle wollen wir Ihnen anhand der wichtigsten Beispiele in einem etwas detaillierteren Überblick zeigen, warum dies so ist:

- **Business-Analyse definiert Unternehmensbedarf und deren Lösungen**: Business-Analysten helfen ihren Stakeholdern, eine Lösung für deren spezifischen Unternehmensbedarf zu finden. Die Methoden der Business-Analyse stellen sicher, dass dieses Ziel auch erreicht wird. Stakeholder nehmen zu Recht an, dass durch adäquate Business-Analyse jede Änderung einen Wert für das Unternehmen schafft. Um mögliche Missverständnisse bereits im Keim zu ersticken, erhebt der Business-Analyst bereits am Anfang die einzelnen Stakeholder- und Unternehmensbedarfe und klärt die damit verbundenen Erwartungen ab.
- **Business-Analyse optimiert Aufwandschätzungen**: Die wenigsten Beteiligten sind erfreut, wenn ein Projekt deutlich länger dauert und teurer wird, als ursprünglich geplant war. Der Business-Analyst unterstützt dabei, den tatsächlichen Aufwand richtig einzuschätzen. Weil er aufzeigt, welcher Aufwand für die Erreichung der Ziele nötig sein wird, können Unternehmen viel besser kalkulieren und solidere Entscheidungen treffen.
- **Business-Analyse sorgt dafür, dass ein Unternehmen auf seine Ziele ausgerichtet ist**: Business-Analysten arbeiten sowohl an den Unternehmenszielen (Was sind die Unternehmensziele? Wie lautet die Strategie? Wenn das Projekt umgesetzt wurde, unterstützt die Lösung Unternehmensziele und Strategie wirklich?) als auch an den Prozessen (Welche Prozesse existieren bereits? Wie können diese optimiert werden?). Permanent überprüfen sie, ob der Verlauf des Projekts noch mit dem anvisierten Ergebnis übereinstimmt. Zeigt sich während eines laufenden Projekts, dass damit kein Wert für das Unternehmen erzielt werden kann oder die weitere Verfolgung sogar noch Schaden anrichten könnte, weist ein Business-Analyst darauf hin, in welche Richtung das Projekt zu steuern ist, oder er empfiehlt, es abzubrechen.

- **Business-Analyse steuert den Projektumfang**: Vor allem bei Projekten, die über einen längeren Zeitraum laufen, kann es passieren, dass nach der Aufwandsschätzung neue Anforderungen vonseiten der Stakeholder eingebracht werden. In einem solchen Fall liegt die Herausforderung für den Business-Analysten darin, aufzuzeigen, welche Auswirkungen diese auf das Projekt und auf das Unternehmen haben würden und ob es sich auszahlt, die neu eingebrachten Anforderungen in das laufende Projekt aufzunehmen.
- **Business-Analyse reduziert Projektfehler**: Business-Analyse macht Unsichtbares sichtbar, indem der ganze Prozess und die einzelnen Schritte detailliert aufgezeigt werden und der Grund von Veränderung klar dargestellt wird. Diese Transparenz erleichtert u. a. den Testern ihre Aufgabe und ermöglicht bereits vor der Implementierung, schnell mögliche Fehler und Abweichungen zu erkennen.
- **Business-Analyse vereinfacht den Übergang zur Umsetzung**: Was nützt die beste Lösung, wenn sie letzten Endes vom tatsächlichen Nutzer nicht verwendet wird? Der Business-Analyst stellt sicher, dass der Endnutzer mit der Lösung ebenfalls zufrieden ist. Schließlich soll das Unternehmen davon profitieren.
- **Business-Analyse reduziert doppelte Lösungen**: Ein Unternehmen ist ein komplexes Konstrukt, in dem normalerweise unzählige Projekte parallel laufen, die auf dieselben Unternehmensziele ausgerichtet sind. Es kann deshalb passieren, dass Anforderungen mehrfach auftauchen oder auch unterschiedliche Projekte denselben Unternehmensbedarf befriedigen wollen. Der Business-Analyst ist gefordert, sich einen Überblick zu erarbeiten und diesen laufend zu aktualisieren.
- **Business-Analyse verbessert die Teamkommunikation**: Jedes Teammitglied muss eine klare Vorstellung und ein richtiges Verständnis davon haben, wie das Ergebnis eines Projekts tatsächlich auszusehen hat. Der Business-Analyst sollte sichergehen, dass jeder Einzelne wirklich verstanden hat, worin die Herausforderungen liegen, wie die Aufgaben verteilt sind und was er oder sie zum Projekterfolg beitragen kann. Manchmal ist es notwendig, mehrmals nachzuhaken und zu erklären.

- **Business-Analyse steigert die Kundenzufriedenheit**: Der Business-Analyst begleitet das Unternehmen bei allen Veränderungen, die ein Projekt mit sich bringt. Wenn Schwierigkeiten auftauchen, die den Stakeholdern das Gefühl geben, der Grund dafür sei die Veränderung an sich, ist der Business-Analyst gefordert. Er versucht, den Stakeholdern die Kommunikation zu erleichtern, indem er immer wieder nachfragt, empathisch reagiert und aktiv zuhört. So kann er bereits erste Zweifel erkennen und auf diese angemessen reagieren.

## 1.2 Die Entwicklung einer Disziplin: Wie Business-Analyse entstanden ist

Jeder Beruf hat seine eigene Geschichte zu erzählen: Hippokrates von Kos zum Beispiel war nicht nur der berühmteste Arzt des Altertums, sondern begründete die Medizin als Wissenschaft. Die Friseure sehen ihre Wurzeln bei den Barbieren im Mittelalter. Menschen wie Clarence Seward Darrow, der als Anwalt für Gerechtigkeit kämpfte, oder Karl Marx, der als Journalist die Weltgeschichte mitveränderte, sind Helden und Vorbilder für die einzelnen Berufssparten. Nicht selten zieren ihre Porträts die Wände von verschiedenen Räumlichkeiten und erinnern an die Wurzeln der jeweiligen Berufsgruppen.

Bei neueren Berufszweigen scheint es auf den ersten Blick etwas schwieriger zu sein, einen Anfang oder einen genauen Ursprung zu finden und die jeweilige Historie zu beleuchten. Bei der Business-Analyse ist das jedoch nicht so: Sie hat einen durchaus sehenswerten und großen »Stammbaum«.

### Adam Smith: Früher Entwickler von Geschäftsprozessen

Als einen der Urväter der Business-Analyse könnte man niemand Geringeren als Adam Smith nennen, den Aufklärer und Begründer der Nationalökonomie. Seine Metapher der »unsichtbaren Hand« – wonach der wirtschaftliche Eigennutz des Einzelnen die Interessen der Gesellschaft stärker fördert, als wenn er diese Interesse direkt hätte fördern wollen – prägt und beeinflusst die tägliche Arbeit des Business-Analysten maßgeblich.

Aber nicht nur deswegen könnte Adam Smith als einer der ersten Business-Analysten gelten – sondern auch, weil er schon früh Geschäftsprozesse entwickelt hat: Als findiger Unternehmer stand er nämlich eines Tages vor der Frage, wie die Herstellung einer Stecknadel optimiert werden könnte. Er begann damit, den Produktionsablauf genau zu beobachten, in seine Einzelteile zu gliedern und zu dokumentieren – und da war er, der erste Geschäftsprozess:

> »One man draws out the wire, another straights it, a third cuts it, a fourth points it, a fifth grinds it at the top for receiving the head: to make the head requires two or three distinct operations: to put it on is a particular business, to whiten the pins is another ... and the important business of making a pin is, in this manner, divided into about eighteen distinct operations, which in some manufactories are all performed by distinct hands, though in others the same man will sometime perform two or three of them.«[3]

## Herman Hollerith: Auf jahrelanger Suche

Herman Hollerith, ein amerikanischer Unternehmer und Ingenieur, löste im späten 19. Jahrhundert ein wesentliches Problem und hätte sich deshalb ebenfalls als einen frühen Business-Analysten bezeichnen können: 1880 erfuhr Hollerith am eigenen Leibe, wie ineffizient und zeitintensiv Volkszählungen der damaligen Zeit waren. Als junger und ambitionierter Ingenieur, frisch von der Universität, wurde er bei der Volkszählung

[3] Adam Smith (1974): *An Inquiry into the Nature and Causes of the Wealth of Nations*. Beck Verlag. München, S. 1.

eingesetzt. Er erstellte in mühsamer Arbeit für das US Census Bureau Statistiken und Tabellen über die Bevölkerung. Einer seiner Vorgesetzten seufzte eines Tages, dass doch endlich jemand eine Maschine erfinden sollte, um diese Statistikauswertung zu vereinfachen und die Tabellen schneller auslesen zu können. Dieser wohl eher im Scherz geäußerte Satz ließ Hollerith keine Ruhe – und er begann, nach einer effizienten Lösung zu suchen. Diese Suche dauerte Jahre!

Der junge Ingenieur entschied sich für ein Lochkartenverfahren, nach dem damals bereits die Musikautomaten arbeiteten. Die Karten wurden in Felder eingeteilt, in denen nach dem binären Prinzip – »Ja« oder »Nein«, sprich: gelocht oder nicht gelocht – Informationen hinterlegt wurden, die dann ein Abtastgerät auslas. Schon bei der nächsten Volkszählung 1890 wurde dieses Lochkartenverfahren angewandt. Während bei der Volkszählung zuvor die Auswertung volle sieben Jahre gedauert hatte, konnten dieses Mal bereits innerhalb eines einzigen Monats alle relevanten Informationen gefiltert werden.

In unsere heutige Sprache übersetzt, könnten wir nun sagen, dass Hollerith wie ein Business-Analyst an dieses Problem heranging: Er hatte einen *Bedarf* erkannt, sich die gegebenen Umstände, den *Kontext*, angesehen (den ineffizienten Ansatz, eine Volkszählung durchzuführen und deren Ergebnisse auszuwerten), und hatte dann, unter Zuhilfenahme eines Computers, für das Problem eine effiziente, kostengünstige *Lösung* gefunden.

## Frederick Winslow Taylor: Trennung von kontrollierender und ausführender Arbeit

Aber auch Frederick Winslow Taylor, Begründer der Arbeitswissenschaft, zählt zu den ersten und bekanntesten Business-Analysten. Er widmete sein ganzes Leben dem Wesen der Effizienz in den Betrieben. Die Geschichte erzählt, dass Taylor angeblich 59-jährig mit einer Uhr in der Hand starb. Zeit seines Lebens kämpfte er gegen »(...) die tagtägliche Vergeudung menschlicher Arbeitskraft durch ungeschickte, unangebrachte oder unwirksame Maßnahmen«[4]. Kaum jemand hat die Geschichte der Unternehmensproduktion und Organisation so nachhaltig beeinflusst und wurde doch so kontrovers diskutiert wie er. Er zeigte einen neuen Weg auf, wie die Produktivität nachhaltig erhöht werden konnte – indem die Prozesse und Arbeitsabläufe gesteuert und vom Management detailliert vorgeschrieben werden.

Dazu wählte Taylor folgendes Grundmuster: Zunächst wählt man einige Leute aus, die besonders geschickt arbeiten und studiert genau die Abfolge der grundlegenden Operationen, ebenso wie die Werkzeuge, die sie dabei nutzen. Danach misst man mit einer Stoppuhr die Zeit, die für jede Einzeloperation nötig ist, und versucht dadurch die schnellste Art und Weise herauszufinden, auf die sie sich ausführen lässt. Alle falschen, zeitraubenden und nutzlosen Bewegungen werden eliminiert, damit nur noch die schnellsten und besten Abläufe erhalten bleiben.

Außerdem forderte Taylor, Spezialisierungen einzuführen und ausführende und anordnende bzw. kontrollierende Tätigkeiten voneinander zu trennen.

Und genau das ist es, was Business-Analysten heute tun: Sie beobachten und »zerlegen« die einzelnen Abläufe und finden die beste Lösung, um ein Problem zu lösen und den Mehrwert zu steigern. Sie sehen: Business-Analyse blickt wie die meisten Berufe bereits auf eine lange Geschichte und Tradition zurück, und vor allem Menschen ohne IT-Bezug haben einen wesentlichen Einfluss darauf genommen. Wie hat sich aber die frühe Business-Analyse von Taylor und Co. weiterentwickelt?

## Die Kluft zwischen Unternehmen und Programmierer

Seit der Geburt des ersten programmierbaren Computers in den 1940er-Jahren bis in die frühen 1980er-Jahre wurden Computersysteme vor al-

4 Edeling, T. (2000): Frederick Winslow Taylor – The Principles of Scientific Management. In: Türk, K. (Hrsg): *Hauptwerke der Organisationstheorie*. Wiesbaden, S. 312

lem von Regierungen, Universitäten und den Unternehmen verwendet, die Computer entwickelt haben.

Grundsätzlich waren sie die einzigen Unternehmen, die sich diese Technologie überhaupt leisten konnten – nicht nur, was die Kosten betraf, sondern auch im Hinblick auf die investierte Zeit und Mühe.

- Die Datenspeicherung war sehr teuer und nahm eine enorme Menge an Speicherplatz ein.
- Daten waren schwer zugänglich.
- Es war schwierig, Programme zu schreiben, die auf diese schwer zugänglichen Daten zugreifen konnten.
- Es gab eine nur sehr eingeschränkte Funktionalität rund um Mainframe-Systeme.

Doch in den 1980er-Jahren, Anfang der 1990er-Jahre änderten sich die Dinge. Die Datenspeicher wurden billiger, relationale Datenbanken wurden eingeführt, neue Programme wie Java erfunden und die ersten Benutzerschnittstellen entstanden. All diese Ereignisse führten zu einem Boom in der Informationstechnologie und Programmierer jagten »das nächste große Ding«.

Aber etwas fehlte. Obwohl die Unternehmen nun die Informationstechnologie nutzen konnten, um ihre Geschäftsprozesse zu verbessern und schneller auf die sich ändernden Geschäftsumgebungen zu reagieren, wurde die Technologie trotzdem teurer.

Der Wert der Technologie war offensichtlich, aber Geschäftsanforderungen wurden nicht identifiziert, die Wartungskosten wurden erhöht und die Lösung von Softwarefehlern übersehen. Die Anwender hatten irgendwie den direkten Anschluss an die Software-Ingenieure verpasst und konnten ihren Bedarf nicht mehr erklären. Sie konnten einfach nicht »Techy-talk« sprechen und ihren Bedarf effektiv artikulieren, während die Programmierer nicht immer interpretieren konnten, was die Anwender versuchten, ihnen zu vermitteln.

Nun wurden einem Software-Ingenieur in der Regel Systemanalysten an die Seite gestellt, um die Programmieraufgaben zu erklären. Das war aber trotzdem keine ideale Situation! Die Schwierigkeit, das Geschäftsmodell des Unternehmens wirklich zu verstehen und die daraus resultierenden Erkenntnisse auch in die Tat umzusetzen, blieb bestehen.

Um das Geschäftsmodell zu unterstützen, hatte sich die Rolle des Business-Analysten entwickelt bzw. weiterentwickelt. Diese Entwicklung ist in den letzten zwanzig Jahren nicht stehen geblieben. Damit ein Unternehmen aber wirklich erfolgreich agieren kann, müssen drei Faktoren vorhanden sein:

- Der Bedarf des Unternehmens bzw. die Geschäftsanforderungen müssen verstanden werden.
- Die Umsetzung einer Lösung muss mit den notwendigen geschäftlichen Veränderungen einhergehen.
- Die Anforderungen an die Systeme müssen genau festgelegt werden.

Der moderne Business-Analyst ist aber nicht nur mit den Anforderungen beschäftigt, sondern auch mit Fragen wie

- Warum brauchen wir einen Change, eine Veränderung?
- Was ändert sich für das Unternehmen, wenn dieser Wandel stattgefunden hat?
- Unternehmensziele – wie können wir den Erfolg messen?
- Welche Elemente müssen umgesetzt werden, um die Unternehmensvision zu verwirklichen?
- Welche Bedingungen gibt es für die implementierte Lösung?

Ein Business-Analyst sollte also nicht nur technisch versiert sein, sondern muss auch im Einklang mit dem operativen Geschäftsmodell für das Unternehmen agieren. Dieses ganzheitliche Verständnis von Prozess, IT und Organisation ermöglicht es dem Business-Analysten erst, auf Unternehmensprobleme zu reagieren und Lösungen zu finden.

Dass Business-Analyse bzw. ein Business-Analyst diese Bedeutung hat, haben viele Unternehmen erst in den letzten Jahren erkannt. Business-Analyse lässt die Unternehmen realisieren, dass Probleme wie die Verbesserung von Geschäftsprozessen, Veränderungen im Unternehmen oder effizientere Arbeitsabläufe nicht allein durch technologische Veränderungen lösbar sind. Mehr und mehr werden Business-Analysten in ein frühes Stadium der Projektarbeit eingebunden, wo sie nicht nur die Geschäftsanforderungen identifizieren, sondern den aktuellen Stand und die zukünftige Lage des Unternehmens analysieren und deren Auswirkung auf Problem und Lösung. Business-Analysten sind auch beteiligt an der Entwicklung von Business Cases (mithilfe der Kosten-Nutzen-Analyse) sowie an der Auswahl von Technologien, die die Lösung unterstützen.

In der Vergangenheit fragten viele Unternehmen, ob nicht die IT helfen kann, diese Probleme zu lösen. Aber die Frage kommt nicht mehr ausschließlich aus der Business-Perspektive, wenn sie heute fragen: »Was kann die IT tun, um die Chancen am Markt und die Produktangebote zu verbessern?« Die IT bereichert die Unternehmensangebote, indem nicht nur die Kernkompetenzen unterstützt werden, sondern sie gibt Unternehmen die Möglichkeit, sich auf ihre Kernkompetenzen zu konzentrieren.

Der Business-Analyst steht dabei im Vordergrund dieses Konzepts, da er auch die Technologie-Lösung sieht, aber nicht nur. Er überlegt u. a. auch, wie Unternehmen Wettbewerbsvorteile erzielen können. Er verschwendet keine Zeit und Ressourcen in die Wartung von Mängeln, sondern setzt Maßnahmen in Bewegung, damit das Unternehmen seine Kunden besser erreichen kann. Deshalb spielt er eine Schlüsselrolle bei der Verwirklichung der Unternehmensvision.

Die Geschichte des Business-Analysten wird auch an dieser Stelle noch lange kein Ende nehmen. Je mehr Unternehmen den tatsächlichen Nutzen der Business-Analyse für ihren Geschäftsalltag erkennen, desto besser können die Fertigkeiten angewandt und die Methoden verfeinert werden – und aus all dem heraus wird sich das Berufsbild des Business-Analysten weiterentwickeln.

## 1.3 Der Business-Analyst – Mittler zwischen den Welten

In den letzten Jahren zeichnet es sich immer klarer ab: Business-Analyse ist heute ein eigenständiger und wichtiger Beruf und verbindet Wissen über technische und organisatorische Lösungswege mit unternehmerischem Denken. Um dabei erfolgreich zu sein, vertrauen Business-Analysten nicht nur auf Technologie und detaillierte Spezifikationen, sondern viel eher auf ihre Methode, Mehrwert für Unternehmen zu erzeugen, strategische Pläne umzusetzen und Resultate zu schaffen. Sie haben sich davon emanzipiert, reine Befehlsempfänger zu sein. Heute schlagen sie eine Brücke zwischen Business und IT, zwischen Projekt und Betrieb, zwischen Strategie und Ausführung.

Die Nachfrage nach Business-Analysten wird sich in den kommenden Jahren stark erhöhen. Business-Analysten müssen lernen, noch weiter über den Tellerrand des Projekts hinauszuschauen, um zu verstehen, warum das Unternehmen sich verändern muss und wie sie das Unternehmen dabei unterstützen können, die Vorteile dieser Veränderung wahrzunehmen.

### Business-Analyse vermittelt zwischen Business und IT

Das klassische Rollenbild, in dem die meisten Business-Analysten arbeiten und das am weitesten verbreitet ist, sieht den Business-Analysten in der IT. Betrachtet man die Entwicklung und die Geschichte, ist das durchaus verständlich. Allerdings ist IT nur dann wertvoll, wenn sie auch auf das Business ausgerichtet ist.

Dass das häufig aber nicht so einfach wie vielleicht gedacht ist, stellt sich schnell heraus, wenn man sich die vielen Kommunikationsprobleme näher ansieht: Auf der einen Seite stehen Informatiker oder generell Menschen mit einer sehr technisch geprägten Ausbildung und Sprache. Das ist auch notwendig, denn die IT ist in den letzten Jahren zunehmend komplizierter und komplexer geworden. Während es früher nur den allgemeinen Programmierer gab, gibt es nun die unterschiedlichsten Spezialisierungen auf funktionalen Gebieten (z. B. Programmierer, Tester, Architekt), aber auch auf Domänen (ERP, CRM, Business Intelligence, Dokumentenmanagement) oder für die speziellen Lösungsanbieter (SAP, Microsoft etc.) – ganz zu schweigen von den vielen Kombinationsmöglichkeiten.

Auf der anderen Seite stehen Mitarbeiter aus diversen Fachbereichen mit ihren speziellen Domänenkenntnissen – aber oft fehlt das tiefergehende Verständnis der IT im Allgemeinen.

Die Aufgabe des Business-Analysten im IT-Umfeld besteht nun darin, eine Brücke zwischen Anforderern und Lösungsentwicklern zu schlagen, in diesem Fall eben der IT.

**Folgende negative Beispiele verdeutlichen, was Business-Analyse nicht ist:**

- Es werden nur Wünsche an die IT dokumentiert – andere Rahmenbedingungen werden nicht berücksichtigt.
- Es werden lediglich Informationen weitergegeben – ohne die dazu notwendige Analyse und Erarbeitung.
- Die zwei Seiten werden gegeneinander ausgespielt. Ein Beispiel: »Ich weiß auch nicht, warum die Software so teuer ist.« – »Ich weiß, die wünschen sich wieder alles möglich von der Software, ich kann ja auch nichts dafür.«

Regelmäßig zeigen Studien, dass schlechtes Anforderungsmanagement immer noch eine der Hauptursachen für fehlgeschlagene Projekte ist!

**Business-Analysten sollten vielmehr …**

- die Sinnhaftigkeit von Wünschen hinterfragen und diese zu richtigen Anforderungen weiterentwickeln.

- Informationen nicht nur weitergeben, sondern diese prüfen, um Schwachstellen und Widersprüche aufzuzeigen. Das Ergebnis sind bessere Anforderungen!
- eine Vermittlerrolle einnehmen, die Business- und die IT-Sprache sprechen und dafür sorgen, dass sich Experten auf der einen und anderen Seite besser verstehen.

Business-Analyse auf dieser Ebene sorgt dafür, dass IT-Lösungen die richtigen Anforderungen erfüllen. Aber Achtung: Umsetzung ist natürlich nicht immer nur IT, sondern kann auch Prozesse und Organisationen betreffen. Dieses Kommunikationsproblem besteht auch außerhalb von IT-Lösungen – aber in der IT ist es besonders häufig anzutreffen.

## Business-Analyse vermittelt zwischen Projekten und operativem Geschäft

Studien, die zeigen, dass viele Projekte schiefgehen, haben einen großen Haken: Wer definiert eigentlich, wann ein Projekt fehlgeschlagen ist oder erfolgreich war? Der geneigte Projektmanager möchte hier antworten: Wenn das magische Projektdreieck erfüllt wurde: Das Ergebnis wurde in der benötigten Qualität, den budgetierten Ressourcen und der vorgegebenen Zeit erfüllt. Somit steht und fällt diese Aussage aber mit der Festlegung dieser drei Determinanten!

Dem operativen Geschäft, das mit den Projektergebnissen leben muss, geht es um den tatsächlichen Wert, den ein Projekt geschaffen hat. Und es kommt leider häufig vor, dass ein Projekt zwar offiziell in Budget/Time/Scope realisiert wurde, der Geschäftsnutzen sich aber trotzdem nicht einstellt.

Der Fokus muss sich also auf den Business Value beziehen.

**Folgende negative Beispiele verdeutlichen, was Business-Analyse nicht ist:**

Um dieses Problem zu lösen, reicht es nicht …

- wenn der Business-Analyst die Ziele des Projekts als gegeben betrachtet.
- Ideen, Meinungen und Erfahrungen aus der Linienorganisation als nachrangig zu erachten.
- die Arbeit des Business-Analysten mit der Abgabe des Konzepts als beendet anzusehen.
- die Wirksamkeit der umgesetzten Konzepte im operativen Geschäft zu ignorieren.

**Business-Analysten sollten vielmehr …**

- nicht nur die Projektziele verstehen, sondern diese auch hinterfragen und erkennen, welchen Wert sie im operativen Geschäft haben.
- einen intensiven Kontakt mit den Menschen etablieren, die tatsächlich damit zu tun haben: Das sind die Mitarbeiter, die a) den Prozess ausführen, b) von Organisationsveränderungen betroffen sind, c) ein Informationssystem nutzen werden oder d) deren Arbeit dadurch maßgeblich beeinflusst wird.
- ein Interesse daran haben, zu erleben, wie sich die Konzepte im Laufe der Umsetzung geändert haben. Bei der Umsetzung werden Lernerfahrungen gemacht und viele kleine Entscheidungen getroffen. Bei diesen Entscheidungen sollte der Business-Analyst aber mit einbezogen sein.
- sich anschauen, wie das operative Geschäft mit der Lösung zufrieden ist: Wird das anvisierte Ziel erreicht? Wenn ja, entsteht daraus ein neuer Flaschenhals? Wenn nein, war das Ziel nicht das richtige oder die Lösung nicht passend?

Ein Business-Analyst auf dieser Ebene ist Change Agent, Moderator und Berater für das gesamte Unternehmen bzw. den betroffenen Unternehmensbereich.

## Business-Analyse vermittelt zwischen Strategie und Ausführung

Der Business-Analyst ist also nicht nur Kommunikator zwischen Anforderung und Lösung, sondern auch zwischen Projekten und deren Überführung in die Praxis. Aber wer definiert, welche Projekte am meisten Wert für das Unternehmen schaffen? Wer bestimmt, welche Probleme die dringlichsten sind, für die Lösungen gesucht werden sollen?

Auch hier können Business-Analysten einen wertvollen Beitrag liefern: auf dem Enterprise Level. Ausgangslage ist dabei die Strategie und das Geschäftsmodell eines Unternehmens, also die Festlegung, wie das Unternehmen einen Wettbewerbsvorteil erlangen möchte.

**Folgende negative Beispiele verdeutlichen, was Business-Analyse nicht ist:**

- Veränderungen durch Projekte werden angegangen, auch wenn sie möglicherweise nicht mit der Unternehmensstrategie in Einklang stehen.
- Probleme werden gelöst, ohne den Kontext und die Annahme zu hinterfragen.
- Die Personen, die an der Strategie arbeiten, haben keinen Kontakt zu den Personen, die erst bei der Ausführung beginnen.
- Die langfristige Auswirkung von Veränderung durch Projekte wird nicht beachtet.

**Business-Analysten sollten vielmehr ...**

- die Strategie hinterfragen und mitentwickeln.
- die »Double Learning Loop« nutzen und nicht nur das Ergebnis von Veränderung analysieren, sondern auch Annahmen, Ziele und Werte auf den Prüfstand stellen.
- visionär und innovativ denken.

Ein Business-Analyst auf dieser Ebene ist ein strategischer Denker und Visionär, der das gesamte Unternehmen in Betracht zieht.

## 1.4 Die vielfältigen Einsatzmöglichkeiten von Business-Analysten

Um in der modernen Wirtschaft zu überleben, müssen Unternehmen sich schnell den Veränderungen im Markt anpassen. Sie müssen Probleme erkennen und behandeln, die Technologie gut nutzen und Chancen schneller als ihre Konkurrenten sehen. Der internationale Wettbewerb und der rasche technologische Wandel erfordern, dass die Unternehmen schlank und dynamisch sind und entsprechend agieren.

Für all das brauchen sie ein tiefes Verständnis der eigenen Geschäftsprozesse, Systeme und der Organisation. Obwohl Führungskräfte oft gut darin sind, Strategien zu formulieren, sind viele nicht in der Lage, die dazu notwendigen Änderungen zu implementieren, ohne dabei Schaden zu verursachen und Mitarbeiter, Lieferanten und Kunden zu verunsichern. Ein Change muss mit chirurgischer Präzision vonstattengehen.

Der Business-Analyst spielt eine entscheidende Rolle bei der Entwicklung des Unternehmensverständnisses. Er muss Bedarf, Probleme und Herausforderungen sehr genau kennen. Gute Business-Analysten entdecken in ihrer Arbeit vor allem eines: die Stärken und Schwächen ihres Unternehmens.

Sie erahnen vielleicht schon, was wir Ihnen damit sagen wollen: Es gibt nicht das *eine* Berufsbild für die Business-Analyse. Es identifizieren zwar alle den Unternehmensbedarf und evaluieren Lösungen. Dabei gehen sie strategisch vor und erheben Anforderungen. Die Umsetzung begleiten sie ebenfalls alle operativ. Aber die Einsatzmöglichkeiten sind ganz unterschiedlich. Je nach Situation und Lösungsansatz erfordern sie auch unterschiedliche Skills, nutzen andere Begriffe und haben mitunter eine andere Einstellung zu ihrer Arbeit.

Wir wollen Ihnen in diesem Kapitel fünf Einsatzmöglichkeiten aufzeigen, bei denen wir die Stärke der Business-Analyse im Vordergrund sehen:

- Enterprise Business-Analyse,
- IT Business-Analyse,
- Business Process Management,
- Business Intelligence,
- Agile Business-Analyse.

## Einsatzmöglichkeit 1: Enterprise Business-Analyse

In der Enterprise Business-Analyse verbindet der Business-Analyst strategische Fragestellungen des Unternehmens mit taktischen Fragen aus Projekten. Dafür braucht er breite Fähigkeiten und Wissen, denn er hat es dabei mit vielen, allgemeinen Themen des Managements zu tun. Die Aufgaben und Zuständigkeiten der Rolle fokussieren sich darauf, die Fähigkeiten des Unternehmens in Bezug auf Strategie, Prozesse, Organisation und Informationstechnologie zu erweitern. Die Arbeit des Enterprise Business-Analysten kann sich dabei auf unterschiedliche Perspektiven beziehen:

| Perspektive | Beschreibung |
|---|---|
| Was? | Daten und Informationen, die das Unternehmen benötigt und verarbeitet |
| Wie? | Funktionen und Abläufe, wie das Geschäft ausgeführt wird. |
| Wo? | Geschäftsstellen, die für Aufgaben zuständig sind |
| Wer? | Personen, die Leistungen erbringen, intern oder extern |
| Wann? | Ereignisse, die die Arbeit auslösen und Angaben, wann sie erledigt wird |
| Warum? | Verbindung zu den Zielen des Unternehmens |

Die Rolle des Enterprise Business-Analysten ist also wesentlich breiter gefasst als andere Rollen der Business-Analyse. Damit das gelingt, braucht er auch spezielle Kompetenzen:

- ausgezeichnetes Geschäfts- und Branchenverständnis,
- Kommunikations- und Führungsqualitäten,
- Verständnis und Wissen interner Prozesse sowie der Politik und Struktur des Unternehmens,
- Umfangreiche Erfahrung mit Best Practices und Frameworks aus den jeweiligen Branchen (beispielsweise das eTOM Prozessframework für die Telekommunikationsbranche) oder für Themen wie IT-Service-Management (beispielsweise ITIL) und IT-Management (z. B. COBIT).

**Kurzzusammenfassung**

- Behandelt das Unternehmen als Ganzes (Enterprise Level);
- Bleibt auf einer höheren, abstrakteren Ebene, die Detaillösungsvorschläge kommen von einzelnen weiteren Experten;
- Es geht um die Fähigkeiten des Unternehmens: Prozesse, Organisation, Informationstechnologie, Daten und Information;
- Erfordert sehr erfahrene Senior Business-Analysten mit Kenntnissen der jeweiligen Branche bzw. themenspezifischen Referenzmodellen und Best Practices.

## Einsatzmöglichkeit 2: IT Business-Analyst

Ein IT Business-Analyst ist Profi in Sachen Anforderungserhebung, Analyse und Lösung von Problemen, die mit IT-Lösungen verbunden sind. Diese Rolle bildet die oft zitierte Brücke zwischen Unternehmen und IT. Wahrscheinlich fallen momentan noch die meisten Business-Analysten in diese Kategorie.

In der Regel wird der IT Business-Analyst zu einem bestimmten IT-Projekt hinzugerufen. Dabei soll er die Anforderungen von Stakeholdern erheben, diese analysieren, dokumentieren und Funktionsspezifikationen erstellen. In dieser Rolle interagiert er auch mit dem Entwicklungs- und Testteam.

Andere häufige Titel für diese Rolle sind: Requirements Engineer, Requirements Analyst und Application Consultant.

**Kurzzusammenfassung**

- Ist auf Anforderungen fokussiert;
- Löst Probleme mithilfe von IT-Lösungen;
- Dient als Brücke zwischen Business und IT;
- Führt funktionales Design durch.

## Einsatzmöglichkeit 3: Business Process Analyst

Der Business Process Analyst ist eine wichtige Rolle, die mit dem jüngsten Hype um Business Process Management sowie SOA (Service Oriented Architecture), kombiniert mit Workflow-/Business-Process-Modeling-Systemen einhergeht.

Der Business Process Analyst analysiert, entwirft und modelliert vor allem Geschäftsprozesse. Dabei sieht er sich den Prozess bzw. die Workflow-Software genau an, um dann Prozessmodelle zu analysieren, die entweder simuliert oder direkt ausgeführt werden. Der Business Process Analyst unterstützt die Führungskräfte bei der Entscheidungsfindung durch die Modellierung und die Simulation von »Was wäre wenn …«-Szenarien.

Andere häufige Titel für diese Rolle sind: Business Process Engineer, Workflow Engineer, Business Process Modeler.

**Kurzzusammenfassung**

- Modelliert die Prozesse;
- Simuliert Geschäftsprozesse;

- Verwendet Workflow- und Business-Process-Modeling-Systeme;
- Vergleicht Soll- mit Ist-Zuständen.

## Einsatzmöglichkeit 4: Business Intelligence Analyst

Der Business Intelligence Analyst hat seinen Schwerpunkt auf der Analyse und der Problemlösung, bezogen auf Daten, Datentypen und die Beziehungen zwischen Datenelementen innerhalb eines Unternehmens- oder IT-Systems.

Seine Rolle kann variieren, aber umfasst meistens folgende Punkte:

- Dokumentation der Art und Struktur der Daten (logische Modellierung);
- Identifikation und Analyse, um Muster und Korrelationen zwischen den verschiedenen Daten zu ermitteln;
- Zuordnung und Protokollieren von Systemen, um ein bestimmtes Geschäfts- oder Systemproblem zu lösen;
- Entwerfen und Erstellung von Datenberichten und Reporting-Tools, um Führungskräfte in deren Entscheidungsfindung zu unterstützen;
- Statistische Analyse der Unternehmensdaten.

**Kurzzusammenfassung**

- Erstellt Datenmodellierung;
- Identifiziert Muster in Daten;
- Designt und erstellt Berichte.

## Einsatzmöglichkeit 5: Agiler Business-Analyst

Agile Vorgehensmodelle haben sich in den letzten Jahren massiv verbreitet, insbesondere in der Softwareentwicklung. Dies wirkt sich auch auf Business-Analysten aus, die in einem agilen Umfeld arbeiten. Das »Agile Mindset« erwartet eine flexible Einstellung, verkörpert eine Menge an Werten und Prinzipien und verwendet eine Vielzahl an komplementären Verfahren. Die Anpassung eines Unternehmens an einen Change ist eine typische Aufgabe für einen agilen Business-Analysten. Dabei führt er die Analyse durch und ist für alle Ergebnisse bis zum Schluss verantwortlich. Das bedeutet, dass die Analyse laufend stattfinden sollte, aber immer so, dass das Team effektiv mitarbeiten kann. Oft gibt es auch in Teams keine explizite Business-Analysten-Rolle, sondern die Aufgaben der Business-Analyse teilen sich auf andere Rollen auf (z. B. Product Owner bei Scrum).

In der agilen Business-Analyse geht es um die Gewährleistung der richtigen Informationen zur richtigen Zeit in der richtigen Detailtiefe, sodass am Ende das richtige Ergebnis herauskommt. Dabei stellt der Business-Analyst folgende Fragen:

- Welchen Bedarf oder Nutzen versuchen wir zu erfüllen?
- Ist der Output zufriedenstellend?
- Was müssen wir alles liefern, um den Bedarf tatsächlich zu erfüllen?
- Was sind die richtigen Dinge, die wir tun müssen, um das zufriedenstellende Ergebnis zu liefern?

Die Arbeit des agilen Business-Analysten erfordert Kontinuität und stützt sich sehr stark auf zwischenmenschliche Fähigkeiten wie Kommunikation, Moderation, Coaching und Vermittlung. Dabei sind die Business-Analysten aktive Mitglieder eines agilen Teams und haben vor allem die Aufgabe, die Planung, Analyse, Tests und die Umsetzung zu moderieren und zu kommunizieren.

**Kurzzusammenfassung**

- Ein Change wird nicht nur akzeptiert, sondern begrüßt.
- Ein Unternehmensbedarf kann durch die Kombination von IT und Prozessveränderung gelöst werden.

- Die Teammitglieder können mehr als eine Rolle im Team durchführen, jeder hat die entsprechenden Fähigkeiten (funktionsübergreifende Teams).
- Das Mindset des Teams orientiert sich an kontinuierlicher Verbesserung und Ausrichtung auf Erfolg.
- Im Idealfall ist Teamzugehörigkeit konstant.
- Es wird auf multidisziplinäre und verteilte Teams gesetzt – sofern ein geeigneter Kommunikationskanal vorhanden ist.

## 1.5 Wie wird man Business-Analyst? Ausbildung, Zertifizierung und Karriere

Die meisten Berufe haben eine klare, spezifische Stellenbeschreibung und einen vorgegebenen Karriereweg. Wenn Sie also zum Beispiel Facharzt für Gastroenterologie werden wollen, müssen Sie nicht lange recherchieren, um herauszufinden, dass Sie dafür zunächst ein Medizinstudium und anschließend noch eine fachärztliche Ausbildung benötigen.

Bei einem Business-Analysten ist das anders: Bis dato gibt es noch keine geregelte Ausbildung für dieses Berufsbild. Genauso wie alle Wege nach Rom führen, gibt es unzählige Wege, um Business-Analyst zu werden. Aber ganz so einfach ist es dann doch nicht.

> Ohne ein gewisses Know-how im Bereich der IT, Prozesse und Organisation und vor allem ohne den inneren Drang, Klarheit in Unternehmen zu bringen und sehr gute Entscheidungsgrundlagen ermöglichen zu wollen, werden Sie kein guter Business-Analyst.

Auch wenn es noch keine Fachrichtung »Business-Analyse« gibt, eignen sich folgende Studiengänge durchaus als Grundlage für die spätere Karriere als Business-Analyst: Wirtschaftswissenschaften, Wirtschaftsinformatik, Informatik oder auch Mathematik.

Es gibt auch eigene Institute und Trainingsunternehmen, die eine Ausbildung anbieten. Informieren Sie sich diesbezüglich am besten bei dem jeweiligen IIBA Chapter Ihres Landes. In der Schweiz bietet z. B. auch die SGO (Schweizerische Gesellschaft für Organisation und Management) spezielle Ausbildungen zum Business-Analysten an.

**Mehrere Pfade**

Die Welt des modernen Business-Analysten ist vielfältig. Als Vermittler, Moderator und Botschafter muss er dem Unternehmen helfen – mit den ihm zur Verfügung stehenden Ressourcen. Wir haben es weiter vorn schon gesagt: Erfolgreiche Business-Analysten sind in der Regel sehr gute Kommunikatoren, hervorragende Moderatoren, präzise Analysten und Teamplayer. Sie sind vielseitig und haben breite Kenntnisse in verschiedenen Bereichen wie Finanzen, Technik, Technologie oder IT-Architektur.

Als Business-Analyst sollten Sie entweder einen starken Wirtschaftshintergrund oder umfangreiche IT-Kenntnisse haben. Damit können Sie starten, sich den entsprechenden Aufgaben zu stellen – wie etwa der Informationssammlung, der Analyse, Kommunikation und Dokumentation von Anforderungen, Benutzertests und so weiter. Einstiegsmöglichkeiten können Aufgaben als Domänenexperte, Entwickler oder als Qualitätssicherer sein.

Sobald Sie mehrere Jahre Erfahrung in einer Branche haben, werden Sie merken, dass es einen zentralen Wendepunkt gibt, an dem Sie sich endgültig für oder gegen die Karriere als Business-Analyst entscheiden. Je mehr Erfahrung Sie als Business-Analyst haben, desto eher werden Sie größere und komplexere Projekte übernehmen.

Viele Business-Analysten hinterlassen Zickzack-Spuren: Der Mitautor dieses Buches hat zum Beispiel bereits während seines Wirtschaftsinformatikstudiums als Softwareentwickler eine klassische Karriere begonnen. Den Ausgleich fand er in zahlreichen Kommunikations- und Soft-Skill-Seminaren. Später wurde er als Consultant angeheuert, bis er irgendwann seine Leidenschaft für Business-Analyse entdeckte und dieser Spur folgte. Für die Mitautorin andererseits ist Informatik ein Buch mit sieben Siegeln. Ihre Leidenschaft ist es, das Verhalten der Menschen zu studieren und Abläufe verstehen zu wollen. Deshalb studierte sie zuerst Wirtschaft, später dann Bildungswissenschaft und Wirtschaftspsychologie. Als Projektmanagerin hat sie Unternehmen dabei unterstützt, Produkte und Dienstleistungen zu verbessern, bis sie die Business-Analyse für sich entdeckte.

## Zertifizierungen – der schnellste Weg zu mehr Gehalt und interessanteren Herausforderungen

Business-Analysten, die ihr Know-how verbessern und ihre Berufsmöglichkeiten erweitern wollen, sollten sich nach anerkannten Zertifizierungen umhören.

### IIBA CCBA/CBAP

Der aktuelle Marktführer im Bereich Business-Analyse-Zertifizierungen ist das International Institute of Business Analysis (IIBA®). Das IIBA bietet das renommierte Certified Business Analysis Professional™ (CBAP®) an, eine Bezeichnung, die nur verwendet werden darf, wenn die Bewerber ihr Business-Analyse-Know-how erfolgreich unter Beweis gestellt haben. Als Kandidat müssen Sie Details über Ihre Berufserfahrung angeben und werden dann zur Prüfung zugelassen. Wer die geforderten Praxisstunden noch nicht zusammen hat, kann auch die kleinere Zertifizierung, CCBA (Certified Competency in Business Analysis), ablegen.

| Voraussetzungen CCBA | Voraussetzungen CBAP |
|---|---|
| Hochschulreife oder Realschulabschluss (oder vergleichbarer Abschluss) | Hochschulreife oder Realschulabschluss (oder vergleichbarer Abschluss) |
| 3.750 Stunden (ca. 2,5 Jahre) Erfahrung als Business-Analyst in den letzten sieben Jahren | 7.500 Stunden (ca. 2,5 Jahre) Erfahrung als Business-Analyst in den letzten sieben Jahren |
| 900 Stunden Erfahrung in mind. zwei der sechs Wissensgebiete oder 500 Stunden Erfahrung auf mind. vier der sechs Wissensgebiete des BABOK Guide | 900 Stunden Erfahrung auf mind. vier der sechs Wissensgebiete |
| 21 Stunden Business-Analyse-Training in den letzten vier Jahren | 21 Stunden Business-Analyse-Training in den letzten vier Jahren |
| Zwei Referenzen eines Vorgesetzten, eines Kunden oder eines CBAPs | Zwei Referenzen eines Vorgesetzten, eines Kunden oder eines anderen CBAP |
| Unterschriebener IIBA Code of Conduct | Unterschriebener IIBA Code of Conduct |

Alle IIBA-Zertifikate sind zeitlich unbegrenzt gültig.

**Kosten (Stand 2015)**

Die Gesamtkosten (Anmeldung und Prüfung) für die Zertifizierung betragen für IIBA-Mitglieder 450 US-Dollar, für Nichtmitglieder 575 US-Dollar.

Weitere Informationen zu den Modalitäten und die aktuellen Kosten finden Sie auf der IIBA-Website in Englisch: www.iiba.org/Certification-Recognition.aspx

## PMI PBA

Das Projekt Management Institute hat 2014 seine eigene Business-Analyse-Zertifizierung, PMI-PBA℠, herausgebracht. Die Voraussetzungen zur Zulassung zu der Prüfung sind denen des IIBA sehr ähnlich:

| Option 1 | Option 2 |
|---|---|
| Hochschulreife oder Realschulabschluss (oder vergleichbarer Abschluss) | Bachelor Abschluss (oder vergleichbarer Abschluss) |
| Fünf Jahre Erfahrung (7.500 Stunden) als Business-Analyst in den letzten acht Jahren | Drei Jahre Erfahrung (4.500 Stunden) als Business-Analyst in den letzten acht Jahren |
| 2.000 Stunden Projekterfahrung in den letzten acht Jahren (diese können in den fünf Jahren Erfahrung bereits mit eingeschlossen sein bzw. erfüllen aktive PMP® oder PgMP® diesen Punkt bereits) | 2.000 Stunden Projekterfahrung in den letzten acht Jahren (diese können in den fünf Jahren Erfahrung bereits mit eingeschlossen sein bzw. erfüllen aktive PMP® oder PgMP® diesen Punkt bereits) |
| 35 Stunden Business-Analyse-Training | 35 Stunden Business-Analyse-Training |

## Kosten

| Prüfungsart | Mitgliederstatus | Kosten |
|---|---|---|
| Computerprüfung | Mitglied | 405 US-Dollar |
| | Nicht-Mitglied | 555 US-Dollar |
| Prüfung auf Papier | Mitglied | 250 US-Dollar |
| | Nicht-Mitglied | 400 US-Dollar |

Weitere Informationen finden Sie unter http://www.pmi.org/Certification/PMI-Professional-in-Business-Analysis-PMI-PBA.aspx

## IREB CPRE

Das Internationale Requirements Engineering Board (IREB) hat ebenfalls eine Zertifizierung herausgebracht, das sich jedoch nur auf Requirements Engineering beschränk und damit die Disziplin-Business-Analyse nur teilweise abdeckt. Das Zertifizierungsmodell besteht aus drei Stufen, die aufeinander aufbauen:

- **Foundation Level:** Die einzige formale Voraussetzung für die Zulassung zur Foundation-Level-Prüfung ist der Besitz eines gültigen Personalausweises oder Reisepasses. Um die Prüfungsfragen korrekt beantworten zu können, müssen Sie den Lehrstoff beherrschen, der im Lehrplan Foundation Level definiert ist. Der Besuch einer Schulung ist keine Voraussetzung.
- **Advanced Level:** Die notwendige Voraussetzung zur Zulassung zu einer CPRE-Advanced-Prüfung ist ein bereits erlangtes CPRE-Foundation-Level-Zertifikat oder ein Zertifikat in Requirements Engineering der BCS. Um die Prüfungsfragen korrekt beantworten zu können, müssen Sie den Lehrstoff aus dem Lehrplan zum CPRE Advanced Level für das entsprechende Modul beherrschen. Der Besuch einer Schulung ist keine Voraussetzung.
- **Expert Level:** Da noch nicht alle Advanced-Level-Module verfügbar sind, gibt es dazu noch keine näheren Informationen.

**Allgemeine Voraussetzung** für die Zertifizierung einer Stufe ist das Erlangen eines Zertifikats der vorhergehenden Stufe. Jede Stufe hat ein gesondertes Prüfungsverfahren mit Mindestanforderungen. Anders als die anderen Institute stellt IREB die Prüfungsfragen zur Verfügung. Alle CPRE-Zertifikate sind zeitlich unbegrenzt gültig.

### Kosten

Die Preise für die Zertifizierung werden von den Zertifizierungsstellen festgelegt und können von Land zu Land unterschiedlich sein. Auskünfte über die Preise erhalten Sie direkt bei der für das jeweilige Land zustäneigen Zertifizierungsstelle, belaufen sich in Deutschland, Österreich und der Schweiz aber ungefähr auf 250 Euro.

Weitere Informationen finden Sie unter www.ireb.com

**BCS**

The Chartered Institute for IT (BCS) ist vor allem in England stark vertreten, aber hat bereits viele Absolventen aus anderen Ländern, die Tendenz ist steigend. Voraussetzung für die Erlangung einer Zertifizierung ist die erfolgreiche Absolvierung der vier Module:

- Practitioner Certificates in Business-Analysis Practice,
- Practitioner Certificate in Requirements Engineering,
- One knowledge-based specialism,
- One practitioner specialism.

Die Prüfung besteht aus einem 50-minütigen Gespräch mit zwei Prüfern. Ist man bereits vom IIBA CBAP zertifiziert, entfallen die Module »Requirements Engineering« und »Knowledge-based specialist module«.

**Kosten (Stand 2015)**

Die Prüfungskosten belaufen sich auf 190 £ exklusive Steuern.

Weitere Informationen und die aktuellen Kosten finden Sie unter www.bcs.com und unter http://www.ireb.com,wo

Kapitel 2

# Das Vorgehensmodell der Business-Analyse

Business-Analyse ist komplex und anspruchsvoll. Es gibt kein festes Regelwerk, dem man folgen kann. Und das ist auch gut so. Denn jedes Business-Analyse-Vorhaben ist einzigartig. So sehr Stakeholder, Unternehmen, Projekte oder Maßnahme einander auf den ersten Blick ähneln – es wird nie zwei identische Ergebnisse geben. Was in dieser Situation hilft, sind Vorgehensmodelle. Deshalb haben wir eines speziell für die Business-Analyse entwickelt. Es umfasst die besten Praktiken der strategischen Business-Analyse und zeigt, welche wichtigen Etappen und Bereiche Sie keinesfalls außer Acht lassen dürfen, wenn Sie Ihr Business-Analyse-Vorhaben erfolgreich abschließen wollen.

## 2.1 Kernbegriffe und -konzepte

Business-Analyse ist komplex und die damit verbundenen organisatorischen, technologischen und sozialen Herausforderungen müssen interdisziplinär gelöst werden. Dies verlangt intensive Zusammenarbeit im Team und gerade zu Beginn eines Vorhabens treffen verschiedene Individuen zusammen, die alle eine unterschiedliche Sicht, unterschiedliches Vorwissen und unterschiedliche Erfahrungen mitbringen.

Um Reibungsverluste gering zu halten, ist es unerlässlich, aus den einzelnen Sichtweisen eine gemeinsame zu gewinnen. Auch vermeintliche Selbstverständlichkeiten sollten benannt werden, um spätere Missverständnisse und unnötige Diskussionen zu vermeiden. Ein gleiches Verständnis von Begrifflichkeiten ist deswegen unumgänglich und fördert die Arbeit erheblich.

Jargon und Fachsprache sind nützliche Werkzeuge für die schnelle und professionelle Kommunikation. Wenn beispielsweise ein Team von medizinischen Profis Sie behandelt, werden Sie dankbar sein, wenn dieses Team eine präzise Sprache verwendet und so die Risiken von Fehlkommunikation reduziert. Sie als Patient müssen dabei nicht jedes Wort verstehen. Bei Business-Analysten ist das ähnlich: Sie bedienen sich ebenfalls ihrer eigenen Sprache. Auch dabei können Risiken fehlerhafter Kommunikation erheblich gesenkt werden, wenn die verschiedenen Begriffe bei sämtlichen Beteiligten gleich definiert sind.

Sprache ist generell das wichtigste Handwerkzeug des Business-Analysten: Worte, ausformulierte Konzepte und Ideen übermitteln die Anforderungen. Wenn Sie als Business-Analyst tätig sind, sollten Sie immer aufmerksam zuhören, wenn Sie mit Ihren Stakeholdern sprechen – und ihnen dann in der (Fach-)Sprache antworten, die ihnen vertraut ist. Es spielt dabei keine Rolle, ob Sie das am besten geeignete Vokabular anwenden. Es ist egal, ob Sie mit dem Wort vertraut sind oder es täglich in Ihrer Arbeit benutzen. Wenn Ihr Stakeholder bestimmte Begriffe verwendet, sollten Sie lernen, diese zu verstehen – das erleichtert die gemeinsame Kommunikation erheblich!

Es gibt einige wichtige Begriffe und Konzepte in der Business-Analyse, die wir in diesem Buch verwenden. Wir wollen sie Ihnen an dieser Stelle gerne vorstellen.

## Die sechs Kernkonzepte

Das Business-Analyse-Kernkonzept-Modell[5] des IIBA umfasst sechs Bereiche:

- Veränderung,
- Bedarf,
- Stakeholder,
- Kontext,
- Lösung,
- Wert/Nutzen.

Das BACCM beschreibt die Beziehungen zwischen den Kernkonzepten untereinander in einem dynamischen Begriffssystem. Es gibt keine Abstufung der Konzepte nach Wichtigkeit oder Häufigkeit. Jedes Konzept wird als eines von verschiedenen Fragmenten gesehen, die einander bedingen und kurz und knapp das Wesen der Business-Analyse erfassen.

**Veränderung (Change) ...**

... ist eine kontrollierte Transformation eines Unternehmens und umfasst viele Arten von Veränderungen. Business-Analysten helfen dem Unternehmen, seine Prozesse zu verändern und verbessern die organisationale Leistung, indem sie Lösungen vorschlagen und implementieren, die die internen Fähigkeiten kontrolliert ändern und anpassen. Das betrifft alle Beteiligten, die koordiniert an einem gemeinsamen, unternehmerischen Ziel arbeiten.

Jede Veränderung muss einen Nutzen bezwecken. Die Aufgabe des Business-Analysten besteht darin, die vorteilhaftesten Veränderungen zu entdecken und dabei Grenzen, Probleme, Chancen und Einschränkungen zu erkunden. Mögliche Veränderungen, die den Wert wahrscheinlich verrin-

[5] Business Analysis Core Concept Model™ (BACCM) des International Institute of Business Analysis® (IIBA®)

gern werden, sollten genauso aufgedeckt und infrage gestellt werden wie falsche Annahmen und fragwürdige Entscheidungen.

Veränderungen sind immer komplex und rekursiv. Es ist wichtig, den Kontext einer Veränderung zu verstehen: Was ändert sich, wie sieht die aktuelle Situation aus, warum ist eine Änderung überhaupt nötig? Diese und weitere solche Fragen werden an die Stakeholder gestellt, um deren Erwartungshaltung zu verstehen und Entscheidungen treffen zu können.

### Bedarf (Need) ...

... ist ein Problem, eine Chance oder eine Lösung mit potenziellem Wert für einen Stakeholder. Bedarf und Veränderung sind miteinander eng verwoben. Ein Bedarf kann Veränderungen verursachen und Stakeholder motivieren zu handeln.

In vielen Fällen beginnt Business-Analyse bei einem Bedarf. Dieser (wie eine Lösung oder ein Nutzen) ist eine Erfahrung oder ein Erfordernis, das ein Stakeholder hat, und nicht ein physisches Ding. Ein Bedarf kann nur in Zusammenhang mit Stakeholdern existieren. Business-Analysten müssen vorsichtig sein, wenn sie den konkreten Bedarf ihrer Stakeholder bestimmen. Manches Mal können sie diesen auch nicht erfüllen, weil er zu abstrakt ist.

- Ein Bedarf kann entweder ein *Problem*, eine *Chance* oder eine *Einschränkung* sein.
- Bedarf und Anforderung sind nicht identisch. Ein Bedarf muss nicht erkannt, verstanden, ausgedrückt oder behandelt worden sein, um zu existieren. Anforderungen hingegen sind konkrete Verkörperungen eines Bedarfs und beschreiben den Zustand und die Fähigkeit konkreter Dinge.
- Bedarf und Lösungen sind Begriffe, die nicht voneinander getrennt werden können, genauso wie die Begriffe Nord- und Südpol nicht ohne einander existieren können.

**Stakeholder …**

… sind eine Gruppe oder ein einzelnes Individuum, die in einem Bezug zur Veränderung oder zur Lösung stehen.

Stakeholder haben auch einen Bezug zu allen anderen Kernkonzepten. Dabei kann es beispielsweise um Interesse und Einfluss auf die Veränderung gehen, aber auch z. B. um die Beziehung zwischen Stakeholdern. Auch wenn ein Business-Analyst sich auf die Lösungen von Veränderungen fokussiert, analysiert er sie immer auch in Bezug zu anderen Menschen. Es geht also immer auch um die menschliche Komponente und nicht nur um eine Lösung an sich.

**Kontext …**

… ist der Teil der Umgebung, in der die Veränderung stattfindet. Veränderungen treten immer innerhalb eines Kontexts auf.

Dabei gibt es zwei Grenzen:

- Die **innere** Begrenzung definiert den Umfang der Änderung.
- Die **äußere** Begrenzung definiert den Umfang der Dinge, die relevant für die Veränderung sind, und trennt sie von der weiteren Umwelt.

In anderen Worten: Der Kontext umfasst alles, was sich mit Veränderung beschäftigt, aber betrifft nicht die Veränderung an sich. Kontext kann fast alles sein: Einstellungen, Verhaltensweisen, Überzeugungen, Konkurrenten, Kultur, Demografie, Ziele, Regierungen, Infrastruktur, Sprachen, Verluste, Prozesse, Produkte, Projekte, Vertrieb, Jahreszeiten, Terminologie, Technik, Wetter etc.

In der Praxis bietet der Kontext einen gemeinsamen Weg für die Stakeholder, über ihre Beziehungen zur Veränderung und mögliche Lösungen zu sprechen und zu definieren, was relevant ist. Meistens betrifft eine

Veränderung viele Menschen, die gemeinsam in unterschiedlichen Kontexten agieren. Zum Beispiel gibt es bei einem Hausbau unterschiedliche Rollen, beispielsweise den Architekten und den Baumeister. Während der eine planen, die Interessen des Bauherren teilweise vertreten und die Kontrolle der Bauausführung gewährleisten soll, ist der andere der Ausführende und steht in der Regel einer Baufirma vor. Der Architekt und der Baumeister haben also unterschiedliche Kontexte und Interessen.

Die Bestimmung des Kontext-Umfangs ist eine der wichtigsten Aufgaben für Sie als Business-Analysten. Denken Sie deshalb bei der Festlegung des Kontextes auch daran, was relevant für die Veränderung, aber vielleicht kein direkter Teil davon ist.

**Lösung …**

… ist ein spezifisches Mittel, um einen Bedarf innerhalb eines Kontexts zu befriedigen.

Ein Bedarf kann beispielsweise durch Realisierung, Bereitstellung, Austausch oder Erzeugung von Wert gestillt werden. Lösungen sind immer eine Kombination aus einer Stakeholder-Erfahrung mit einer Sache, der ein Wert zugeordnet wurde. Ein Stuhl z. B. kann für verschiedene Stakeholder unterschiedliche Bedeutungen haben: Er kann als Sitzgelegenheit, Barriere, Schlafplatz, Türschließer, Leiter oder Geheimwaffe eingesetzt werden, je nachdem, in welchem aktuellen Kontext der Stakeholder agiert. Wichtig ist in jedem Fall, dass der Stakeholder einen Wert mit dieser Sache verbindet.

Eine Lösung erfüllt einen Bedarf nach …

- einem Ergebnis eines Problems, mit dem ein Stakeholder konfrontiert ist;
- einem Vorteil, eine Chance zu ergreifen;
- der Durchsetzung einer Auflage von Stakeholdern;
- einer Aktivität innerhalb einer Einschränkung.

### Wert/Nutzen (Value) …

… ist die Bedeutung, die etwas für einen Stakeholder in einem bestimmten Kontext hat. Außerhalb von philosophischen und ökonomischen Büchern ist der Begriff des Wertes nicht eindeutig definiert. Er wird zwar oft verwendet, aber die meisten Menschen gehen davon aus, dass jeder weiß, was ein Wert ist und ungefähr dasselbe darunter versteht.

In der Business-Analyse sollte der Begriff Wert so breit wie möglich verstanden werden: Wert ist die *Bedeutung* einer Sache.

Der Wert einer Sache hängt immer von deren Kontext und den Betroffenen ab. Ein Wert ist eine Art Maßeinheit. In einigen Fällen kann der Wert in absoluten Zahlen gefasst werden. Wenn beispielsweise ein Gerät 16 Gigabyte und ein anderes 64 Gigabyte Speicher hat, ist das zweite Gerät mit ziemlich hoher Wahrscheinlichkeit wertvoller für die meisten Nutzer.

In vielen Fällen wird ein Wert aber auch relativ gesehen: Wir können nicht in Zahlen messen, wie sehr wir einen anderen Menschen lieben, aber wir können sagen, welches Essen wir bevorzugen. Der Kontext ändert sich mit der Person und ihrer Priorität.

Ein Wert hat zwei wesentliche Elemente: Auf der einen Seite wird er verwendet, um die Vorteile zu beschreiben, die aus einer Aktivität entstehen. Er erläutert aber auch die Motivation, die eine Person erst dazu bringt, zu handeln.

## Kernbegriff: Anforderungen

Neben dem Bedarf ist die Anforderung einer der wichtigsten Begriffe in der Business-Analyse. Business-Analysten müssen sie bzw. deren Bedeutungen verinnerlicht haben. In der Industrie beispielsweise wird der Begriff Anforderung uneinheitlich verwendet und kann verschiedene Dinge für verschiedene Menschen bedeuten.

Das IIBA entschied sich für die Definition des Institute of Electrical and Electronics Engineers (IEEE). Es definiert eine Anforderung wie folgt[6]:

»Eine Anforderung ist:

1. eine von einem Stakeholder benötigte Beschaffenheit (condition) oder eine Fähigkeit (capability), um damit ein Ziel zu erreichen oder ein Problem zu lösen.
2. eine geforderte Beschaffenheit oder Fähigkeit einer Lösung oder einer Lösungskomponente, die notwendig ist, um Vorgaben von Verträgen, Standards, Spezifikationen oder anderen formal auferlegten Dokumenten einzuhalten.
3. eine Dokumentation (documented representation) einer unter Punkt 1 oder Punkt 2 angeführten Beschaffenheit oder Fähigkeit.«

Fällt Ihnen auf, dass diese Definition nichts über das Format oder die Darstellung einer Anforderung aussagt? Business-Analysten steht es demnach frei, sie in irgendeiner Weise (aber klar und verständlich!) zu kommunizieren.

### Gemeinsames Verständnis von Anforderungen

In diesem Buch sehen wir als Anforderung alles, was wichtig genug ist, um diskutiert, analysiert, dokumentiert und validiert zu werden.

Eine Anforderung kann auf verschiedene Art und Weise dokumentiert und präsentiert werden:

- in einem Satz (»Das System muss ...«),
- unter Zuhilfenahme einer strukturierten Textvorlage,
- in einer Tabelle oder einer Tabellenkalkulation,

---

[6] Institute of Electrical and Elctronics Engineers: IEEE Std 610.12-1990: *IEEE Standard Glossary of Software Engineering Terminology.*

- in einem Diagramm oder Modell (z. B. ein Workflow oder ein Entity-Relationship-Diagramm mit den zugehörigen Details),
- als Prototyp,
- und in jedem anderen Format, das zu Kommunikationszwecken verwendet wird.

Das Format oder die Darstellung allein macht eine Anforderung jedoch nicht automatisch zu einer Anforderung!

### Dokumentation von Anforderungen

Anforderungen sollten aus folgenden Gründen auch immer dokumentiert werden:

- Menschen sind vergessliche Wesen: Stakeholder vergessen, was Entwickler sagen. Entwickler vergessen Anforderungen. Wenn die Teammitglieder sich erinnern müssen, was besprochen wurde, kostet das nur Unmengen Zeit und Nerven.
- Verbale Kommunikation ist fehlerhaft. Denken Sie an das Spiel »Stille Post«: Je mehr Menschen beteiligt sind, desto größer wird die Veränderung der ursprünglichen Botschaft am Ende sein. Anforderungen sind sehr spezifische, detaillierte Elemente, die leicht durch die Verwendung eines anderen Wortes oder Satzes geändert werden können. Verbale Kommunikation von Anforderungen ist nur in den seltensten Fällen korrekt.
- Kennen Sie das? Wenn Sie einer Person zwei Mal zu unterschiedlichen Zeiten ein und dieselbe komplizierte Frage stellen, erhalten Sie oft zwei verschiedene Antworten. In der Business-Analyse ist das nicht anders: Vielleicht hatte ein Stakeholder nach der ersten Diskussion genügend Zeit, sich weitere Gedanken darüber zu machen. Es kann auch sein, dass er seine Meinung einfach geändert hat. Business-Analysten sind Experten darin, die gleiche Frage in unterschiedlichen Varianten zu stellen, bevor sie eine Anforderung dokumentieren. So stellen sie sicher, dass sie wirklich endgültig beantwortet wurde.

- Etwas aufzuschreiben, zwingt Menschen, auch das zu tun, was sie versprochen oder vereinbart haben.
- Benutzeranforderungen gemeinsam mit einer zweiten Person niederzuschreiben, steigert die Genauigkeit und reduziert die Anzahl schlecht erhobener Anforderungen. Gemeinsam finden sich auch leichter fehlende Anforderungen und undokumentierte Annahmen.
- Wenn Anforderungen dokumentiert sind, können neue Teammitglieder sich schneller damit vertraut machen.
- Entwicklungen zu bewerten und zu verwalten, erfordert klare Zuordnungen. Es ist schwierig, etwas durchzuführen, wenn nicht eindeutig und unmissverständlich gesagt wurde, wer wofür verantwortlich ist.

### Anforderungsklassifikation

Es gibt verschiedene Klassifikationen von Anforderungen:

- **Geschäftsanforderungen:** Dabei werden die Unternehmensziele oder der Unternehmensbedarf definiert. Sie beschreiben u. a. Gründe, warum ein Vorhaben gestartet wurde, Ziele, die erreicht werden sollen, und die Beurteilung der Zielerreichung.
- **Stakeholderanforderungen:** Das sind Aussagen zum Bedarf eines einzelnen Stakeholders oder einer Gruppe von Stakeholdern. Sie werden mithilfe der Anforderungsanalyse entwickelt und definiert.
- **Lösungsanforderungen:** Hier handelt es sich um Aspekte einer Lösung, die von Geschäfts- und Stakeholderanforderungen erfüllt werden. Sie werden häufig weiter untergliedert in:
  - Funktionale Anforderungen: Beschreiben das Verhalten und das Informationsmanagement einer Lösung. Sie definieren, was ein System leisten muss und wie es auf ein anderes System reagiert.
  - Nichtfunktionale Anforderungen: Enthalten Sachverhalte, die sich nicht direkt auf das Verhalten oder den Funktionsumfang der Lösung beziehen, sondern die aussagen, unter welchen Umweltbedingungen die Lösung effektiv funktionieren muss und ob eventuell Restriktionen dazu existieren. Sie enthalten auch

Qualitätsanforderungen oder ergänzende Anforderungen (Geschwindigkeit, Sicherheit, Verfügbarkeit, Informationsarchitektur, Benutzerschnittstelle etc.).

- Transitionsanforderungen: Diese beschreiben, ob eine Lösung tatsächlich in der Lage ist, ein Unternehmen vom Ist- zum Soll-Zustand zu bringen. Die Transitionsanforderungen unterscheiden sich von den anderen Anforderungen durch ihre zeitlich begrenzte Gültigkeit und ihren nachrangigen Status, da sie erst nach der Ermittlung des Ist-Zustands und der Lösung entwickelt werden können. Beispiele sind Skills von Mitarbeitern, Softwareunterstützung etc.

In Abbildung 1 sind die ersten drei Anforderungskategorien in einer Hierarchie dargestellt. Jede Lösungsanforderung und Stakeholderanforderung sollte einen indirekten (1) oder direkten (2) Beitrag zur Erfüllung der Geschäftsanforderungen beisteuern.

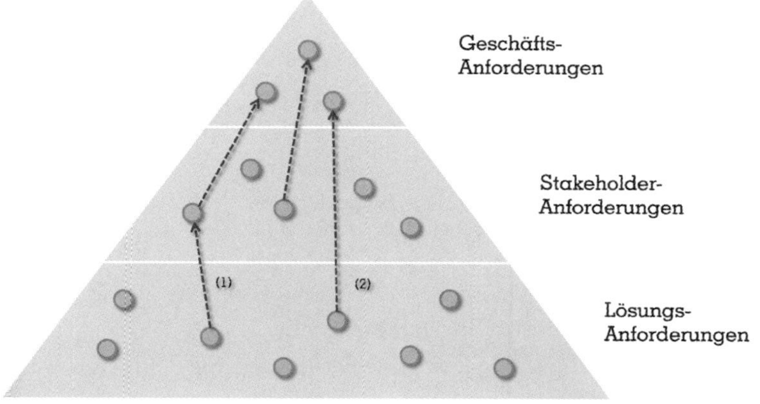


**Abbildung 1: Anforderungshierarchie**

## Kernbegriff: Design

Der Begriff Design ist inhaltlich eng verknüpft mit dem Begriff Anforderung. Üblicherweise wird im Requirements Engineering unterschieden, dass eine Anforderung definiert, *was* benötigt wird, und das Design definiert, *wie* diese Anforderung realisiert wird. Die Praxis der Business-Analyse zeigt jedoch, dass es vom Standpunkt des Betrachters abhängt, ob eine Aussage eine Anforderung oder ein Design ist.

**Definition**

Wir definieren Design als konkrete Verkörperung der Lösung, genauso wie eine Anforderung eine konkrete Verkörperung eines Bedarfs ist.

Da Business-Analysten Lösungen für einen Unternehmensbedarf definieren, sind sie nicht nur mit der Erhebung und Analyse von Anforderungen beschäftigt, sondern genauso mit dem Design von Lösungen. Dies können beispielsweise sein:

- das Design eines Geschäftsprozesses,
- das Design von Stellenbeschreibungen der Mitarbeiter, die diese Prozesse ausführen,
- das Design eines IT-Systems im Sinne des *fachlichen* Aufbaus.

Eine Übersicht der Definitionen der zentralen Begriffe Bedarf, Lösung, Anforderung und Design finden Sie in Kapitel 2.

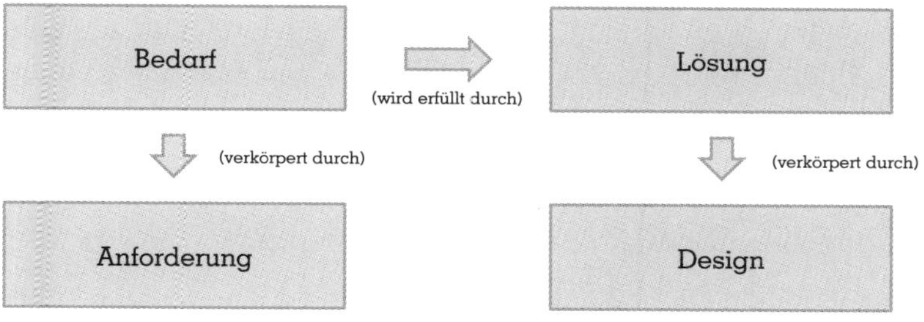


**Abbildung 2: Zentrale Begriffe der Business-Analyse**

## 2.2 Das Business-Analyse-Vorgehensmodell

Business-Analyse ist eine komplexe und anspruchsvolle Tätigkeit. Es gibt kein Regelwerk, dem man eins zu eins folgen kann, um damit erfolgreich zu sein. Dass dem so ist, können Sie auch im BABOK Guide nachlesen – allein der BABOK v3.0 zählt 30 verschiedene Tasks bzw. Aufgaben für Business-Analysten auf. Diese Aufgaben dürfen aber keinesfalls als einzelne Schritte mit einer empfohlenen Reihenfolge gesehen werden – sie sind zwar in Gruppen (die sogenannten Wissensgebiete) kategorisiert, das macht aber noch lange keinen Prozess aus. Einzelne Aufgaben können in schneller Abfolge, iterativ oder gleichzeitig durchgeführt werden und sollen den Business-Analysten lediglich bei seiner Arbeit unterstützen.

> »The definition of the task is universally applicable to Business-Analysis efforts, no matter what type of initiative it is.«[7]

Eine vorgegebene Reihenfolge bezüglich der Abarbeitung wäre also nicht im Sinne des Erfinders. Das Schöne, aber auch Herausfordernde an jedem Business-Analyse-Vorhaben ist, dass es in sich einzigartig ist. So sehr

7 International Institute of Business Analysis (2015): A Guide to the Business Analysis Body of Knowledge® (BABOK® Guide), 3. Auflage (zur Zeit der Veröffentlichung dieses Buches noch nicht erschienen)

Stakeholder, Unternehmen, Projekt oder Maßnahme einander auf den ersten Blick ähneln, es wird doch nie zwei identische Ergebnisse geben: Je nach Pfad, der eingeschlagen wurde, wird eine jeweils andere Lösung die passende sein.

## Warum ein Business-Analyse-Vorgehensmodell?

Ein Vorgehensmodell oder auch Prozessmodell teilt einen Prozess in verschiedene strukturierte Abschnitte ein, denen man wiederum entsprechende Methoden und Techniken zuordnen kann. Die Aufgabe eines solchen Vorgehensmodells ist es, Aufgabenstellungen, die in einem Arbeitsprozess auftreten, in eine logische Ordnung zu bringen. Es fungiert also als organisatorisches Hilfsmittel für konkrete Aufgabenstellungen und leitet in konkrete Maßnahmen über.

Schrittweise wird ein Weg vom Problem zur Lösung vorgeschlagen. Die einzelnen Phasen gelten als Idealtypen, in der Praxis ist aber meistens ein iteratives Vorgehen üblich.

### So einfach wie möglich und doch so flexibel wie nötig

Was Business-Analyse so interessant macht, sind die vielfältigen Aufgabenstellungen, mit denen ein Business-Analyst im Laufe eines einzigen Vorhabens konfrontiert sein kann. Unterschiedliche Aufgabenstellungen erfordern ein unterschiedliches Vorgehen, wie wir an späterer Stelle noch zeigen werden. Genau darin liegen auch die Herausforderungen bei der Entwicklung eines Vorgehensmodells: Es muss flexibel genug sein, aber gleichzeitig einen Rahmen bieten, der den Business-Analysten hilft, ihre Arbeit zu verstehen.

Wir haben auf der Basis unserer Praxiserfahrungen ein solches Business-Analyse-Vorgehensmodell entwickelt. Es umfasst die besten Praktiken der strategischen Business-Analyse, bezieht aber auch die Grundlagen des Requirements Engineering mit ein. Es zeigt die wichtigsten Etappen und Bereiche eines Business-Analyse-Vorhabens, die berücksichtigt werden müssen.

Es ist wichtig, dass alle Schritte dieses Vorgehensmodells durchlaufen werden! Viele Business-Analysten verspüren aber einen immensen Druck, möglichst schnell detaillierte Anforderungen zu erheben und konkrete Lösungen zu erarbeiten, ohne dass das Problem vorher gründlich genug verstanden wurde. Gibt man diesem Druck nach, ist der beste Vorsatz, die optimale Lösung zu empfehlen, im Grunde schon vertan.

Um dieser Gefahr vorzubeugen, hat uns in der täglichen Arbeit das Vorgehensmodell sehr geholfen – denn es zeichnet einen groben Ablauf vor und macht dem Business-Analysten schnell klar, welchen Schritt er getan hat, wo er aktuell steht und was ihn noch erwartet.

## Aufbau unseres Business-Analyse-Vorgehensmodells

Das Business-Analyse-Vorgehensmodell besteht aus fünf Phasen. In vier davon übernimmt der Business-Analyst die führende Rolle, während er in Phase fünf nur involviert ist. Die meisten Modelle greifen unserer Meinung nach bereits an dieser Stelle zu kurz: Sie legen den Fokus nur auf den vorletzten Schritt und klammern die vorhergehenden im Grunde aus.

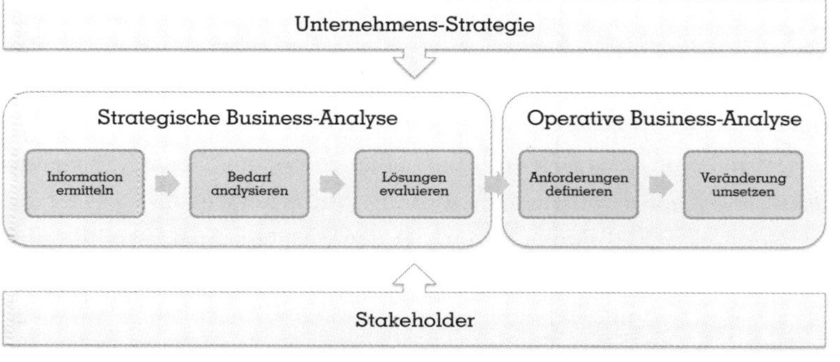


**Abbildung 3: Das Business-Analyse-Vorgehensmodell**

In der obigen Grafik ist das Business-Analyse-Vorgehensmodell, so wie wir es in der Praxis anwenden, visuell dargestellt. Die einzelnen Phasen sind:

- Phase 1: Information ermitteln,
- Phase 2: Bedarf analysieren,
- Phase 3: Lösungen evaluieren,
- Phase 4: Anforderungen definieren,
- Phase 5: Veränderung umsetzen.

Die konkreten Tätigkeiten innerhalb der einzelnen Phasen können sehr ähnlich sein und einen – auf den ersten Blick – repetitiven Charakter haben: Der Business-Analyst liest und schreibt Dokumente, spricht mit Menschen, hält Meetings ab, dokumentiert Ergebnisse etc. Aber bei genauerem Hinsehen zeigt sich, dass sich der Inhalt und der Anspruch an die einzelnen Aufgaben ebenfalls ändern: In den fünf Phasen werden diese ganz grundsätzlichen Tätigkeiten in einem unterschiedlichen Kontext ausgeführt. Das zu unterscheiden ist elementar wichtig!

Zuallererst steht der Business-Analyst vor der Aufgabe, Informationen zu sammeln. Das hört sich leichter an als es ist, aber tatsächlich warten die meisten Stakeholder mit Lösungen und weniger mit Informationen auf (s. Kapitel 2.3). Als Business-Analyst müssen Sie einfach die Vorstellung begraben, dass Ihre Stakeholder bereits wissen, wie die Lösung aussieht! Meistens haben die Benutzer selbst keine Anforderungen, sie haben bloß Ideen, Meinungen, Vorschläge. Henry Ford hat einmal so treffend gesagt »*Wenn ich die Menschen gefragt hätte, was sie wollen, hätten sie gesagt: schnellere Pferde.*« Sie müssen Ihren Stakeholdern eine Vorstellung davon geben, wie die Zukunft aussieht, wenn das Problem gelöst ist.

Mit den Anforderungen ist es ganz ähnlich: Auch sie liegen nicht irgendwie am Weg herum und können aufgesammelt werden wie Obst, das von dem Bäumen fällt. Das ist auch bereits der Startschuss für den Business-Analysten: Er beginnt die Ideen, Meinungen und Vorschläge der Beteiligten zu sammeln – denn das sind wertvolle Informationen und gleichzeitig ist dies der erste Schritt des Vorgehensmodells.

»*Business-Analysis is the practice of enabling change*«, heißt es im BABOK Guide v3.0. Es geht also um Veränderung, einer Bewegung von einem Ist- in einen Soll-Zustand. Die Frage, um die sich immer alles dreht, lautet: »Wo steht das Unternehmen jetzt und was muss es in Zukunft können?« Dieser Bedarf muss definiert und analysiert werden.

Erst wenn all diese Fragen geklärt sind – sprich: die ersten drei Phasen des Vorgehensmodells durchlaufen sind –, kann die eigentliche Erhebung der Anforderungen beginnen.

Um es noch einmal zu betonen: Natürlich geht es in der Business-Analyse darum, die richtigen Anforderungen zu erheben, um ein bestimmtes Ziel zu erreichen. Bevor jedoch nicht restlos klar ist, um welches Ziel es sich handelt, braucht niemand eine Anforderung zu definieren!

»Aber das kommt doch vom Management! Das nennt sich Strategie und ist wirklich nicht Aufgabe eines Business-Analysten!« – das haben wir schon oft gehört. Nein, nein, nein und nochmals nein: Zwischen Strategie und einem konkreten Projektziel liegt ein sehr langer Weg, den der Business-Analyst erst gehen muss. Die Strategie ist auf der Straße die Leitplanke, die das Auto auf dem langen Weg sicher zur Vision führt.

## 2.3 Phase 1 – Informationen ermitteln

In der ersten Phase der Business-Analyse – die auch »Erhebung« genannt wird – geht es darum, Informationen zu ermitteln. Der Business-Analyst stellt Fragen, sammelt Daten und dokumentiert. Auf diese Weise kann er auch Anforderungen, die nicht ausdrücklich von den Stakeholdern geäußert werden, entdecken. Gleich vornweg: Es geht in dieser Phase noch nicht darum, Dinge zu analysieren!

In dieser frühen Phase der Business-Analyse entsteht bereits eine erste Meinung darüber, was das eigentliche Problem ist, das untersucht werden muss. Aber Achtung: Eine vorschnelle Meinung ist gefährlich! Versuchen Sie als Business-Analyst so lange wie möglich offen zu bleiben und bei Befragungen auch Pfaden zu folgen, von denen Sie (noch) nicht wissen, wohin sie führen! Dazu gehört, dass Sie die gefundenen Informationen nicht widerstandslos akzeptieren – hinterfragen Sie sie mindestens einmal. Auch eine Bewertung des Kontextes, insbesondere der Unternehmensziele und der Strategie für die Unternehmen oder Abteilungen, ist hilfreich. Diese Daten sollten alle in die Informationssuche einfließen – nur dann verstehen Sie den Kontext und können später zur treffenden Fragestellung kommen.

### Untersuchungstechniken

Es gibt viele Ansätze, die Sie als Business-Analyst in dieser Phase anwenden können – wichtig ist es, sehr ins Detail zu gehen. Je nach Schwerpunkt der Aufgabenstellung eignen sich unterschiedliche Techniken mehr oder weniger gut. Wenn Sie beispielsweise einen Geschäftsbereich besser einschätzen wollen, indem Sie die wichtigsten Stakeholder identifizieren und Verständnis für deren Ansichten und Meinungen gewinnen wollen, dann ist die beste Technik diejenige, die die Gesamtperspektive und verallgemeinerte Ansichten zur Verfügung stellt. In diesem Fall können Interviews, Beobachtungen und Workshops (s. Kapitel 5.2) besonders nützlich sein.

Auch eine **Szenario-Analyse** oder ein **Prototyping** sind Techniken, die sich auf Details konzentrieren. Damit lassen sich beispielsweise die Datenanforderungen oder der Fluss des Geschäftsprozesses näher beleuchten. Viele der so gewonnenen Informationen können subjektiver Natur sein und eine genauere Analyse erfordern. Dann eignen sich Techniken wie **Fragebögen** sehr; damit lassen sich die Informationen quantifizieren.

### Dokumentation der Situation

Es gibt eine Reihe von nützlichen Techniken, mit denen ein Business-System untersucht werden kann. Typischerweise wird ein High-Level-Überblick über die Situation während der ersten Untersuchung erforderlich sein – insbesondere dort, wo die Probleme komplex sind und unterschiedliche Ursachen haben. Dazu kann der Blick auf das Ganze, also ein »Big Picture«, sehr nützlich sein, um die Essenz einer Situation zu visualisieren und Alternativen zu zeigen. Eine **Mind Map** ermöglicht es dabei, die Informationen zu strukturieren.

### Stakeholder

In dieser Phase müssen auch alle Beteiligten und ihre Perspektiven auf die Situation analysiert werden. Viele Stakeholder haben ihre eigenen Ansichten dazu, wie die Probleme entstanden sind, was getan werden muss, um die Situation zu verbessern und worauf der Fokus liegen sollte. Wenn sich aus Sicht der Stakeholder bereits einige Fragen ergeben, ist es wichtig, dass genau diese erforscht und, soweit möglich, bei der Empfehlung für das weitere Vorgehen berücksichtigt werden.

Unterschiedliche Stakeholder beeinflussen den Lauf und die Prozesse des Unternehmens als Individuum unterschiedlich. Die Palette der Möglichkeiten ist dabei sehr umfangreich – mehr dazu lesen Sie in Kapitel 3.2.

Die unterschiedlichen Ansichten der Stakeholder führen oft zu versteckten Konflikten oder einer Verschiebung der Prioritäten. Es ist wichtig, dass Ihnen als Business-Analyst dieses Konfliktpotenzial bewusst ist. Achten Sie deshalb auf Situationen, in denen diese entstehen können. Vor allem, wenn sich die Wertvorstellungen und Überzeugungen der Betroffenen sehr unterscheiden. Das Verständnis der einzelnen Vorstellungen und Werte ermöglicht es Ihnen, Fragen und Probleme aus einem anderen Blickwinkel zu betrachten, und damit erhöht sich die Chance, eine geeignete Lösung zu finden.

## Herausforderungen der Phase

Wir haben eine Reihe an möglichen Hindernissen aufgelistet, die der Business-Analyst überwinden muss, um an die gewünschten Informationen zu kommen:

- Herausforderungen durch das Management;
- kein ausreichendes Budget für eine ausführliche Erhebung;
- keine klare Definition der Ziele und der Strategie des Unternehmens;
- Mangel an Management-Unterstützung;
- Herausforderungen durch die Stakeholder;
- Konzentration auf Lösung und nicht auf das Problem;
- unrealistische Erwartungen;
- Stakeholder sagen nicht alles;
- Missverständnisse und Fehlinterpretationen;
- Stakeholder sind resistent gegen Veränderungen;
- Benutzer, die nicht wissen, was sie wollen;
- Mangel an Engagement und Unterstützung von Stakeholder;
- Herausforderungen durch den Business-Analysten selbst;
- falsche Fragen stellen;
- foreilige Schlüsse ziehen ;
- von (möglicherweise falschen) Annahmen ausgehen;
- nicht genug Fragen stellen;
- Mangel an Verständnis der Umwelt;
- nicht genug Zeit.

Viele dieser Hindernisse ergeben sich aus dem Missverständnis, dass der Stakeholder bereits über die Anforderungen verfügt und der Business-Analyst diese einfach nur einsammeln muss. Schließlich ist das auch die Aufgabe des Business-Analysten. Oder?

Der Business-Analyst wandert aber nicht durch das Unternehmen und fragt jeden Stakeholder, ob er ihm denn Anforderungen »zur Verfügung stellen« könnte. Er setzt sich anschließend auch nicht in sein Büro und transkribiert das Gesagte Wort für Wort, um daraus ein Anforderungsdokument zu erstellen. Danach geht er auch nicht wieder zu allen Beteiligten zurück und fragt, ob das so passt oder ob sie noch Änderungen oder neue/andere Anforderungen hätten.

Würde der Business-Analyst tatsächlich so agieren, gäbe es zwei Probleme:

Erstens: Die Analyse fehlt. Schließlich heißt die Berufsbezeichnung Business-Analyst, das beinhaltet nicht umsonst das Wort Analyse. Es geht also um deutlich mehr als nur darum, Anforderungen zu erheben.

Zweitens: Die Vorannahme ist, dass bereits alle Informationen da sind und nur noch eingesammelt werden müssen. Das würde aber wiederum bedeuten, dass alle Stakeholder bereits wissen und sich miteinander darauf verständigt haben, was das eigentliche Problem ist und sich eigentlich auch selbst die Lösung ableiten könnten. Außerdem könnten die Stakeholder die Lösung eindeutig formulieren und das auch noch so, dass das Team diese nur noch implementieren müsste.

Die Aufgabe des Stakeholders ist es aber nicht, für den Business-Analysten die relevanten Informationen zu erheben und daraus später Anforderungen zu definieren. Selbst wenn er von seinem Manager angewiesen wurde, den Business-Analysten bei der Anforderungserhebung zu unterstützen – er ist nicht dazu ausgebildet, Anforderungen zu erheben. Manchmal hat er auch einen Tunnelblick. Deswegen lautet Ihre Aufgabe als Business-Analyst in dieser Phase: Sammeln Sie Informationen, keine Anforderungen!

## Ziele dieser Phase

Der Business-Analyst bekommt in dieser ersten Phase also keine Anforderungen von den Stakeholdern, sondern Informationen. Und zwar darüber, wie die Stakeholder ihre Arbeit verrichten, welche Aspekte ihrer Arbeit wichtig sind, wie sie Probleme wahrnehmen, was eine Lösung für sie bedeutet und was alles durch die Lösung beeinflusst werden kann. Sie können das Problem beschreiben, den Problembereich definieren, die

Bedingungen erkennen, die das Problem verursachen, und sagen, welche Lösungen sie bevorzugen. Sie können Geschichten, Beschreibungen, Wünsche, Bedürfnisse, Bauchschmerzen, Fakten, Lügen, Lösungen, Worte der Weisheit, Beschwerden erzählen und wahrscheinlich ein oder zwei von ihnen sogar Witze. Und genau das ist es, was Business-Analysten in dieser Phase brauchen: so viel Information wie nur möglich. Noch einmal: Das Ziel der Erhebungsphase ist es, Informationen zu sammeln – und nicht Anforderungen.

### Verfahren

- Studieren Sie das Hintergrundmaterial: Wer hat das Projekt initiiert, bei wem liegt das Mandat?
- Führen Sie erste Untersuchungen wie Interviews, Gespräche und Befragungen mit den wichtigsten Beteiligten durch.
- Dokumentieren Sie die Ergebnisse der Untersuchung durch Notizen und simple Zeichnungen. Machen Sie sich ein »Big Picture« oder machen Sie sich eine Mind Map.
- Identifizieren Sie die wichtigsten Stakeholder, deren Perspektiven und deren Einstellung zu dem Vorhaben.
- Untersuchen Sie die Werte, Vorstellungen und Prioritäten der wichtigsten Beteiligten.
- Verstehen und analysieren Sie die verschiedenen Stakeholder-Perspektiven.
- Lösen Sie eventuelle Konflikte zwischen den Interessengruppen.

### Techniken

- Untersuchungstechniken wie Interviews, Beobachtungen und Workshops,
- quantitative Untersuchungstechniken wie Fragebögen und Analyse von Dokumenten,
- Mind Maps,
- Fischgräten-Diagramm,
- Stakeholderanalyse,

- Szenario-Analyse,
- Prototyping.

## 2.4 Phase 2 – Bedarf analysieren

Der Schwerpunkt dieser Phase liegt zunächst darin, festzustellen, was am »System Unternehmen« verbessert werden kann oder muss, kurz gesagt: Welcher Bedarf besteht tatsächlich? Dann gilt es zu visualisieren, was mit dem Vorhaben überhaupt erreicht werden soll. Diese beiden Elemente bilden die Basis für den Umfang des Vorhabens und definieren, wo ein Unternehmen steht und wo es hin will.

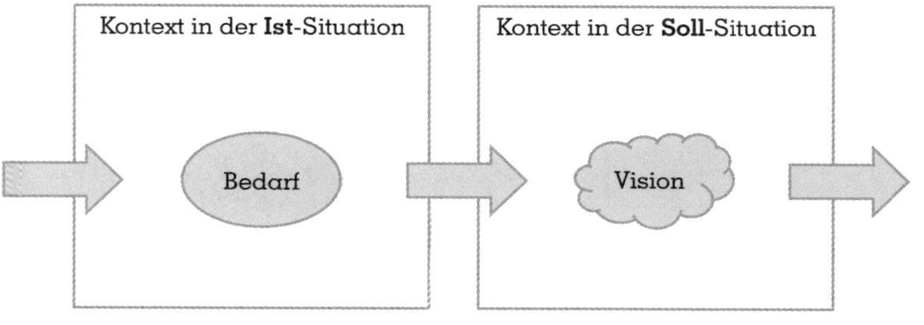


**Abbildung 4: Bedarf und Vision**

Die obige Grafik verdeutlicht den Ablauf:

- Zunächst muss der Bedarf in der Ist-Situation definiert werden. Fragen Sie danach, was jetzt fehlt, was schlecht läuft.
- Im zweiten Schritt eruieren Sie, wie die Vision in der Soll-Situation aussehen soll. Die Vision ist aber noch nicht die Spezifikation der Lösung. Es geht darum, festzulegen: Wie muss es sein, damit der Bedarf befriedigt wird?

Die Strategie muss immer für das gesamte Unternehmen gesehen werden – für die Aufbau- und Ablauf-Organisation und für die unterstützenden IT-Systeme. Wie müssen diese drei Einheiten zusammenspielen, damit das System und die Prozesse einwandfrei funktionieren?

In einem kleineren Unternehmen werden Sie als Business-Analyst für alle drei Bereiche zuständig sein. In diesem Fall werden Sie direkt am Geschäftsmodell arbeiten. Sind Sie in einer größeren Organisation eingesetzt, werden Sie möglicherweise nur Teilaspekte betrachten.

Als konkrete Techniken zur Verschriftlichung haben sich im Alltag »**Problem Statement**« (Was ist das Problem?) und »**Vision Statement**« (Wie ist es, wenn das Problem gelöst ist?) bewährt. Bei beiden Techniken geht es darum, den Prozess zu beleuchten.

In der folgenden Tabelle haben wir Beispiele für Ist- und Soll-Zustände in Unternehmen zusammengefasst und mögliche Lösungsansätze durch Veränderung an IT, Prozess und Organisation aufgelistet.

### Szenario »Wartungskosten«

| Ist-Zustand | Soll-Zustand |
|---|---|
| Die Einführung von neuen Produkten ist teuer, weil in einem IT-System die Wartung sehr aufwendig ist. | Zukünftig sollen Produktneueinführungen doppelt so schnell und mit der Hälfte der IT-Kosten möglich sein. |
| **Mögliche Lösungsansätze** | |
| Das interne IT-Team verbessern und das bestehende System überarbeiten | |
| Eine neue Standard-Softwarelösung kaufen | |
| Die gesamte Lösung zu einer Cloud-Anwendung migrieren | |

### Szenario »Neukunden-Vertrieb«

| Ist-Zustand | Soll-Zustand |
|---|---|
| Im B2B-Vertrieb wird Neukunden-Potenzial verschenkt, weil Erstanfragen nicht rechtzeitig bearbeitet werden. | Sicherstellen einer Reaktion innerhalb von 24 Stunden und Erhöhung der Win-Loss-Ratio dieser Geschäftsfälle auf 60 Prozent. |
| **Mögliche Lösungsansätze** | |
| Restrukturierung des Vertriebsteams | |
| Re-Engineering der Vertriebsprozesse | |
| Teil der Vertriebsschiene auslagern | |

### Szenario »Fallender Umsatz«

| Ist-Zustand | Soll-Zustand |
|---|---|
| Fallender Umsatz führte zu Quartalsverlust | Profitabilität wieder herstellen bei einer Gewinnmarge von 4 Prozent |
| **Mögliche Lösungsansätze** | |
| Mitarbeiter entlassen, um Kosten zu sparen | |
| Neues Geschäftsfeld entwickeln | |
| Marge durch neue Online-Verkaufsplattform erhöhen | |

## Herausforderungen dieser Phase

### Ohne Problemkenntnis gibt es keine guten Anforderungen

Das Szenario ähnelt sich immer wieder: Ein Unternehmen bestellt einen Business-Analysten gleich aufgrund mehrerer Probleme, die – da man ja gerade dabei ist – alle am besten auf einmal gelöst werden sollen, nämlich im Rahmen einer einzigen Business-Analyse-Maßnahme. In Ihrer

Verantwortung als Business-Analyst liegt es deshalb, zunächst zu bestimmen, welches der aufgezählten und beschriebenen Probleme das eigentliche und dringlichste darstellt.

Oft ist ein beschriebener Bedarf vage, mehrdeutig, unsicher oder auch irreführend. Das soll kein Vorwurf an die Führungskraft oder eine Bewertung ihrer Fähigkeiten sein! Es ist im Gegenteil sogar ganz normal, wenn eine Aufgabenstellung diffus beschrieben wird, egal in welchem Bereich oder unter welchen Umständen auch immer.

Im Alltag geht es uns allen ähnlich: Wären wir in der Lage, einem Arzt kurz und bündig, genau und vollständig zu erklären, wie sich die Symptome äußern, müssten wir im Grunde keinen Arzt konsultieren, der zunächst die Krankheit diagnostizieren und benennen soll. Wir würden stattdessen ganz einfach zur jeweiligen Fachabteilung gehen und mit dem Heilprozess starten lassen. Leider lassen sich aber die meisten Symptome nicht so einfach kategorisieren und beschreiben. Was dem einen wie ein Stechen vorkommt, ist für den anderen mehr ein Kratzen, das verschwommene Bild wird von dem einen eher als Schwindel wahrgenommen und so weiter. Ähnlich ist es in der Geschäftswelt: Der glasklare Bedarf des einen spiegelt bei Weitem nicht die Sichtweise eines anderen wider.

Die erste Aufgabe eines Business-Analysten ist es also, den eigentlichen Bedarf zu definieren. Das bedeutet manchmal, die vorher formulierte Arbeitsanweisung vollständig zu ignorieren und als Erstes eine Untersuchung zu initiieren. Der Business-Analyst spielt dabei die Rolle des Ermittlers: Er beobachtet das Unternehmen genau, stellt Fragen und analysiert gewonnene Informationen.

Sobald der eigentliche Bedarf definiert wurde, ist es ratsam, diesen gemeinsam mit dem Management zu diskutieren, um sicherzustellen, dass dieser Bedarf auch derjenige ist, der vom Management gelöst werden will. Es kommt mitunter vor, dass die Ansicht oder Erwartungshaltung des Managements nicht in Einklang mit dem steht, was das eigentliche Bedürfnis ist. Oder der tatsächliche Bedarf ist zu groß, um ihn auf die Schnelle lösen zu können oder er ist es einfach nicht wert, gelöst zu werden.

### Unausgesprochener Bedarf

- Die erste (Fehl-)Annahme, die ein Business-Analyst in der Regel trifft, ist diese: Der Bedarf, der ihm präsentiert wird, ist auch der Bedarf, der erfüllt werden muss. Immerhin ist es das Unternehmen, das den Bedarf erst als solches identifiziert – wer, wenn nicht er, soll wissen, was das Problem ist? Außerdem ist das Unternehmen Kunde – und der Kunde hat immer Recht …
- Sie als Business-Analyst erfahren nichts vom eigentlichen Bedarf: Bei einem Unfall sind diejenigen in Gefahr, die sich nicht beschweren (können). Die Sanitäter können schnell die Personen erstversorgen, die sagen, was ihnen wo weh tut. Es sind aber immer die Bewusstlosen, die in größerer Gefahr schweben. Ähnlich ist das bei einem Bedarf des Unternehmens: Probleme, die – warum auch immer – nicht direkt angesprochen oder ausgeblendet werden, sind (meistens) die wichtigen.
- Oftmals melden sich auch diejenigen gar nicht, die einen wirklichen Bedarf haben. Sie versuchen vielleicht, ein anderes Bedürfnis zu lösen oder sie haben einfach Angst davor, ihren Bedarf anzusprechen. Selbst wenn Sie sie direkt danach fragen, werden diese Stakeholder etwas zurückhaltend zugeben, dass es eventuell irgendwo vielleicht so etwas Ähnliches geben könnte. Viele haben Angst davor, als Verräter zu gelten.
- Das Management selbst fokussiert sich auf die Strategie und kann sich nicht auch noch mit taktischen Problemen auseinandersetzen. Und selbst wenn es das tut, ist der Bedarf meistens so verwässert dargestellt, dass der wirkliche mehr oder minder verloren geht.
- Kennen Sie das Dach-Paradoxon? Im Dach ist ein riesiges Loch, aber solange es nicht regnet oder schneit, gibt es keine Notwendigkeit, das Loch zu reparieren. So ist es auch oft in den Unternehmen: Bedarfe werden nicht gesehen, wenn nicht gerade der Hut Feuer gefangen hat.

Auf jeden Fall muss der Business-Analyst den eigentlichen Bedarf von Anfang an untersuchen. Tut er dies nicht, hat das Team am Ende vielleicht eine sehr elegante und vollständige Lösung, nur leider fehlt der passende Bedarf dazu.

### Ziele dieser Phase

Das Ziel dieser Phase ist es, Unterschiede zwischen den aktuellen und den gewünschten Situationen zu erkunden und durch die Analyse dieser Unterschiede Möglichkeiten für geschäftliche Veränderungen zu identifizieren.

### Verfahren

- Untersuchen Sie die bestehenden Prozesse, Organisationseinheiten und die unterstützenden IT-Systeme.
- Überlegen Sie, wie gut jede Komponente das Unternehmen unterstützt.
- Analysieren Sie die Lücken zwischen der bestehenden und der gewünschten Situation. Verwenden Sie diese als Grundlage für die Ermittlung potenzieller Verbesserungen.
- Definieren Sie den Bedarf und lassen Sie sich diesen vom Management bestätigen und abnehmen.

### Techniken

- Business Model Canvas,
- Problem Statement/Vision Statement,
- Benchmarking,
- Root Cause Analysis,
- Wertschöpfungsketten (Porter),
- Prozessanalyse und Modellierung,
- Business Activity Models,
- KPI/Balanced Scorecard,
- SWOT-Analyse.

## 2.5 Phase 3 – Lösungen evaluieren

In der dritten Phase der Business-Analyse geht es darum, für den Unternehmensbedarf mehrere Lösungsansätze zu identifizieren, deren Machbarkeit zu prüfen und sie miteinander zu vergleichen.

Die Analyse der Lücken zwischen den bestehenden und gewünschten Systemen sollte bereits einige Lösungsvorschläge hervorgebracht haben. Diese Veränderungen können eine Reihe von Bereichen betreffen: beispielsweise Geschäftsprozesse, Job-Rollen, Managementstruktur oder IT-Systeme. Die Lösungsvorschläge müssen ausreichend detailliert definiert werden, sodass ein Business Case entwickelt werden kann. Dieser unterstützt Empfehlungen und stellt eine Grundlage für die Entscheidungsfindung dar.

Es ist allerdings ein Irrglaube zu hoffen, an dieser Stelle bereits den Erfolg einer Umsetzung komplett bewerten zu können. Aber man sollte aufgrund der vorliegenden Informationen zuversichtlich sein, dass sich die Umsetzung auszahlt, also der Nutzen die Kosten einer Lösung übersteigt.

### Identifizierung potenzieller Optionen

Zuerst identifizieren Sie verschiedene Optionen, die sinnvolle und nützliche Lösungen ermöglichen. Diese werden in einer »Longlist« zusammengefasst und weiterentwickelt. Wichtig ist es, bei dieser Weiterentwicklung (und auch Bewertung) stets die Unternehmensziele und die Strategie im Blick zu behalten. Die Lösungen dienen ja in erster Linie dazu, dem Unternehmen durch die Veränderung zu helfen.

Lösungsoptionen können z. B. durch Brainstorming entwickelt werden oder durch systematisches Prüfen, mit welchen Maßnahmen der Soll-Zustand erreicht werden kann. Besprechen Sie sich auch mit Fach- und Umsetzungsexperten.

Beispiele für diesbezügliche Überlegungen:

- Was kann in der Organisation verbessert werden – gibt es vielleicht Skills, die noch entwickelt werden müssen?
- Wo gibt es Schwierigkeiten im Prozess? Wo fehlen Informationen/Ressourcen? Wo gibt es Warteschlangen? Wo gibt es große Lager (von Material, von Information – diese weisen immer auf Optimierungspotenzial hin)?
- Wo könnten Arbeitsabläufe vereinfacht oder automatisiert werden?

Ziel dieses Schritts ist es, möglichst viele Lösungsoptionen zu generieren. Aber Achtung: Der Aufwand muss immer dem Anlass entsprechen!

### Reduktion der Optionen

Der nächste Schritt ist, Optionen auszuschließen, die bei näherer Betrachtung nicht sinnvoll sind oder deutlich schlechter als andere Lösungsoptionen abschneiden. Das Ergebnis ist eine »Shortlist«, die nur aus Erfolg versprechenden Optionen besteht und nun weiterentwickelt werden kann.

Die Entscheidung, was weggelassen werden sollte und was einer Nachverfolgung wert ist, sollte bewusst und wohlüberlegt getroffen werden.

### Beurteilung der Machbarkeit

Alle ausgearbeiteten Vorschläge werden im Detail betrachtet und müssen auf technische, finanzielle und organisatorische Machbarkeit hin überprüft werden:

- Technisch: Ist die Lösung überhaupt umsetzbar?
- Finanziell: Was würde eine Lösung kosten und liegt sie im Budget?
- Organisatorisch: Kann das Unternehmen die Lösung überhaupt nutzen, ist das Unternehmen bereit dafür?

Darüber hinaus sollten auch weitere Aspekte wie mögliche Auswirkungen auf deren Umsetzung und damit eventuell verbundene Risiken berücksichtigt werden. Diese führen womöglich noch zu zusätzlichen Kosten bzw. beeinflussen Risiken und Auswirkungen generell, ob die Lösung akzeptiert wird.

### Bewertung

Im letzten Schritt werden alle Lösungsoptionen, die es bis hierher geschafft haben, einer vergleichenden Analyse unterzogen, um eine fundierte Entscheidungsgrundlage zu erstellen, welche Lösungsoption die beste ist.

Die Analyse kann quantitativer und/oder qualitativer Natur sein.

Bei der quantitativen Analyse werden die zu erwartenden Kosten und Nutzen der Lösungen geschätzt und miteinander verglichen. Das Ergebnis ist ein Business Case, der dem Management zur Entscheidung vorgelegt werden kann.

Nicht alle Auswirkungen lassen sich jedoch in Zahlen ummünzen – aus diesem Grund können auch qualitative Aussagen in die Bewertung mit einfließen.

## Herausforderungen in dieser Phase

### Der Akkordeon-Effekt

Für einen Business-Analysten sind Informationen eine Art Akkordeon: Untersuchung und Erhebung erhöhen die Menge an Informationen, Analyse reduziert sie. Sobald Sie als Business-Analyst die Informationen reduzieren, wird Ihnen auffallen, dass es viele Lücken und Widersprüche gibt und weitere Informationen notwendig sind, um einen Bedarf zu lösen. Sie erheben also weitere und damit mehr Informationen – worauf deren Menge wiederum anwächst.

Jedes Mal, wenn Sie diesen Prozess durchlaufen, werden einige Informationen vollständig sein und Anforderungen definiert werden können. Irgendwann werden Sie genügend Informationen gesammelt haben. Das ist der Zeitpunkt, an dem Sie den Definitionsprozess stoppen sollten. Oder Sie stoppen ihn dann, wenn die Zeit generell abgelaufen ist – je nachdem, was zuerst eintritt.

### Bestimmung der besten Lösung

Egal, wie viele potenzielle Lösungen Sie für den Bedarf auffinden, und wenn es nur zwei sind – am Ende wird es nur eine beste Lösung geben können. Und diese wird dann auch tatsächlich umgesetzt.

Woran erkennen Sie »die« optimale Lösung?

- Sie beschreibt genau, was zu tun ist, um den Bedarf zu decken.
- Sie ist detailliert und sinnvoll definiert.
- Sie ist vollständig und in einer Weise beschrieben, die für alle Beteiligten verständlich ist.
- Sie wird vom gesamten Team als Lösung akzeptiert.
- Sie beschreibt die Detailspezifikationen und Entwicklung.
- Sie identifiziert Kriterien für die Bewertung.
- Sie ist unabhängig von der momentan verwendeten Technologie.
- Sie erfüllt die primären Qualitätskriterien des Unternehmens.

Andere Kriterien:

- Die Lösung ist am billigsten.
- Die Lösung ist am schnellsten zu implementieren.
- Die Lösung ist am kostensparendsten.
- Die Benutzer können die Lösung am einfachsten anpassen.
- Die Lösung ist am einfachsten zu implementieren.
- Die Lösung ist politisch am korrektesten.

### Ziele dieser Phase

Das Ziel dieser Phase ist es, die Möglichkeiten verschiedener Lösungen zusammenzufassen, diese detailliert zu entwickeln und daraus Vorschläge zu generieren, die dem Management zur Prüfung vorgelegt werden. Am Ende sollte eine Entscheidung über die zu implementierende Lösung stattfinden können.

### Verfahren

- Entwickeln Sie möglichst viele Optionen (Longlist).
- Reduzieren Sie die Longlist auf eine Shortlist.
- Prüfen Sie die Lösungen auf Machbarkeit: technisch, finanziell und organisatorisch.
- Bewerten Sie die übriggebliebenen Optionen und legen Sie den Business Case fest.

### Techniken

- Kosten/Nutzen-Analyse,
- Schätzen,
- Business Case,
- Shortlist/Longlist.

## 2.6 Phase 4 – Anforderungen definieren

Nachdem in der dritten Phase die optimale Lösung ausgewählt wurde, geht es nun, in der vierten Phase unseres Vorgehensmodells, darum, detaillierte Anforderungen zu sammeln und zu dokumentieren.

Geschäftsprozesse, unterstützende IT-Systeme, Menschen oder die Organisationsstruktur: Alle diese Aspekte können Veränderungen bedingen und einen starken Einfluss auf das vorhandene System haben. Sollen Geschäftsprozesse verändert werden, wenden Sie am besten diverse Modellierungstechniken an – so lässt sich festlegen, wie die neuen Prozesse aussehen werden.

Egal, welcher Bereich genau betroffen ist: Business-Analysten müssen die Anforderungen umfassend und genau definieren – denn ihre Dokumentation bildet die Grundlage für die Umsetzung der Veränderung. Sind die Anforderungen nicht klar dokumentiert, so sind Probleme nicht nur während der Systementwicklung unvermeidbar, sondern treten mit hoher Wahrscheinlichkeit auch nach der Umsetzung auf. Deshalb ist es unumgänglich, dass die Anforderungen direkt die Unternehmensziele unterstützen.

**Requirements Engineering**

Der Requirements-Engineering-Ansatz hat sich als Reaktion auf die vernachlässigte Anforderungsdokumentation entwickelt. Requirements Engineering gibt einen Rahmen vor, der Ihnen als Business-Analyst hilft, die Anforderungen zu verbessern und sie proaktiv zu analysieren, organisieren, dokumentieren und zu verwalten.

Einzelne Aktivitäten in dieser Phase:

- **Anforderungen erheben:** Ermitteln von Anforderungen mithilfe unterschiedlicher Techniken (Workshops, Interviews, Beobachtung, Fokus Groups etc.)
- **Anforderungen analysieren**: Anforderungen spezifizieren und modellieren, um z. B. die Konsistenz zu prüfen und eine klare Struktur zu erarbeiten. Überprüfen Sie dabei auch, inwieweit die Anforderung komplett beschrieben und logisch aufgebaut ist.
- **Anforderungen kommunizieren:** Anforderungen dokumentieren und/oder in anderer geeigneter Weise kommunizieren, um ein gleiches Verständnis aller Beteiligten zu ermöglichen.
- **Den Lebenszyklus der Anforderungen steuern**: Anforderungen priorisieren, von den Stakeholdern abnehmen lassen, Änderungen der Anforderungen verwalten und ihre Beziehungen zueinander verfolgen.

## Herausforderungen in dieser Phase

### Vage Anforderungen

Scheitern Projekte, stellen sich vage dokumentierte und unzureichend verwaltete Anforderungen oft als Quelle der Probleme heraus. Gut strukturierte, gut definierte Anforderungen sind eine perfekte Ausgangslage für die Umsetzung. Sind die Anforderungen allerdings nicht nachvollziehbar, werden (früher oder später) Komplikationen auftreten.

### Ziele dieser Phase

Das Ziel dieser Phase ist es, ein Anforderungsdokument zu erstellen, das die Anforderungen für das neue System oder den Prozess klar und eindeutig beschreibt und alle wesentlichen Informationen enthält.

### Verfahren

- Erheben Sie die Anforderungen im Detail und definieren Sie damit alle wesentlichen Wünsche an die Veränderung.
- Durch Analyse und Design stellen Sie sicher, dass alle Anforderungen auch zusammenpassen und den Unternehmensbedarf erfüllen.
- Kommunizieren Sie die Anforderungen an alle relevanten Stakeholder in der richtigen »Verpackung«.
- Steuern Sie alle Anforderungen und auch die Änderungen an den Anforderungen.

### Techniken

- Geschäftsprozessmodellierung,
- Untersuchungstechniken,
- Anforderungserhebung, Analyse und Validierung,
- Dokumentation und Verwaltung von Anforderungen.

## 2.7 Phase 5 – Veränderungen umsetzen

In dieser Phase sitzt der Business-Analyst nicht mehr im Fahrersitz, denn nun geht es darum, die vorgeschlagene Lösung umzusetzen, und diese Umsetzung übernimmt der Projektmanager. Der Business-Analyst steht nur noch bei Fragen oder für weitere Informationen zur Verfügung.

Dass die Umsetzung hier an letzter Stelle des Vorgehensmodells steht, soll keinerlei Aussage über die Wertigkeit oder den Zeitbedarf enthalten! Die Umsetzung ist natürlich ein ganz eigener Prozess, der einer sehr intensiven Betreuung bedarf. Aber sie ist eben nicht Kern der Business-Analyse.

**Herausforderungen dieser Phase**

In dieser Phase hilft der Business-Analyst wie gesagt dann weiter, wenn das Umsetzungsteam Fragen hat. Eventuell offenbaren sich auch Fehler oder es ergeben sich neue Sichtweisen, die eine Neubewertung erfordern. An ersten Frühwarnzeichen kann auch erkannt werden, ob der in Phase drei avisierte Soll-Zustand tatsächlich erreicht werden kann.

Vor welchen Aufgaben der Business-Analyst in dieser Phase noch steht, hängt sehr stark von der Art des Vorgehens in der Umsetzung ab: Ist das Vorgehen adaptiv (z. B. agile Softwareentwicklung), werden noch andere Dinge zu beachten sein, als wenn ein prädiktiver Ansatz gewählt wurde (z. B. Wasserfallmodell). Auf den genauen Unterschied zwischen diesen beiden Ansätzen und deren jeweilige Vor- und Nachteile gehen wir in Kapitel 5.6. näher ein.

Eines ist allerdings klar: Sobald die Lösung umgesetzt wird, beginnt die Arbeit des Business-Analysten von vorn. Der Kontext hat sich geändert, weil eine Lösung da ist – nun gilt es, wiederum Informationen zu sammeln.

**Ziele dieser Phase**

In dieser Phase unterstützt der Business-Analyst das Umsetzungsteam mit seinem Wissen und überprüft laufend, ob der Soll-Zustand mittels der anvisierten Lösung tatsächlich erreicht wird.

**Verfahren**

- Wählen Sie den Ansatz für die Umsetzung aus.
- Arbeiten Sie die gewählte Lösung genau aus.
- Unterstützen und überwachen Sie die Umsetzung der Lösung und prüfen Sie, ob der Soll-Zustand damit erreicht wird.

**Techniken**

- Prototyping,
- Problemverfolgung,
- Lessons Learned.

## 2.8 Anwendungsbeispiele: Wie Sie das Modell anwenden

Die Welt ist bunt und verändert sich stetig. Es gibt nicht »die einzig richtige« Vorgehensweise. Wenn man unser Vorgehensmodell mit Standardverfahren in Unternehmen vergleicht, zeigen sich unterschiedliche Varianten. Alle haben ihre Vor- und Nachteile. Und deshalb stellen wir Ihnen unsere Varianten hier nur vor, wollen diese aber keinesfalls mit anderen Vorgehensmodellen vergleichen oder gar bewerten!

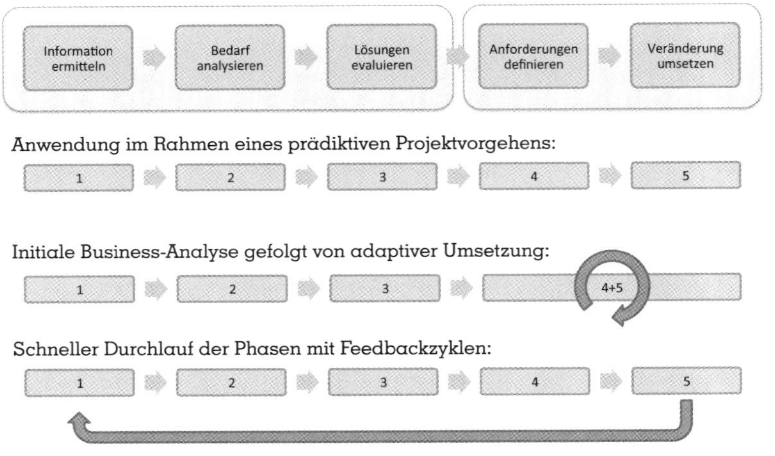


**Abbildung 5: Anwendungsbeispiele des Vorgehensmodells**

## Einstieg in das Vorgehensmodell

Wie bei den meisten Vorgehensweisen beginnt der Business-Analyst ganz am Anfang. Leider liegen Praxis und Theorie oftmals weit auseinander und so kommt es nicht selten vor, dass Ihre Fähigkeiten der Business-Analyse erst an späterer Stelle angefragt werden.

Wir haben allerdings die Erfahrung gemacht, dass es sich lohnt, die vorherigen Schritte auf jeden Fall (auch im Nachhinein) abzuarbeiten. Ist die Aufgabenstellung klar, können die ersten Schritte auch relativ schnell abgehandelt werden.

Ein anderes, durchaus häufig anzutreffendes Problem ist, dass das Projektteam glaubt, die ersten Phasen seien bereits zur Zufriedenheit aller Beteiligten erledigt. Deswegen folgt der Einstieg bereits in Phase 4. Allerdings folgt früher oder später ein böses Erwachen, wenn die Phasen davor nicht richtig bzw. unzureichend durchlaufen wurden.

**Tipp**

Machen Sie sich auf jeden Fall bewusst, in welcher Phase Sie einsteigen! Oft werden die Phasen 1 bis 3 noch nicht als Business-Analyse wahrgenommen und vom Projektmanager, Auftraggeber etc. durchgeführt. Diese sehen sich zwar selbst nicht als Business-Analysten, sind sie es aber unserer Definition nach – und speziell in diesen drei Schritten – durchaus.

»Alles auf Anfang!« ist dem Auftraggeber oft schwer zu verkaufen, das »So-nebenbei-Mitmachen« ist aber sehr riskant. Treffen Sie also bewusst Ihre Entscheidung und ziehen Sie diese konsequent durch.

### Schritt für Schritt

Das vorgestellte Business-Analyse-Vorgehensmodell eignet sich vor allem für Change-Maßnahmen, die in einem Unternehmen umgesetzt werden sollen. Dazu wählen wir den prädiktiven Ansatz, den wir Ihnen im Kapitel 5.6 näher präsentieren werden.

**Wichtig dabei zu beachten:** In den meisten Unternehmen existieren Vorgehensmodelle ähnlich dem hier vorgestellten Vorgehen. Trotzdem können Sie unser Modell direkt in Ihren aktuellen Projekten anwenden – denn oft ist es so, dass die erste Phase eines Unternehmensmodells den ersten drei Phasen unseres Modells entspricht.

Es geht aber auch anders – und zwar über Ausprobieren und Reagieren zum Ziel: Prädiktive oder Design-Thinking-Ansätze funktionieren wunderbar und lassen sich hervorragend in Projekte oder Maßnahmen einbauen. Beide sind Teil von Business-Analyse und passen zu dem reduktionistischen, holistischen Mindset.

### Business-Analyse und der kontinuierliche Verbesserungsprozess

Bei diesem adaptiven Ansatz (s. Kapitel 5.6) wird in der ersten Phase Business-Analyse durchgeführt, dann (im Falle einer Softwareentwicklung) die Software in einem prädiktiven Ansatz entwickelt und währenddessen die Anforderungen im Detail erarbeitet.

**Wichtig dabei zu beachten:** In der Business-Analyse-Phase ist erst einmal zu klären, ob die Lösung überhaupt eine neue Software sein soll. Oft sind Lösungen aus anderen Bereichen durchaus ebenso zielführend und sollten als gute Optionen angedacht werden.

### Schnelldurchlauf mit Feedbackzyklen

Wenn Sie als Business-Analyst zu einem Prozess-Reengineering oder Organisationsrestrukturierungsvorhaben hinzugezogen werden, durchlaufen Sie zumindest einmal im Schnellverfahren den Zyklus 1 bis 5 (vergessen Sie nicht, wenn nötig, frühere Phasen nachzuholen!), um dann in einen kontinuierlichen Verbesserungsprozess (KVP) überzugehen. In der Phase 4 wird Business-Analyse nicht nur durch *einen* Business-Analysten, sondern durch alle Team-Mitglieder bzw. betroffenen Personen durchgeführt.

Dieser Prozess kann natürlich auch mehrfach durchlaufen werden.

**Wichtig dabei zu beachten:** Sie können durch einen Schnelldurchlauf bereits früh »Wert« erzeugen. Die Ergebnisse der Implementierung fließen gleich in die Informationssammlung ein. Allerdings besteht dabei die Gefahr, dass die ersten Phasen nicht mit der nötigen Ernsthaftigkeit durchgeführt werden.

Bitte sehen Sie den Schnelldurchlauf dann als Option, wenn auch die Bedarfsanalyse wirklich unvoreingenommen gemacht wurde:

Ein Beispiel: Ein altes Problem aus einem Vorzyklus soll durch die Einführung einer Software gelöst werden. Ist das neue Problem wirklich durch eine andere Software zu lösen oder sitzt der »Flaschenhals« vielleicht doch woanders? Was ist jetzt die beste Lösung?

Kapitel 3

# Wissen, was zählt: Die Stakeholder

Im Mittelpunkt jeder Business-Analyse-Maßnahme steht der Mensch, und das in zweierlei Hinsicht: Die entsprechenden Projekte haben nur ein einziges Ziel – dem Menschen Nutzen und Wert zu bringen. In allen Projekten arbeiten Menschen. Ein Business-Analyst muss also die Menschen, mit denen er es in seinen Projekten zu tun hat, genau kennen – ihre individuellen Standpunkte, was sie um- und antreibt, was sie sich von seinem Vorhaben und der gelieferten Lösung erwarten. Ohne die Informationen, die sie ihm liefern, kann er seine Arbeit kaum zu einem guten Ende bringen.

## 3.1 Kenne deine Stakeholder: Stakeholderanalyse und -management

Eines der sichersten Erfolgsrezepte – unabhängig, ob Sie an einem Projekt, einer Maßnahme oder einem Vorhaben arbeiten – lautet: Habe die richtigen Leute mit dem richtigen Thema zur richtigen Zeit am richtigen Ort. Das heißt: Egal, wohin die Reise gehen mag, stellen Sie immer den Menschen in den Mittelpunkt!

### Was ist ein Stakeholder?

Der Begriff »Stakeholder« stammt aus dem Englischen. »Stake« kann mit Einsatz, Anteil oder Anspruch übersetzt werden, während »holder«

für den Eigentümer oder Besitzer steht. Wortwörtlich übersetzt ist der »Stakeholder« also der Anteilsnehmer. Salopp gesagt ist er derjenige, dessen Einsatz für ein Unternehmen auf dem Spiel steht und der deswegen ein reges Interesse daran hat, dass das Unternehmen läuft. Im Alltag wird der Begriff auch für alle Personen verwendet, die ein Interesse am Verlauf oder Ergebnis eines Prozesses haben.

Die Verwendung des Begriffs »Stakeholder« geht auf Freeman[8] zurück, der diese als Individuen oder (Interessens-)Gruppen bezeichnet, die einen materiellen oder immateriellen Anspruch an ein Unternehmen haben. Diese Ansprüche können die Bereitstellung von Ressourcen, aber auch Eingriffsmöglichkeiten in ein Unternehmen sein und gesetzlich, vertraglich oder faktisch vereinbart sein. Ein Stakeholder hat Anteil am Erfolg und Misserfolg eines Unternehmens. Es besteht allerdings eine wechselseitige Einflussnahme zwischen dem Stakeholder und dem Unternehmen.

Der BABOK Guide V3 definiert den Stakeholder als

> »A group or individual with a relationship to the change or the solution. Stakeholders are often defined in terms of interest and influence over the change. Stakeholders are grouped based on a common understanding of the value associated with needs, changes, and solutions. (…)
>
> Each Task includes a listing of generic stakeholders who are likely to participate in performing that Task or who will be affected by it. A generic stakeholder represents the type of people that the business analyst is likely to interact with in a specific way. The BABOK® Guide does not mandate that these roles be filled for any given initiative. Any stakeholder can be a source of requirements, assumptions, or constraints.«

8 Freeman, R. E. (1984): *Strategic Management. A Stakeholder Approach.* Pitman. Boston, S. 46

Ein Stakeholder ist also demnach jede Person, die an einem Projekt direkt beteiligt ist oder die ein Interesse am Projekt hat und so mögliche Anforderungen liefert.

Es gibt viele verschiedene Ansätze, um diese Beteiligten zu kategorisieren. Eine mögliche Unterteilung der verschiedenen Interessensgruppen finden Sie im Kapitel 4.2.

## Warum Stakeholdermanagement so wichtig ist

Eine Faustregel für erfolgreiche Business-Analyse-Maßnahmen lautet: Werden Stakeholder ausgelassen, fehlen auch Anforderungen.

Selten werden Sie in einem Projekt oder einer Business-Analyse-Maßnahme auf alle später vorgestellten Stakeholder treffen. Wird jedoch nur eine einzige Rolle vergessen und der Stakeholder beispielsweise erst bei der Inbetriebnahme der neuen Software konfrontiert, erfährt der Business-Analyst viel zu spät von dessen Anforderung. Die neu hinzukommende Anforderung kann nur noch aufwendig und kostenintensiv integriert oder muss absichtlich ignoriert werden. Neben dem ganzen Ärger führt das oft noch zu einem Imageverlust oder im schlimmsten Fall zur Ablehnung der Software.

Effektives Stakeholdermanagement ist also das A und O für gelungene Umsetzungen. Es bedeutet, die richtigen Menschen, vertraut mit den richtigen Themen, zum richtigen Zeitpunkt im Projekt zu haben. Zu wissen, wer die Stakeholder sind, ihren individuellen Stellenwert und ihren Kontext zu der jeweiligen Maßnahme zu verstehen, aber auch nachvollziehen zu können, was sie sich von diesem Vorhaben und der gelieferten Lösung letzten Endes erwarten, ist von entscheidender Bedeutung. Denn schließlich steht in jeder Business-Analyse-Maßnahme der Mensch im Mittelpunkt: Projekte oder Vorhaben sollen eigentlich nur einen Zweck erfüllen – dem Menschen Nutzen und Wert bringen.

Eine der häufigsten Ursachen, warum Projekte aller Art immer wieder scheitern, ist das vorausgegangene, schlechte Stakeholdermanagement. Das Projektteam hat vielleicht die Bedeutung eines bestimmten Stakeholders nicht richtig eingeschätzt oder gar eine Schlüsselrolle vergessen.

Andererseits: Sind alle wichtigen und relevanten Stakeholder identifiziert, haben Sie bereits viele mögliche Hindernisse und Stolpersteine aus dem Weg geräumt. Ein weiterer Vorteil ist, dass Sie, neben dem immer klarer werdenden Bild, auch noch realistischer einschätzen können, wie die tatsächliche Anforderung letzten Endes aussehen soll. Auch wollen die meisten Stakeholder, dass das Vorhaben erfolgreich wird und werden deswegen dabei helfen, die bestmögliche Lösung vorzuschlagen.

Der tatsächliche Grundstein für Stakeholdermanagement wird bereits vor dem offiziellen Beginn einer Business-Analyse-Maßnahme gelegt – indem die verschiedenen Stakeholder identifiziert werden. Allerdings ist es damit nicht getan: Der Business-Analyst sollte immer wieder auf Vollständigkeit und Richtigkeit seiner Stakeholderauswahl achten und reagieren.

## Die Identifikation der Stakeholder

Im BABOK Guide V2 wird beschrieben, dass der Business-Analyst vor der eigentlichen Stakeholderanalyse erst einmal den Unternehmensbedarf, die Organisation und die Prozesse durchleuchten muss. Das hat durchaus seine Berechtigung: Wenn Sie nicht wissen, wie die Organisation aufgebaut ist, welche Abteilungen von der Maßnahme betroffen sein werden, welche Prozesse sich eventuell ändern müssen oder angepasst werden sollten und was der Unternehmensbedarf eigentlich ist und worauf er abzielt, werden Sie nur raten können, welche Stakeholder davon betroffen sind. Vermutlich führt das dazu, dass Sie wichtige Stakeholder vergessen oder zu viele auf Ihrer Liste haben, die Sie in zwei Business-Analysten-Leben nicht abarbeiten werden können. Also, Augen auf bei der Identifikation der Stakeholder!

Wer Stakeholder identifizieren möchte, muss alle wichtigen Gruppen berücksichtigen, die ein Interesse an einem Vorhaben oder einem Projekt haben könnten. Dabei ist es überaus hilfreich, weit über den Tellerrand hinauszudenken. Begünstigte, Nutzer, politische Entscheidungsträger etc. sind leicht zu identifizieren, die indirekten Effekte – und, als Folge, sekundäre Stakeholder – sind manchmal schwerer zu erkennen. So können zum Beispiel neue Verordnungen für eine bestimmte Branche schnell den Verwaltungsaufwand stark erhöhen oder neue Anschaffungen notwendig machen. Manchmal müssen externe Lieferanten mitbedacht werden oder Abteilungen, die sonst eher nicht zu der Gruppe der Stakeholder zählen.

Versuchen Sie bei der Identifizierung der Stakeholder an so viele unterschiedliche Ansätze wie möglich zu denken, um so auch verschiedene Personen zu berücksichtigen, die indirekt von dem Vorhaben profitieren oder Nachteile erleiden können.

Dazu gibt es eine Reihe von Methoden, die Sie dabei unterstützen. Aus der Praxis wissen wir, dass die besten Ergebnisse dann erzielt werden, wenn mehr als eine Methode angewendet wird:

- **Brainstorming**: Halten Sie mit Personen aus Ihrem Unternehmen, die bereits beteiligt oder informiert sind, ein Meeting ab. Fragen Sie nach weiteren Namen von Mitarbeitern, die ebenfalls bei diesem Meeting dabei sein sollten. Gemeinsam starten Sie ein Brainstorming und schreiben alle Bereiche und jede Person auf, die Ihnen in Bezug auf Stakeholder in den Sinn kommt – auch wenn es noch so dumm und abwegig erscheint. In der Phase der Reflexion erweisen sich die dummen Ideen oft als die besten. Also versuchen Sie, so breitgefächert wie möglich alle infrage kommenden Stakeholder aufzuschreiben. Nach zehn oder 15 Minuten machen Sie einen Stopp und diskutieren die Ergebnisse.
- **Organigramm**: Einen Blick auf das Organigramm zu werfen, hilft Ihnen nicht nur, einen ersten Überblick zu erhalten, sondern visualisiert hierarchische Abhängigkeiten. Es werden aber mit Sicherheit nicht alle relevanten Stakeholder direkt im Organigramm erscheinen.

Behalten Sie im Hinterkopf, dass es wirklich nur erste Hinweise sind – Sie bekommen auf diese Weise keine tieferen Einblicke in mögliche Seilschaften und Konflikte.

- **Prozesse**: Die betroffenen Geschäftsprozesse im Unternehmen sind ebenfalls eine gute Quelle für Stakeholder: Wer liefert den Input für einen Prozess? Wer nutzt das Ergebnis? Und wer führt im Prozess die vielen einzelnen Schritte aus?

Für eine vollständige Identifizierung brauchen Sie also etwas, das mehr bereithält als eine nüchterne Berichterstattung über die Hierarchie und Ziele eines Unternehmens.

Hier sind einige weitere Tipps:

- **Folgen Sie dem Geld**: Wer auch immer zahlt, ist automatisch ein Stakeholder.
- **Folgen Sie den Ressourcen**: Jede Abteilung, die Ressourcen zur Verfügung stellt, ob intern oder extern, ist ein Stakeholder.
- **Folgen Sie den Leistungen**: Wer der Empfänger der Ware oder Dienstleistung ist, ist gleichermaßen Stakeholder.
- **Folgen Sie den Unterschriften**: Die Person, die letzten Endes im Prozess unterschreibt, ist ebenfalls ein Stakeholder.
- **Untersuchen Sie andere Stakeholderlisten**: Sehen Sie sich verschiedene Projekte oder abgeschlossene Vorhaben genauer an.
- **Fragen** Sie weitere Teammitglieder, Kunden und andere Stakeholder, ob sie Ihnen bei der Suche nach weiteren Beteiligten helfen.
- **Lernen Sie aus der Vergangenheit**: Welche Stakeholder kommunizieren regelmäßig mit dem Unternehmen? Wer engagiert sich besonders in speziellen Bereichen? Wo liegt die Komfortzone einzelner Personen?
- **Denken Sie vorausschauend**: Suchen Sie auch nach potenziellen Beteiligten aus neuen Märkten, von neuen Technologien oder denken Sie an neue Kunden. Achten Sie auch darauf, ob neue Vorschriften und Anforderungen geplant sind. Abhängig von Ihren Zielen können diese Stakeholder bereits jetzt relevant sein.

- **Seien Sie vielfältig**: Achten Sie auf eine reiche Vielfalt der Expertise, Geografie und Strategie der Stakeholder, um wirklich das gesamte Spektrum abzudecken. Nutzen Sie die Gelegenheit, »alteingesessene« mit neuen Personen zu vermischen und achten Sie darauf, dass vor allem aus diesen Bereichen sicher Stakeholder dabei sind: Beeinflusser, Mitarbeiter, Befürworter und Umsetzungsexperten.
- **Seien Sie »sozial«**: Soziale Medien wie Xing, Blogs, LinkedIn, Foren, Netzwerke, Webseiten etc. bieten eine einmalige Gelegenheit, bestimmte Stakeholdergruppen zu erkennen und zu erreichen. Suchen Sie dazu nach Unternehmen, Position und Interessen.
- **Passen Sie auf Fallstricke auf**: Die Lautesten sind nicht immer die Wichtigsten – und nicht immer sind die formalen Ansprechpartner auch die richtigen. Fragen Sie besser nach und achten Sie dabei auf das, was zwischen den Zeilen gesagt wird.
- **Überlegen Sie**: Treten Sie einen Schritt zurück und fügen Sie auch Personen zu Ihrer Liste hinzu, die eine Fülle von Know-how versteckt haben könnten oder als graue Eminenzen im Unternehmen gelten.

### Technik: Kraftfeldanalyse

In jedem Projekt oder Vorhaben haben wir es mit einem komplexen sozialen System und zahlreichen Akteuren und Interessengruppen zu tun, von denen jede(r) eigene Ziele und Interessen, Ängste und Befürchtungen, Hoffnungen und Ambitionen hat. Auch stehen die Beteiligten in vielfältigen Wechselbeziehungen und beeinflussen sich gegenseitig.

Der Begriff »Kraftfeld« geht auf den Sozialpsychologen Kurt Lewin zurück. Dabei handelt es sich um jene Kräfte, die in jedem sozialen System auf dessen einzelne Mitglieder einwirken. Innerhalb dieses Systems reagieren die Mitglieder gegenseitig teils positiv, teils negativ aufeinander und üben damit einen gewissen Einfluss auf das Handeln der anderen aus. Die Möglichkeiten der Einflussnahme reichen von Kopfschütteln und Zustimmung über das Signalisieren von Erwartungen, Wünschen und Forderungen bis hin zum Ausüben von Druck und dem Einsatz von Machtmitteln. Die Kräfteverhältnisse sind ungleich verteilt, je nach Position in der Hierarchie und Status, aber auch beeinflusst von der Persönlichkeit und der sozialen Kompetenz.

Um einen guten Überblick über die Machtstrukturen zu gewinnen, empfehlen wir, bei jedem Projekt oder größeren Vorhaben zu Beginn eine Kraftfeldanalyse zu machen. Die Kraftfeldanalyse sollte auch von Zeit zu Zeit wiederholt bzw. aktualisiert werden: Zum einen verändern sich solche Kraftfelder im Laufe der Zeit, zum anderen ist es sehr wahrscheinlich, dass ursprüngliche Einschätzungen nicht ganz korrekt waren (vielleicht konnten unerwartet bestimmte Personen als Befürworter gewonnen werden oder informelle Netzwerke wurden entdeckt).

### Beschreibung der Technik

Für die Analyse von Stakeholdern ist es ausgesprochen wichtig, das »Kraftfeld« zu verstehen, in dem sich das Vorhaben bewegt. Dazu stellen Sie folgende Fragen:

- Wie viel Macht und Einfluss besitzen diejenigen, die das Projekt/die Maßnahme/das Vorhaben wollen?
- Wie einflussreich sind diejenigen, die dem Projekt/dem Vorhaben/der Maßnahme skeptisch gegenüberstehen?
- Welche Möglichkeiten haben diese Personen zum offenen oder verdeckten Widerstand?
- Welche Stakeholder nehmen derzeit (noch) eine neutrale Position ein?
- Unter welchen Bedingungen werden sie positiv oder negativ Stellung beziehen?
- Gibt es in dem Unternehmen Netzwerke und Koalitionen?
- Wer sind die Meinungsführer, an denen sich viele Personen orientieren?
- Welche Wechselwirkungen mit anderen Projekten/Vorhaben/Maßnahmen gibt es oder könnte es geben?
- Wird es irgendwo Ressourcenengpässe geben, und wer entscheidet über deren Lösung?

Die Kraftfeldanalyse sollte in jedem Fall grafisch auf einem Flipchart oder Ähnlichem dargestellt werden. Eine Möglichkeit dazu ist, auf einer Matrix die wichtigsten Akteure einzuzeichnen – horizontal die Unterstützer bzw. Gegner des Projekts, vertikal die Größe ihres Einflusses. Mit Linien und Farben können Sie die Beziehungsstrukturen zwischen den Akteuren ergänzen, wobei nicht nur Sympathien, Koalitionen und »Seilschaften« eingetragen werden, sondern auch Spannungen, Animositäten und Polaritäten. Eine wichtige Analysefrage ist, ob sich innerhalb dieses Bildes bestimmte Schlüsselfiguren (»Key Players«) identifizieren lassen, die deutlich mehr Einfluss auf das Gesamtsystem haben als andere und die infolgedessen auch besonderer Aufmerksamkeit und besonders intensiver Betreuung bedürfen.

**Tipp**

Achten Sie darauf, dass die Kraftfeldanalyse für niemanden sichtbar ist, da dies sonst zu Missverständnissen und Irritationen führen könnte. Diskretion ist an dieser Stelle unbedingt erforderlich!

### Vorteile

- Eine Kraftfeldanalyse stellt visuell die positiven und negativen Aspekte einer Situation einander gegenüber und bietet dadurch einen guten Überblick.
- Neue Aspekte können so bedacht werden, die sonst auf den ersten Blick nicht erkennbar sind und die zu Schwierigkeiten bei der Umsetzung führen können.
- Wurzeln der Probleme und versteckte Ursachen werden so erst sichtbar.

### Nachteile

- Ohne konkrete Umsetzungsschritte hilft die Kraftfeldanalyse nicht weiter.

- Die Formulierung der einzelnen Aspekte ist ein wesentlicher Schritt, beansprucht aber die Miteinbeziehung anderer Personen und Beteiligter.

### Einsatzmöglichkeiten

Die Kraftfeldanalyse lässt sich generell in Veränderungsvorhaben einsetzen. Sie können statt der Personen auch Sachverhalte identifizieren und analysieren, die einen Einfluss auf das Projekt haben können. Generell ist die Kraftfeldanalyse eine gute Möglichkeit, das Für und Wider visuell darzustellen und Unsichtbares sichtbar zu machen.

## Die Stakeholderanalyse

Die Beteiligten zu analysieren, ist der Schlüssel, um erfolgreich mit ihnen zusammenzuarbeiten. Das ist vor allem dann wichtig, wenn der Business-Analyse-Prozess neue Systeme, Software oder Anpassungen in bereits bestehenden Systemen anstrebt. Die frühe Analyse der Stakeholder kann vielen Problemen vorbeugen, hilft insbesondere Konflikte zu vermeiden, möglichen Missverständnissen von Geschäftsanforderungen vorzubeugen, vermeidet die Umsetzung schlechter Lösungen und Kommunikationsprobleme und verhindert Widerstand oder sogar Antipathie.

### Einzelpersonen und Stakeholdergruppen

Eine individuelle Person muss per se nicht gefährlich für ein Vorhaben sein. Anders sieht der Fall aus, wenn dieser Kunde beispielsweise für eine Zeitung schreibt oder Organisator einer Petition ist. Eine Gruppe solcher Personen kann große Bedenken auslösen und für viel Zündstoff sorgen.

Ebenso können einzelne Mitarbeiter eines Unternehmens möglicherweise an den Rand gedrängt werden. Wenn sie jedoch Mitglieder einer Gewerkschaft sind, ist ihre Macht viel größer und darf nicht unterschätzt werden.

All diese Beispiele veranschaulichen mögliche Gefahren, wenn man eine einzelne Person und ihren Einfluss im System unterschätzt oder das Größere dahinter nicht sieht. Stakeholder sind eben nicht nur Einzelpersonen, sondern immer Teil einer Gruppe.

### Technik: Stakeholdermatrix

Die einfachste und bekannteste Art der Stakeholderanalyse ist in der folgenden Abbildung dargestellt: Dabei wird ein Raster erstellt, in das die Stakeholder eingeteilt werden. Wichtig bei der Stakeholdermatrix ist, dass die Stakeholder gemäß ihrem tatsächlichen Einfluss eingeteilt werden und Sie sich nicht von Ihren Wunschgedanken leiten lassen.

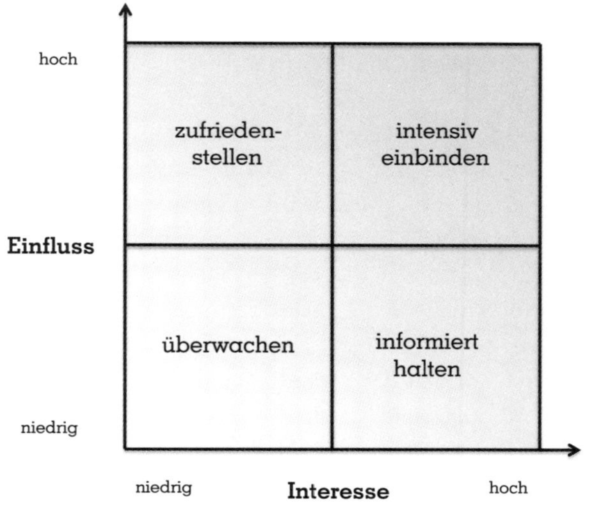


**Abbildung 6: Stakeholdermatrix**

Natürlich gibt es eine unendliche Anzahl von möglichen Einflussmessungen. Im Folgenden betrachten wir aber die Grundsituationen Einfluss versus Interesse:

- **Kein Interesse – kein Einfluss**
  Dazu zählen Stakeholder, die weder ein direktes Interesse an dem Projekt haben, noch es tatsächlich beeinflussen können. Als Business-Analyst müssen Sie sich nicht besonders darum bemühen, diese Stakeholder zu überzeugen bzw. sie auch nicht bei alltäglichen Fragen konsultieren. Aber: Vergessen Sie diese Gruppe nicht – niemand will übergangen werden. Bei einem anderen Projekt, in dem diese Stakeholder dann womöglich mehr Einfluss haben, könnte sich das rächen. Es reicht jedoch aus, wenn Sie diese Interessensgruppe gelegentlich über den neuesten Stand der Dinge informieren.

- **Großes Interesse – kein Einfluss**
  Mit dieser Gruppe ist eher herausfordernd umzugehen: Einerseits sind diese Stakeholder direkt betroffen und wollen etwas ändern, andererseits können sie kaum bzw. nur wenig mitgestalten, weil ihnen der Einfluss dazu fehlt. Diese Frustration kann schnell in passiven Widerstand gegen die Veränderungen umschlagen und zu Verzögerungen und schlechteren Ergebnissen führen.
  Bei dieser Stakeholdergruppe hat sich in der Praxis vor allem bewährt, sie über das Projekt auf dem Laufenden zu halten, insbesondere über die Gründe für vorgeschlagene Änderungen. Das ist jedoch ein eher passiver Ansatz. In den meisten Fällen sollte mehr Aufwand für die »Vermarktung« des Projekts betrieben werden. Sie können das am besten bewerkstelligen, indem Sie so ehrlich wie möglich über die Notwendigkeit der Veränderungen sprechen, die positiven Aspekte des Wandels herausstreichen, aber auch negative Folgen zu bedenken geben. Kommunizieren Sie möglichst zielgerichtet über den Fortschritt.

- **Viel Interesse – viel Einfluss**
  Binden Sie diese Stakeholder so stark wie möglich ins Projekt ein: Diese haben nicht nur das Interesse, das Projekt zur Zufriedenheit aller voranzutreiben, sondern auch die Macht, Entscheidungen durchzusetzen. Für diese Gruppe eignet sich ein Stakeholdervertrag (s. Technik weiter unten), damit ihre Motivation erhalten bleibt.

- **Kein Interesse – viel Einfluss**
  Diese Gruppe umfasst meistens Führungskräfte, die kein direktes Interesse an dem Projekt haben. Vielleicht ist es zu klein oder unwichtig, oder aber das Projekt ist mit viel Mühe und Aufwand verbunden, oder es gehört schlicht und ergreifend zu einem uninteressanten Gebiet. Aus vielerlei Gründen könnte man annehmen, dass diese Stakeholder mehr oder minder ignoriert werden können, allerdings ist das ein ziemlich riskantes Vorgehen. Stellen Sie sich vor, dass der CIO zum Beispiel doch mit einem Mal sehr interessiert an dem neuen System für die Erfassung von Projektausschreibungen ist und nicht informiert wird, wie und wo er die neuesten Informationen dazu finden kann. Aus welchem Grund auch immer er ein gesteigertes Interesse an dem Projekt oder Vorhaben hat – in einigen Situationen trifft sich das vielleicht ganz gut und das gestiegene Interesse dieses einflussreichen Stakeholders unterstützt den Projekterfolg. Wenn das der Fall ist, dann sollten Sie alle Aspekte des Projekts hervorheben, die einen direkten Einfluss auf das Geschäftsfeld des Stakeholders haben. Halten Sie also auch diese Stakeholder auf dem Laufenden, aber langweilen Sie sie nicht mit zu vielen Details.

### Vorteile

- Mit der Stakeholdermatrix lassen sich die Bedeutung, der Einfluss und das Interesse der verschiedenen Stakeholder besser einschätzen und die Beziehungen zu ihnen vertiefen.
- Die Maßnahmen und Umsetzungen finden größere Akzeptanz bei den Stakeholdern.
- Es lassen sich leichter Strategien finden und bessere Entscheidungen treffen.
- Mögliche Risiken sind leichter zu identifizieren.

### Nachteile

- Die Stakeholdermatrix funktioniert nur auf kontinuierlicher Basis, das bedeutet einen zusätzlichen Aufwand.

- Die Einteilung basiert auf subjektiven Annahmen.
- Ein Stakeholder kann unterschiedlichste und sich widersprechende Interessen haben, diese können nicht alle aufgezeichnet werden.
- Der Fokus liegt nur auf den wichtigsten Stakeholdern, andere können schnell übersehen werden.
- Identifikation sogenannter »hidden agendas« ist nur schwer möglich.

### Einsatzmöglichkeiten

Die Matrix sollte für jedes mittelgroße bis große Projekt sowie Vorhaben in einem Unternehmen ausgefüllt werden. Häufig werden durch die Stakeholdermatrix politische Konstellationen und Thematiken transparent. Achten Sie deswegen darauf, diese nur in einem sorgfältig ausgewählten Kreis durchzuführen und auch nur diesem die Ergebnisse zur Verfügung zu stellen, um Missverständnisse und Konflikte zu vermeiden.

## Das Stakeholdermanagement

Stakeholdermanagement bildet die Grundlage für die laufende Arbeit mit den Betroffenen während eines Projekts. Es geht um die Identifizierung und Implementierung von Strategien, die dem Business-Analysten helfen, mit den Stakeholdern umzugehen. Diese Managementstrategien basieren auf der Kategorisierung, die bei der Stakeholderanalyse erhoben wurde. Sie werden durch zusätzliche Techniken ergänzt, die während des Stakeholdermanagement-Prozesses zu bedenken sind. Diese Techniken helfen, das Vertrauen der Stakeholder zu gewinnen, ihre Sichtweise positiv zu beeinflussen, mit ihnen zu verhandeln und Konflikte mit oder zwischen einzelnen Personen zu steuern.

Am Anfang steht das Verständnis der Strategie des Unternehmens – es geht darum, ein Bild des großen Ganzen zu gewinnen. Ohne dieses Wissen kann der Business-Analyst seine Arbeit nicht zufriedenstellend erfüllen. Sobald dieses Bild steht, ist der nächste Schritt des Business-Analysten, die betroffenen Stakeholder und Interessensgruppen und deren spezifische Ziele kennenzulernen. Deren Absicht sollte im Einklang mit den unternehmensweiten Zielen stehen. Ist das nicht der Fall, muss eine Lösung gesucht werden, damit das Projekt oder Vorhaben dennoch erfolgreich abgeschlossen werden kann.

Aber selbst wenn dies der Fall ist und die Bedürfnisse des Einzelnen auf die Ziele des Unternehmens und des Vorhabens ausgerichtet sind, kann es passieren, dass unterschiedliche Anforderungen und Wünsche bei den verschiedenen Interessengruppen entstehen. Sie als Business-Analyst müssen nun sehr gut und intensiv zuhören, um jedes einzelne Problem der Stakeholder genau zu verstehen.

Das wird öfter zur Herausforderung werden, als Ihnen lieb ist! Sprechen Sie mit dem einen, wird Ihnen wahrscheinlich das meiste logisch und schlüssig vorkommen. Fragen Sie dann aber einen anderen nach dessen Sichtweise, kann diese ebenfalls Ihre Zustimmung gewinnen. Bei all den unterschiedlichen Perspektiven und Gedanken dürfen Sie sich nicht zu *einer* Sichtweise verführen lassen, sondern in diesem Fall müssen Sie selbst für die Schweizer ein Vorbild an Neutralität sein! Es erfordert harte Arbeit, die tatsächlichen Perspektiven, Motive und Absichten herauszufinden, zu verstehen und zu entwirren. Aber versuchen Sie niemals, die Meinungen zu beeinflussen oder andere von etwas zu überzeugen, solange Sie sich nicht sicher sein können, den anderen Standpunkt tatsächlich verstanden zu haben.

Manches Mal kommt es dabei vor, dass Sie Berührungspunkte und Gemeinsamkeiten in den verschiedenen Sichtweisen erkennen. Das ist hilfreich und unterstützt die Bildung eines Konsenses. Denn genau darum geht es: Sie müssen beide Seiten darin unterstützen, die gemeinsamen Ziele und Wünsche zu erkennen. Zeigen Sie ihnen, dass die Meinungsverschiedenheiten dazu im Vergleich sehr klein und lösbar sind.

Konsens bedeutet jedoch nicht, dass sich alle einig sein müssen. Es bedeutet vielmehr, dass jeder die Lösung mit gutem Gewissen unterstützt.

Herrscht allerdings eine zu große Meinungsverschiedenheit, sodass ein Konsens unmöglich wird, dann sprechen Sie das offen an und anerkennen Sie ehrlich den Einsatz aller. Letztlich ist der Auftraggeber der Entscheider und alle Beteiligten sollten das auch respektieren.

## Technik: Stakeholdervertrag

Bei all der Suche, dem Finden und der Pflege der Stakeholder dürfen Sie Ihre eigentliche Aufgabe nicht vergessen: Sie müssen den Stakeholdern ihr wertvolles Wissen entlocken. Am ehesten werden Sie das im Rahmen des Stakeholdermanagements erreichen.

Ihre Mission lautet: aus Betroffenen Beteiligte machen. Das schaffen Sie, indem Sie sie indirekt in die Kommunikation einbinden und Verantwortung und Aufgaben gezielt verteilen.

Um sich wirklich bei einer Aufgabe mit Herzblut einzubringen, benötigen die meisten Menschen eine Art schriftliche Vereinbarung. In unseren Projekten hat sich herausgestellt, dass eine Verschriftlichung in Form eines Übereinkommens die Stakeholder nicht nur anspornt, sondern ihnen auch hilft, einen Konsens zu finden, die Bindung zueinander zu erhöhen und die Wichtigkeit zu unterstreichen (danke an die Sophisten[9] für diese Idee! Eine Vorlage dazu finden Sie auf unserer Homepage[10]).

Zu Beginn eines Vorhabens werden die Leistungen aufgeschrieben, gemeinsam diskutiert und vereinbart. Für jede Anforderung sollte es zumindest einen verantwortlichen Stakeholder geben. Seine Pflichten, aber auch seine Rechte sind in diesem Vertrag gemeinsam abgestimmt und geregelt worden. Die Inhalte dafür könnten sein:

- genaue Aufgaben mit Terminangabe,
- Verantwortlichkeit und Fachexpertise,
- Definition der Ziele,

[9] Das deutsche Beratungshaus »Sophisten« ist Spezialist für Requirements Engineering www.sophist.de

[10] http://gerstbach.at/buch/basiswissen

- Weisungsbefugnis,
- Abklärung von Freigaben,
- Informationsfluss (auf welche Infos darf/kann der Stakeholder zugreifen?),
- Aufzeichnen der Kommunikationswege,
- Terminangabe von Feedback auf Informationen,
- Informationsweitergabe in bestimmten Situationen,
- Abstimmung bestimmter Anforderungen (Wer ist noch involviert?),
- Zugriffsrechte.

Achten Sie darauf, dass diese Vereinbarung in die Firmenkultur passt. Fühlt sich ein Stakeholder als wirklicher Beteiligter in einem Vorhaben, wird er sich ganz anders einbringen und engagieren. Im Grunde steht hinter einer solchen Verschriftlichung die Idee, die Kommunikation bestmöglich zu fördern und mehr Wissen einzubringen.

Als externer Business-Analyst sollten Sie nicht vergessen, sich gegenüber den Stakeholdern legitimieren zu lassen. Dazu ist Ihr Fachwissen unerlässlich, aber auch die Beziehung und Bindung zu den Beteiligten bildet eine wichtige Basis.

**Vorteile**

- Dieses Vorgehen erhöht die Bindung.
- Es macht aus Beteiligten Partner.
- Es unterstreicht die Wichtigkeit der Kooperation.
- Es macht für alle die Pflichten und Rechte eindeutig und sichtbar.

**Nachteile**

- Zu Projektbeginn besteht erhöhter Aufwand.
- Nicht alle Stakeholder können so eingebunden werden.
- Im Nachhinein können Rechte und Pflichten nur schwer geändert werden.
- Es entsteht Widerstand gegen das Projekt aus Angst vor Sanktionen.

### Einsatzmöglichkeiten

In einigen Projekten ist es ein sehr effektives Vorgehen, die Stakeholder gezielt einzubinden, indem diese ihre Leistung für das Projekt zusichern. Dies ist nicht für alle Stakeholder nötig. Es ist aber empfehlenswert, einen Stakeholdervertrag mit den Gruppen abzuschließen, deren Einfluss stark ist oder deren Motivation Sie über das ganze Projekt hinweg erhalten wollen.

## Stolperfallen, Tipps und Tricks

### Das politische Umfeld

In jedem Beruf spielt Politik eine Rolle, mal mehr, mal weniger ausgeprägt. Der Business-Analyst steht dabei allerdings vor einer einzigartigen Herausforderung. Viele Business-Analysten, selbst wenn sie als externe Berater hinzugezogen worden sind, gehören zu einer speziellen Abteilung.

Nehmen wir an, Ihre Hilfe als externer Business-Analyst wird in einem Unternehmen dringend benötigt. Eine Abteilung, in diesem Fall die IT, muss Sie dementsprechend zuerst anfragen, dann anheuern und letzten Endes auch aus dem IT-Budget bezahlen. Ihre Aufgabe in dieser Position beinhaltet, dass Sie als Dolmetscher und Bindeglied zwischen der IT und dem Management agieren. So weit, so gut. Nur – was passiert, wenn das Management mit einer IT-Entscheidung so gar nicht einverstanden ist? All das Gerede über Brückenbauer, Vermittler und Dolmetscher wird nicht helfen, wenn die Unternehmensstruktur im Widerspruch zu dem Interesse des Unternehmens steht. Und in der Mitte steht ein hilfloser, zerrissener Business-Analyst, der Stellung beziehen soll und zwar zugunsten einer Seite ...

In diesem Fall lautet unsere Empfehlung, möglichst neutral zu bleiben und die Aufgaben des Vermittlers verstärkt in den Vordergrund zu bringen. Natürlich gibt es auch Fälle, in denen ein Business-Analyst schlicht nur seinen Bericht und seine Meinung dazu abgibt. Im Idealfall handelt der Business-Analyst als unabhängige Einheit und dient tatsächlich als Verbindungsstück. Er kann ja auch viel zur Spannungslösung beitragen.

In der Zwischenzeit muss der Business-Analyst all seine Stakeholder so vollständig wie möglich zusammentrommeln, um sämtliche Konflikte mithilfe seines Kommunikations- und Konsensbildungswissens zu lösen. Dabei balanciert er auf einem schmalen Grat zwischen Stakeholder und Management – aber das ist durchaus machbar, schließlich ist der Business-Analyst ein ausgezeichneter Kommunikator und Zuhörer. Manches Mal reicht es auch aus, zuzuhören und die richtigen Fragen zu stellen, um eine gemeinsame Vision zu schaffen.

## Arbeiten in verteilten Teams

Je größer ein Unternehmen ist, desto großflächiger wird es in geografischer Hinsicht verteilt sein. Das kann viele Gründe haben: Das Unternehmen hat Niederlassungen in mehreren Städten oder Ländern oder der Kauf von Software von speziellen Anbietern wurde in andere Standorte ausgelagert etc. Was bleibt, sind Fernkommunikationstechniken. Diese setzen nicht nur das entsprechende Know-how und Equipment voraus, sondern es muss ein zusätzlicher Zeitaufwand eingeplant werden.

Die Arbeit mit Stakeholdern, die auf verschiedene Orte verteilt sind, stellt eine besondere Herausforderung für den Business-Analysten dar. Eine Face-to-Face-Kommunikation – die in der Regel die effektivste ist, da ja nicht nur das gesprochene Wort, sondern auch die Körpersprache Botschaften vermittelt – ist dabei meistens nicht möglich. Das erschwert auch den Aufbau einer persönlichen Beziehung bzw. schafft Missverständnissen einen größeren Raum.

Bei der Planung der Kommunikation mit verteilten Teams muss der Business-Analyst außerdem auch die räumliche Distanz, die Zeitzone, kulturelle Unterschiede, Sprachprobleme und die Kommunikationsmöglichkeiten, die am entsprechenden Standort zur Verfügung stehen, bedenken.

### Physische Entfernung

Bereits die Trennung von ein paar Kilometern stellt eine Hürde für die Kommunikation dar. Abhängig von der benötigten Reisezeit und dem Reisebudget ist ein persönliches Treffen mit jedem Stakeholder entscheidend. Diese Meetings müssen gut geplant und sollten idealerweise eher früher als später anberaumt werden. Vor allem ist ein solches Treffen wichtig, wenn es vorher noch keinen direkten Kontakt gegeben hat.

Versuchen Sie als Business-Analyst zum Arbeitsplatz des Stakeholders zu reisen, um sich dabei gleich die Arbeitsumgebung genauer anzusehen und sich mit anderen Mitarbeitern zu unterhalten. So zeigen Sie auch, dass Sie sich wirklich für den jeweiligen Geschäftsbereich und die Tätigkeiten interessieren.

### Verschiedene Zeitzonen

Wenn die Beteiligten in verschiedenen Zeitzonen arbeiten, ist die erfolgreiche Planung von Telefonaten und Konferenzen eine organisatorische Höchstleistung. Natürlich können die Teammitglieder gebeten werden, zu anderen Zeiten als sonst zu arbeiten. Allerdings sollte dann für einen fairen Wechsel gesorgt werden, sodass zumindest jeder einmal seine Arbeitszeit verschieben muss.

Manches Mal wird es auch notwendig sein, anders vorzugehen. Zum Beispiel kann es vorkommen, dass Sie mit Entwicklern zusammenarbeiten, die in Indien sitzen, während die Stakeholder in Europa verteilt arbeiten. Eine Telefonkonferenz mitten in der Nacht anzusetzen, wird bei keinem der Beteiligten Begeisterungsstürme hervorrufen. Stattdessen können Sie die Kommunikation in Gruppen aufteilen, um so all Ihre Anforderungen zu erheben.

Sie werden dabei nicht umhin kommen, öfter zu kommunizieren und diverse Fragen und Antworten hin und her- oder weiterzuleiten. Planen Sie aber solche Vorgehensweisen für Ihr Zeitkontingent ein.

Wenn Sie Gruppentreffen einplanen, versuchen Sie auch hier die Besprechungszeiten gleichermaßen aufzuteilen, sodass alle Einsatz zeigen müssen. Auch wenn der Auftragnehmer vielleicht das Entwicklungsteam ist, müssen Sie als Business-Analyst für ein gutes und ausgewogenes Klima sorgen und alle Beteiligten unterstützen.

### Nationalität/kulturelle Unterschiede

Wenn Sie mit Teammitgliedern aus unterschiedlichen Ländern zusammenarbeiten, betreiben Sie im Vorfeld Forschung über deren Kultur. Vor allem in der Kommunikation gibt es dabei oft große Unterschiede. Da die Unternehmen immer globaler werden, ist es essenziell wichtig, als Business-Analyst grundlegende kulturelle Differenzen zu kennen.

Dazu bieten sich viele Möglichkeiten an: Besuchen Sie verschiedene Webseiten der Länder oder gehen Sie in Vorträge über das Land, in dem Ihre Stakeholder leben. Finden Sie die nationalen und internationalen Feiertage heraus und informieren Sie sich über Arbeitszeiten, Lebensrhythmen und Bräuche vor Ort.

Wenn Sie in der Lage sind, zu Ihrem Stakeholder zu reisen, kaufen Sie sich einen Reiseführer, entdecken Sie die Geschichte des Landes und informieren Sie sich über die politische Lage. Studieren Sie aus Höflichkeit den landestypischen Gruß ein (Händedruck, Begrüßung nach Rang, Geschlecht etc.). Je mehr Sie über die Sitten und Gewohnheiten Ihrer Stakeholder wissen, desto schneller können Sie eine gute Beziehung zu ihnen aufbauen. Die Zusammenarbeit mit Menschen aus anderen Kulturen ist eine große Chance – Sie werden dadurch nicht nur den Erfolg Ihres Vorhabens erhöhen, sondern profitieren gleichzeitig auch persönlich davon.

### Sprachliche Unterschiede

Die meisten globalen Unternehmen haben eine Unternehmenssprache. Wenn der Business-Analyst und ein Stakeholder sich aufgrund mangelnder Sprachkenntnisse nicht miteinander unterhalten können, muss ein

Übersetzer eingesetzt werden, der die gesamte Kommunikation verwaltet. Das ist zwar eher selten der Fall, aber manchmal ist so etwas einfach nötig. Neben der schwierigeren Verständigung stellen auch die höheren Zeit- und Kostenressourcen einen Nachteil dar.

Meistens werden die verschiedenen Teammitglieder eine gemeinsame Sprache sprechen, wobei die einen diese besser beherrschen als die anderen. Diejenigen, für die Deutsch zum Beispiel die zweite Sprache ist, besitzen oft einen kleineren Wortschatz als Muttersprachler. Manchmal kommt erschwerend noch ein Akzent hinzu, der das Kommunizieren kompliziert macht.

Sprechen Sie so früh wie möglich mit jedem Stakeholder, auch um den Wortschatz und den Akzent einordnen zu können. Wenn Sie dabei feststellen, dass ein oder mehrere Beteiligte die Sprache nicht ganz so gut wie der Rest beherrschen, planen Sie mehr Zeit für die Meetings und die nachfolgende Kommunikation ein. Dasselbe gilt auch für den Austausch schriftlicher Mitteilungen (z. B. E-Mail-Nachrichten), wobei sich Menschen, die eine zweite Sprache in der Schule erlernt haben, schriftlich oft besser mitteilen können.

Wählen Sie Ihre Kommunikationstechniken auf der Grundlage Ihrer Beurteilung der einzelnen Interessensgruppen. Mit einer vereinbarten Menge an Begrifflichkeiten, die konsequent genutzt wird, kann die Kommunikation im Team bei sprachlichen Unterschieden enorm verbessert werden.

### Einsatz verschiedener Softwarelösungen

Wie gut die Arbeit mit Teammitgliedern klappt, die sich an unterschiedlichen Orten befinden, hängt auch stark von der jeweiligen Nutzung der Softwarelösungen ab. Je geschickter Sie Informationen auch über Entfernungen verwalten, desto erfolgreicher werden Sie sein. Es gibt viele anspruchsvolle Online-Softwarelösungen. Wie bei den Anforderungswerkzeugen ist auch dabei das Werkzeug weniger wichtig als die Fähigkeit, es zu benutzen, um die Produktivität Ihres Teams zu steigern.

Die Einsatzplanung der Werkzeuge ist für die Zusammenarbeit kritisch. Nicht nur um ein Meeting aufzusetzen, sondern auch um Anforderungen zu dokumentieren. Planen Sie deshalb im Voraus, wie Sie die Meetings und Sitzungen zur Informationsbeschaffung abhalten werden. Versuchen Sie bereits im Vorfeld folgende Fragen zu beantworten:

- Was ist der Grund für das Meeting?
- Wie viele Personen werden beteiligt sein?
- Was wollen wir erreichen?
- Wie sollen wir zusammenarbeiten?
- Welche Softwarelösung eignet sich dafür am besten?

### Bei gemeinsamen Präsentationen

Wenn Sie einer Gruppe Informationen präsentieren, um etwas überprüfen oder genehmigen zu lassen, ist eine gemeinsame Sicht auf die Informationen sehr hilfreich. Sie sollten Ihre Präsentationsmaterialien so vorbereiten, wie Sie sie für eine formale Präsentation erarbeiten würden. Diese Formalität ist erforderlich, weil Ihre Zuhörer weit entfernt sind und Sie sich nicht Ihrer Körpersprache bedienen können, um Informationen beispielsweise zu unterstreichen. Es gibt bereits viele Tools, die Sie bei der Präsentation unterstützen können.

Ebenfalls wichtig: Stellen Sie den Teilnehmer bereits im Vorfeld konkrete Fragen. Bei einer großen Gruppe sollten Sie geschlossene Fragen stellen, sodass Sie schnell Antworten erhalten. Fragen während der Präsentation eignen sich dafür, dass die Teilnehmer konzentriert bei der Sache bleiben und sich aktiv beteiligen. Wenn Sie aus der Ferne präsentieren, können Sie natürlich nicht wissen, womit Ihre Teilnehmer sich ablenken lassen könnten. Wenn Sie eine Frage stellen und keiner antwortet, werden Sie spezifischer und fragen Sie nach: »Herr Meier, haben Sie noch eine andere Frage zu dieser Sache, bevor Sie darauf antworten können?«

Eine Vor-Ort-Betreuung an jedem Ort ist eine gute Sache, um virtuelle Meetings und Präsentationen leichter abzuhalten. Dieser Vor-Ort-Moderator stellt sicher, dass auch tatsächlich alle Teilnehmer anwesend sind. Stellen Sie diesen Moderator zu Beginn allen Anwesenden vor und erklären Sie, dass er für die Teilnehmer vor Ort zuständig ist. Achten Sie aber im Vorfeld darauf, dass auch er mit der unternehmensinternen Netiquette vertraut ist.

### Freigabe eines Dokuments

Bei der Arbeit in einer kleinen Gruppe kann ein Ergebnis ein gemeinsames Dokument sein. Diese Methode ermöglicht es mehreren Benutzern, das gleiche Dokument zu bearbeiten, während alle sofort die Änderungen sehen. So können auch Diagramme und Textdarstellungen gemeinsam entwickelt und verbessert werden. Gerade wenn mehrere Business-Analysten an dem gleichen Anforderungsdokument arbeiten, ist das ein sehr nützliches Verfahren.

Je mehr Personen an einem Vorhaben beteiligt sind, umso schwieriger wird auch eine gemeinsame Nutzung der Dokumente. Manchmal wird es daher nötig sein, das Arbeitsdokument während einer Sitzung zu besprechen und zu bearbeiten. Achten Sie aber darauf, dass nicht zu viele Menschen am selben Dokument arbeiten – das führt meistens nur zu Verwirrungen und dadurch zu einer schlechten Qualität.

## 3.2 Jeder ist anders: Das Who's who der Stakeholder

Der Erfolg Ihrer Projekte hängt im Wesentlichen von einem Faktor ab: Ihrem Verhältnis zu den involvierten Stakeholdern. Denn die Zusammenarbeit mit den einzelnen Projektbeteiligten ist viel wichtiger, als dass Sie selbst Meister sämtlicher Anforderungs- und Analysetechniken sind.

Wir haben bereits an vielen Stellen gezeigt, wie wichtig es für den Erfolg eines Business-Analysten ist, ein hervorragender Kommunikator zu sein.

Und um es noch einmal zu betonen: Vor allem in der Zusammenarbeit mit den einzelnen Stakeholdern ist Empathie, die Fähigkeit, Vertrauen aufbauen zu können, aber eben auch Kommunikationsgeschick entscheidend. Die besten Anforderungen werden Sie nur dann herausarbeiten können, wenn Sie wissen, wie Sie den Projektbeteiligten Antworten entlocken. Dafür sind zwei Dinge wichtig:

- Sie müssen wissen, wer der richtige Ansprechpartner für Sie ist. Stakeholder gibt es viele, aber wer ist für Ihr Projekt und Ihre Fragestellung tatsächlich der richtige?
- Sie müssen wissen, welches Rollenverständnis Ihr Gegenüber hat, wie er oder sie tickt und welche Motive ihn oder sie antreiben; dies ist maßgeblich, um die Dinge aus der Perspektive Ihres Gegenübers betrachten zu können.

Die schlechte Nachricht dabei lautet: In kaum einem Projekt werden Sie zwei Projektrollen finden, die wirklich ein und dasselbe Verständnis zu ihrem Einsatzbereich, zum Projekt an sich und zur Vorgehensweise haben werden. Und natürlich hat jedes Projekt seine eigenen, speziellen Projektbeteiligten und Involvierten. Vor allem die Art, der Umfang, die Bedeutung des Projekts und seine Umwelt bestimmen die Rollenprofile.

Die gute Nachricht ist jedoch: Es gibt zwar viele unterschiedliche Ansätze, aber im Großen und Ganzen kann eine grobe Einteilung gemacht werden. Welche verschiedenen Rollen in einem Projekt auf Sie warten und wie Sie am besten mit ihnen umgehen – darum dreht sich dieses Kapitel.

## Ihr Kommunikationsgeschick ist ein entscheidender Erfolgsfaktor

Der beste Weg, um mit einer anderen Person – egal ob Umsetzungsexperte, Projektmanager oder Tester – zu kommunizieren, ist, ihre persönlichen Motive, Vorlieben, ihr Fachwissen und Erfahrungen zu identifizieren und nachzuvollziehen. Je besser Sie jemanden kennen und einschätzen können, desto einfacher und effizienter werden Sie mit dieser Persönlichkeit arbeiten und sich austauschen können.

Eine der wichtigsten Aufgaben eines Business-Analysten besteht deshalb darin, sorgfältig und aktiv allen Beteiligten zuzuhören. Aktiv deshalb, weil es wichtig ist, gut durchdachte Fragen zu stellen, die Antworten auch aufzunehmen und in eigenen Worten wiederzugeben. Nur so kann ein Business-Analyst prüfen, ob er auch alles verstanden hat – und er kann das Gesagte hinterfragen. Nachdem Sie als Business-Analyst die Anforderungen erhoben haben, werden Sie diese analysieren und dokumentieren, um sie in einem späteren Schritt dem Team zu präsentieren und gemeinsam mit dem Team eine Vorgehensweise zu entwickeln. Die Anforderungen werden Sie aber nur dann schnell und vor allem richtig erheben können, wenn Sie Ihr Gegenüber kennen und seine Sprache verstehen. Auch für die Analyse und die Dokumentation müssen Sie das Gesagte verstehen. Die Anforderung kann noch so detailliert erhoben worden sein – sie wird Ihnen nicht weiterhelfen, wenn Sie das Gesagte nicht interpretieren können.

Um also die Kommunikation an Ihr jeweiliges Gegenüber anzupassen, müssen Sie Ihre Stakeholder genau kennen. In den meisten Ratgeber-Büchern steht, wie Sie auf gute Weise gewaltfrei, rhetorisch brillant oder effektiv kommunizieren können. Das sind alles sehr gute und hilfreiche Ansätze – aber die beste Theorie nützt nichts, wenn sie nicht umsetzbar ist. Wir haben die Erfahrung gemacht: Verlassen Sie sich am besten auf Ihre eigenen Fähigkeiten und beginnen, ein wirkliches Interesse an Ihren Stakeholdern zu entwickeln. Das ist gar nicht so schwer: Jeder Mensch ist anders und jeder Mensch hat seine ganz eigenen Erfahrungen gemacht. Fragen Sie die Menschen nach ihren Erfahrungen! Hören Sie aufmerksam zu und beschäftigen Sie sich aufrichtig mit ihnen. Heucheln Sie kein Interesse vor, sondern suchen Sie nach Interessantem – seien Sie einfach neugierig!

## Der Sponsor

Typischerweise lauten die Funktionsbezeichnungen der unterschiedlichen Sponsoren Executive Sponsor, Account Manager, Produktmanager oder Projektmanager.

Der Sponsor ist der eigentliche »Chef« einer Business-Analyse-Maßnahme. Er ist verantwortlich für die Finanzierung und gibt vor, welche Ziele mit dem Vorhaben erreicht werden sollen. Der Sponsor ist zudem derjenige, der über Erfolg oder Misserfolg eines Projekts entscheidet und auch darüber, ob das angestrebte Ergebnis erreicht worden ist. Selbst wenn der Executive Sponsor sich nicht direkt in das Geschehen einmischt, wird er letzten Endes darüber entscheiden, wie erfolgreich das Projekt aus seiner Sicht war und damit auch Ihre Rolle als Business-Analyst beurteilen.

Um eine reibungslose Zusammenarbeit mit dem Sponsor zu sichern, achten Sie darauf, dass Sie vor allem die Hintergründe verstehen, warum er oder sie in diesem Fall das Projekt oder die Maßnahme durchführen will, was damit erreicht werden soll und wie die Erfolgskriterien aussehen. Die Antworten auf diese Fragen sind Teil der Projektinitiierung oder des Projektumfangs. Zu Beginn muss sich der Business-Analyst ganz der Frage widmen, warum das Unternehmen beschlossen hat, zu dem jetzigen Zeitpunkt Geld in dieses Thema zu investieren.

In den meisten Fällen ist es das Ziel eines Unternehmens, Gewinne zu steigern, Ausgaben zu senken oder den Service zu verbessern. An diesem Ziel richtet der Sponsor seine grundlegenden Entscheidungen aus – und dieses Detail sollte der Business-Analyst bei jeder Begegnung mit dem Sponsor im Hinterkopf haben.

Dem Sponsor, dem wichtigsten Stakeholder im ganzen Projekt, mangelt es vor allem an einem: Zeit. Begehen Sie niemals den Fehler und geben Sie dem Federführer das Gefühl, Sie würden sein kostbarstes Gut, seine Zeit, verschwenden! Sparen Sie sich deswegen Entschuldigungen, warum etwas nicht geklappt hat oder welche Probleme aufgetaucht sind. Der Sponsor will wissen, was getan werden kann, um die Dinge wieder auf die Spur zu bringen, und was er tun kann, damit alles nach Plan klappt.

Ein Business-Analyst, der weiß, was das tatsächliche Ziel hinter der Maßnahme ist und wie der Sponsor definiert, wann dieses Ziel erreicht worden ist, hält quasi den Schlüssel zum Erfolg in der Hand. Gleichzeitig verleiht genau dieses Wissen dem Business-Analysten ungeheuer viel Macht: Haben Sie herausgefunden, wie der Sponsor denkt und was in seinen Augen Ihre Aufgabe bei dem Ganzen sein soll, stellt dies eine gute Basis für eine solide und funktionierende Beziehung zu ihm dar. Dieses Vertrauensverhältnis sorgt letztlich dafür, dass der Business-Analyst alle notwendigen Ressourcen und Informationen zur gewünschten Zeit zur Verfügung hat.

Langweilen Sie den Sponsor nicht mit Floskeln und Sätzen mit vielen leeren Worten. Sponsoren wollen Zusammenfassungen hören. Sie sind viel beschäftigte Führungskräfte, die keine Zeit haben, stundenlang detaillierte Berichte zu lesen. Ein Business-Analyst sollte dementsprechend lediglich die Highlights seiner Arbeit präsentieren. Weil der Sponsor bei den Meetings mit dem Projektmanager nur die Antwort auf die Frage hören will, ob das Projekt noch nach Plan läuft und die vorher definierten Gewinne oder Einsparungen auch tatsächlich erreichen wird, sollte der Business-Analyst auf diese Fragen gut vorbereitet sein: Wird der Unternehmensbedarf tatsächlich durch diese Maßnahme gedeckt? Können damit langfristig die Unternehmensziele erreicht werden?

Sollte Ihre Antwort einmal lauten: »Nein, so wie die Lösung momentan aussieht, wird sie den Unternehmensbedarf meiner Meinung nach nicht decken können«, dann sollten Sie im gleichen Atemzug eine Alternative anbieten. Aber auch an dieser Stelle gilt: Sparen Sie mit den Details, heben Sie sich diese lieber für die Dokumentation auf und werden Sie nur auf Nachfrage ausführlich.

Nach all den Warnungen und Hilfestellungen zum Umgang mit dem Sponsor wollen wir Ihnen noch eines mitgeben: Lassen Sie sich als Business-Analyst nicht von Ihrem Sponsor einschüchtern! Bleiben Sie selbstbewusst und stellen Sie Ihre Fragen. Sonst erhalten Sie womöglich nicht die notwendigen Informationen, um das Vorhaben erfolgreich abzuschließen.

Als Übung bietet es sich an, oft mit Führungskräften ins Gespräch zu kommen, wann immer sich die Gelegenheit dazu findet. Sei es auf dem

Flur, in Meetings oder in der Cafeteria: Sie werden schnell entdecken, dass die meisten Sponsoren genau wie Sie und wir ganz normale Menschen sind.

## Der Projektmanager

Ein Projektmanager ...

- ist normalerweise die erste Person, die einem Projekt zugeordnet wird;
- ist verantwortlich für die Planung des Projekts und stellt das Projektteam zusammen;
- verwaltet Änderungen und Probleme;
- überwacht das gesamte Projekt;
- verwaltet Ressourcen wie Menschen, Budget, Zeit und Umfang;
- kommuniziert gute und schlechte Nachrichten an den Sponsor;
- ist eine Anlaufstelle bei Hindernissen.

Steht der Business-Analyst als Bindeglied zwischen dem Anwender und dem Umsetzer in einem Projekt, so ist der Projektmanager für die Umsetzung der definierten Lösung verantwortlich und auch dafür, dass dies in einem vorgegebenen zeitlichen und budgetären Rahmen bzw. im besprochenen Umfang geschieht. Er ermittelt die Projektanforderungen und verwaltet die Ressourcen, Zeit, Umfang und Qualität eines Projekts.

Ein Projektmanager und ein Business-Analyst haben zwar unterschiedliche Tätigkeiten, aber auch Fähigkeiten, die sich überschneiden. Das führt dazu, dass in vielen Unternehmen der Projektmanager auch die Arbeit des Business-Analysten übernehmen soll und umgekehrt. Die meisten Projekte leiden aber enorm unter einer solchen Situation und enden nicht erfolgreich, sondern ganz im Gegenteil: Untersuchungen haben gezeigt, dass gescheiterte Projekte fast immer auf schlecht erhobene Anforderungen und mangelhafte Anforderungsanalyse zurückzuführen sind (Standish Group, 2006).

Wir gehen in unserem Buch jedoch davon aus, dass es in Ihrem Unternehmen beide Rollen gibt. Wie sieht nun eine gegenseitig bereichernde Zusammenarbeit zwischen Projektmanager und Business-Analysten aus?

Grundsätzlich können wir sagen, dass der Projektmanager die Projektressourcen und den Fortschritt des Projektplans überwacht. Ein typischer Projektzyklus sieht so aus, dass gerade zu Beginn eines Projekts der Business-Analyst alle Hände voll zu tun hat mit Stakeholderanalyse, Anforderungserhebung etc. Erst im Laufe der Zeit kommt der Projektmanager hinzu. Der Business-Analyst arbeitet eng mit ihm zusammen, konzentriert sich dabei aber – genauso wie der Projektmanager – auf seinen Verantwortungsbereich. Der Austausch bleibt allerdings rege, um die Fortschritte und Informationen schnell zu teilen.

Das Projekt profitiert enorm von dieser engen und intensiven Zusammenarbeit, die das Beste der Stärken des jeweils anderen sichtbar macht: Der Projektmanager ist in der Lage, das »große Bild« zu sehen und das gemeinsame Projektziel nicht aus den Augen zu verlieren. Budget, Ressourcen, Zeit dürfen nicht aus dem Ruder laufen und bedürfen andauernder Überwachung. Obwohl das große Ganze auch wichtig für den Business-Analysten ist, ist er dennoch eine sehr detailorientierte Person, die ihren Fokus auf den Wert des Vorhabens richtet – auf den Nutzen, den es dem Unternehmen langfristig bringt. Er oder sie muss enorm gut zuhören können, Geschäftsprozesse genau analysieren und dokumentieren und die Anforderungen an das Unternehmen im Allgemeinen und an das Projekt im Speziellen kennen.

Diese Punkte eignen sich jedoch auch sehr gut als potenzielle Streitquellen: Der Projektmanager muss seiner Aufgabe gerecht werden und darauf drängen, dass das Projekt sichtbare Fortschritte macht und die Stakeholder zufrieden sind, während der Business-Analyst seiner Natur gemäß die nie zu erreichende Perfektion anstrebt und die vollständige und genaue Anforderungserhebung im Vordergrund sieht. Dass das nicht selten zu Termin- oder Budgetüberschreitungen führt, ist für den Projektmanager tragisch, dem Business-Analysten aber nicht so wichtig.

In jedem Werkzeugkoffer eines erfolgreichen Projektmanagers finden sich stark ausgeprägte Managementfähigkeiten. Der Business-Analyst wiederum ist Experte in Sachen Zuhören, Analyse und kreative Lösungen. Versteckte Anforderungen wollen schließlich gefunden und Probleme oder Fragen, die nicht am Anfang klar sind oder erst im Laufe des Projekts auftauchen, gemeinsam mit dem Projektmanager beantwortet und gelöst werden. Der Projektmanager hilft dem Team, sich gemeinsam auf das Projekt zu konzentrieren, während der Business-Analyst den Menschen hilft, zu beschreiben, wie was und warum funktioniert. Auch die technischen Geschäftsanforderungen kommuniziert er an das technische Team und ist offen für deren Lösungsvorschläge.

Sollten Sie in einem Projekt beide Rollen in einer Person übernehmen müssen, sollten Sie vor allem eines tun: Ihre kommunikativen Fähigkeiten nutzen, die Sie als Projektmanager oder Business-Analyst besitzen, und versuchen, das Management davon zu überzeugen, dass beide Rollen für den Erfolg des Projekts entscheidend sind. Jede Rolle hat einen anderen Schwerpunkt und sobald Sie zustimmen, beide Rollen selbst zu übernehmen, werden Sie feststellen, dass Sie Meinungsverschiedenheiten mit sich selbst austragen werden. Höchstwahrscheinlich wird Ihnen auch die eine Rolle mehr als die andere liegen und Sie werden dadurch die anderen Aufgaben unbewusst eher vernachlässigen. Diese Situation wird noch komplizierter, wenn Sie auch andere Projektaufgaben zugeordnet bekommen (z. B. Testen der Lösungen) oder gleichzeitig an anderen Projekten arbeiten. Machen Sie sich daher immer bewusst, welche Rolle Sie gerade ausüben, wenn Sie in Ihrem Vorhaben sowohl Business-Analyst als auch Projektmanager sind.

## Andere Business-Analysten

Bei aufwendigeren Maßnahmen kommt es mitunter häufig vor, dass mehr als ein Business-Analyst im Projekt gefordert ist. Kooperieren mehrere Business-Analysten im selben Projekt, müssen sie ihr Vorgehen dementsprechend genau abstimmen und die Zuständigkeiten aufteilen.

Dazu haben sich in der Praxis folgende Konstellationen als sinnvoll herausgestellt: Entweder arbeitet ein Senior Business-Analyst mit mehreren Junior Business-Analysten zusammen. In diesem Fall wird in der Regel der Senior die verschiedenen Bereiche den anderen zuweisen. Oder das Vorhaben wird von gleichrangigen Business-Analysten übernommen – dann kann eine Aufteilung nach den eigenen Spezialisierungen, Vorlieben und Erfahrungen sinnvoll sein. Generell gilt, dass gerade bei der Projektinitiierung und der Erhebung von Anforderungen Business-Analysten eng kooperieren müssen und sich gegenseitig unterstützen. Erst nach dieser Phase kann sich jeder seiner eigenen Arbeit voll und ganz widmen und nur bei Bedarf dem oder den anderen helfend unter die Arme greifen.

Es gibt viele unterschiedliche Strategien, wie sich Business-Analysten die Aufgaben aufteilen können: Einige Teams delegieren ihre Analyse-Tätigkeiten an einen nicht technisch orientieren Analysten wie etwa einen Datenanalysten oder einen Prozessanalysten, der in seinem Gebiet Spezialist ist und sich genau ansieht, welche Anforderungen zum Beispiel vonseiten des Prozesses notwendig sind. Auch die Ausgliederung an einen Systemanalysten, der Experte für ein spezielles System (z. B. SAP) ist, kann gut funktionieren. Diese Aufteilung ermöglicht jedem Analysten, sich auf eine bestimmte Art von Anforderung zu konzentrieren, um dann gemeinsam die einzelnen Komponenten zu verknüpfen.

Eine andere Strategie kann es sein, den Geschäftsprozess an einen Lead-Business-Analysten zu delegieren: Lead-Business-Analysten sind vor allem in (meist größeren) Projekten für die Planung und das Monitoring aller Business-Analyse-Arbeiten zuständig: Als Lead Business-Analyst werden Sie wahrscheinlich nicht direkt in die Anforderungsanalyse der zu erbringenden Leistungen eingebunden werden. Vielmehr wird es dann Ihre Aufgabe sein, andere so zu führen und anzuleiten, dass diese die Analyse erstellen können.

Der Lead-Business-Analyst gibt vor, wie in der Analyse selbst vorgegangen werden sollte. Bei der Analyse direkt arbeitet er aber nicht mit, sondern unterstützt das Team bei der Dokumentation und der Kommunikation der Ergebnisse. Das ist wichtig, weil jemand den Überblick über den Fortschritt der Anforderungsanalyse haben muss. Wenn Sie nicht wissen, was gerade los ist, können Sie auch nicht andere anleiten und führen. Der Lead-Business-Analyst muss klar auf den Projektumfang, den Projektplan und die eingeplante Zeit bei der Anforderungsanalyse achten.

Die Rolle des Lead-Business-Analysten zu übernehmen, ist für viele Business-Analysten nicht einfach, denn sie müssen dabei die Detailarbeit größtenteils den anderen Analysten überlassen. Aber genau in einem solchen Fall ist es wichtig zu erkennen, dass der Lead-Business-Analyst ganz klar Teil des Teams ist. Der Erfolg des Projekts hängt davon ab, wie gut die einzelnen Teammitglieder zusammenarbeiten – und es liegt am Lead-Business-Analysten, eine Atmosphäre des kreativen Miteinanders zu schaffen und zu fördern.

Dem Lead-Business-Analysten muss auch bewusst sein, dass es Zeiten gibt, in denen das Team Steuerung sucht und braucht. Haben Sie keine Angst davor, diese Führung zu übernehmen, sondern gehen Sie dann bewusst einen Schritt zurück und überdenken Sie das Vorgehen neu.

Unabhängig von dem Ansatz, der für die Delegation gewählt wird, sollten die Business-Analysten ihre Anforderungen genau konsolidieren und sicherstellen, dass alle Anforderungen miteinander lückenlos verknüpft und dokumentiert wurden. Aber auch wenn keine Zusammenarbeit innerhalb eines Projekts besteht, ist der Austausch mit anderen Business-Analysten in derselben Abteilung/Branche sinnvoll. Dieser Austausch hilft jedem Einzelnen, sein Problem aus einer anderen Position anzusehen, von Erfahrungen anderer zu profitieren und so zu neuen Erkenntnissen und Einblicken zu kommen.

## Der Fachexperte

Ein Fachexperte (Domain Subject Matter Expert, kurz SME) ist eine Person, die über ein Spezialwissen in einem bestimmten Gebiet verfügt. Sie ist Experte für das jeweilige Unternehmen, das analysiert wird. Dabei handelt es sich oft um Arbeitnehmer und Führungskräfte, aber auch um Personen von außerhalb des Unternehmens (wie z. B. Kunden), die mit bestimmten Bereichen interagieren. Ein Fachexperte kann in der Tat jeder sein, der Informationen über das Unternehmen hat.

Die besondere Herausforderung für Business-Analysten in der Arbeit mit Fachexperten liegt darin, die unterschiedlichen »Sprachen« zu beherrschen. Dabei darf keine Rücksicht auf die verwendete Funktionsbezeichnung genommen werden: Der eine bezeichnet z. B. jede Person, die nicht direkt im Unternehmen arbeitet, als Lieferanten, aber bei größeren Unternehmen kann ein Lieferant auch direkt im eigenen Unternehmen arbeiten. Jede Organisation hat ihre eigene Terminologie, die manches Mal zu Verwirrungen führt und dadurch die Anforderungserhebung durchaus erst einmal blockieren kann.

Während der Phase der Anforderungserhebung ist es wichtig, mit diesen Experten über ihre Arbeit zu sprechen: Wie ist der Ablauf? Wann werden gewisse Tätigkeiten durchgeführt? Was sind die Ergebnisse? usw. – ohne diese Fachexperten gibt es keine Business-Analyse.

Jeder Fachexperte hat ein unterschiedlich stark ausgeprägtes Interesse an dem jeweiligen Vorhaben. Die größte Herausforderung für den Business-Analysten liegt nun darin, die Personen mit Expertenwissen davon zu überzeugen, dass es sich für ihn oder sie lohnt, wenn er oder sie Zeit mit dem Business-Analysten verbringt und ihm auf seine Fragen Rede und Antwort steht. Sie müssen verstehen, dass es die Mühe durchaus wert ist, den Business-Analysten zu unterstützen und zu helfen, wo sie nur können, damit das Projekt ein Erfolg wird.

Die Fachexperten unterscheiden sich aber nicht nur aufgrund der jeweiligen Expertise, die sie besitzen. Auf den Business-Analysten warten noch andere Herausforderungen wie die verschiedenen Persönlichkeitstypen, Arbeitsstile und Motivationen. Das Verständnis dieser Experten zu gewinnen und sie zu überzeugen, ist keine einfache Sache, die schnell erledigt ist. Zuerst muss festgestellt werden, wen genau der Business-Analyst braucht. Danach muss er Details über die betreffende Person in Erfahrung bringen, damit bereits bei den ersten Treffen die entscheidenden »Geheimnisse« auf den Tisch kommen. Dabei handelt es sich natürlich nicht um Persönliches, sondern es geht darum zu verstehen, wie der Job des Experten funktioniert, was wichtige Anforderungen sind und warum gewisse Prozesse vielleicht nicht ganz so glatt laufen, wie sie sollten.

Deshalb: Lernen Sie Ihren Fachexperten kennen, aber nicht nur vom Namen her, sondern auch als Mensch, der hinter der Funktionsbezeichnung steckt! Alles, was Sie über diese Menschen erfahren können, wird von Vorteil sein, wenn Sie die Zusammenhänge verstehen wollen. Sehen Sie es als eine Art Vorstellungsgespräch, in dem Sie einen ersten guten Eindruck hinterlassen wollen. Dabei hilft eben alles, was Sie herausfinden können, um keine bösen Überraschungen zu erleben.

**Tipps zur »Detektivarbeit« bei den Fachexperten:**

Haben Sie als Kind Privatdetektiv gespielt oder sehen gerne Krimis? Das sind gute Inspirationsquellen, denn es geht um Beobachtung und Kombinationsgeschick. Beobachten Sie so viel wie möglich und studieren Sie die Gewohnheiten der Menschen.

- Werfen Sie bereits vor den Meetings einen Blick auf das Organigramm. Sie erhalten dadurch einen groben Überblick und können danach weiterforschen, in welchen Projekten die involvierten Personen vorher beteiligt waren und wie damals die Anforderungspakete, Dokumente etc. ausgesehen haben, wie lange der Fachexperte bereits im Unternehmen arbeitet, welche Software er bevorzugt verwendet, wie er seinen Arbeitslauf gestaltet.
- Es lohnt sich zum Beispiel auch durchaus, die verschiedenen Arbeitsstile zu analysieren – und das gilt nicht nur für den Fachexperten, sondern für alle Stakeholder: Ist er beispielsweise ein Morgenmensch, wird ein Interviewtermin früh am Morgen günstiger sein als ein Abendtermin. Mit solchen kleinen Gesten werden Sie die Anforderungen schneller erheben können und vor allem dem Sta-

keholder das Gefühl geben, dass Sie als Business-Analyst auf seiner Seite stehen und ihn wirklich unterstützen wollen.

- Setzen Sie sich in das Büro des Experten und versuchen Sie seine Sichtweise einzunehmen. Wie fühlen Sie sich? Gut organisiert oder überarbeitet? Gibt es viele Menschen, die um Sie herum sind oder scheint der Fachexperte eher ein Einzelgänger zu sein? Hängen viele Auszeichnungen oder Zertifikate an den Wänden? Das kann ein erster Hinweis darauf sein, dass er oder sie stolz ist auf seine oder ihre Erfahrung, Ausbildung, Arbeit und Leistung. Gibt es irgendwelche Familienfotos oder Poster, die auf ein Hobby hinweisen können? Wie alt ist diese Person in etwa? Von wo kommt sie? Hat sie einen Akzent?
- Suchen Sie nach Eisbrechern in Gesprächen und Hinweisen, mit denen Sie leichter eine gemeinsame Ebene aufbauen können.
- Kennen Sie jemanden, der direkt im Geschäftsumfeld mit dem zuständigen Fachexperten zu tun hatte? Sehr gut, dann sprechen Sie mit dieser Person! Erwähnen Sie beiläufig, dass Sie mit dem Experten demnächst zusammenarbeiten werden. Achten Sie dabei auf die Körpersprache Ihres Gegenübers: Hat Ihr Kontakt irgendwie darauf reagiert?
- Wenn Sie wissen, ob dieser Experte mit anderen Business-Analysten oder Projektmanagern, die Sie auch kennen, in der Vergangenheit gearbeitet hat, sprechen Sie mit ihnen. Seien Sie dabei behutsam, stellen Sie diskrete Fragen über deren Zusammenarbeit und stellen Sie von vornherein klar, dass es Ihnen nicht darum geht, jemanden auszuhorchen, sondern dass Sie die Person besser verstehen wollen, um das Beste für das Projekt zu erreichen: Wie hat er oder sie sich bei den Meetings verhalten? War er gut vorbereitet? Hat er darauf gewartet, bis der Business-Analyst den Kontakt hergestellt hat oder war er proaktiv? Wie kompetent war diese Person in Bezug auf sein oder ihr Unternehmen? Wie ist er oder sie mit Veränderungen umgegangen?
- Wenn Sie früher schon einmal mit diesem Fachexperten zusammengearbeitet haben, können Sie natürlich bereits die meisten Fragen beantworten. Aber auch in diesem Fall versuchen Sie offen zu bleiben und noch mehr über den Menschen hinter dieser Rolle herauszufinden. Wenn das letzte Projekt nicht optimal gelaufen ist, versuchen Sie gleich von Beginn an zu bedenken, was Sie dieses Mal besser machen könnten.

Es gibt aus unserer Praxiserfahrung typische Situationen im Umgang mit Fachexperten, für die wir Ihnen einige Tipps geben wollen.

### Die Führungskraft, die ihre Mitarbeiter nicht versteht

Diese Situation ist uns in der Praxis am häufigsten begegnet: Als Business-Analyst bekommen Sie eine Führungskraft als Ansprechpartner genannt, die selbst nicht oder nicht mehr im täglichen Business unterwegs ist. Vor einiger Zeit haben sie vielleicht einmal selbst in der Abteilung als Mitarbeiter »an der Front« gearbeitet und sind später aufgestiegen: Diese sind dann wahre Experten in ihrem Gebiet, weil sie die Arbeit tagtäglich gemacht haben. Dies liegt aber schon länger zurück – sie erinnern sich möglicherweise noch an die Probleme und auch an die Lösungen, die sie selbst noch initiiert haben. Aber sie haben später die Veränderung nicht mehr aus derselben Situation heraus erlebt und kennen die Arbeitsabläufe nach dem Change nur noch aus Managersicht. In vielen Unternehmen werden Führungskräfte regelmäßig von Abteilung zu Abteilung verschoben und das meist in Geschäftsbereichen, in denen sie kein wirkliches Wissen oder keine Erfahrung haben. Das kann zu Schwierigkeiten für die Business-Analysten führen, weil die Befragung der Manager nicht hilft, die genauen Geschäftsmodelle oder Anforderungen abbilden zu können.

**Praxisbeispiel: Call Center unter Druck**

Ein Beispiel aus unserer Praxis: In einem Call Center investierten die Mitarbeiter zu viel Zeit in die Betreuung ihrer Kunden – weil es kein einheitliches Vorgehen und keine Checkliste gab. Das bedeutete neben viel Frust auch hohe Kosten, die dadurch entstanden, dass die Kunden mehrfach immer dieselben Dinge gefragt wurden. Das Problem wurde dadurch gelöst, dass die Call Center Agents nur noch eine vorgegebene Anzahl an Minuten sprechen durften, egal wie kompliziert das Problem oder die Anfrage war. Die Call Center Agents wurden also darauf gedrillt, möglichst viele Kunden in einer gewissen Zeitspanne »abzuarbeiten«. Die Führungskraft, die diese Lösung initiiert hatte, war ein zum Manager beförderter, ehemaliger Call Center Agent – der das Problem aus seiner eigenen Erfahrung kannte. Deshalb bekam er auch das Zeit-Problem in den Griff. Was ihm aber nicht bewusst war: Durch diese Lösung baute sich ein neues Problem auf – das er nicht aus eigener Anschauung kannte: Weil die Call Center Agents nur noch so kurz mit ihren Kunden telefonieren durften, gelang es ihnen nicht mehr, in eine wirkliche Beziehung zu ihnen zu treten. Die Kunden fühlten sich missverstanden und nicht ernst genommen mit ihren Problemen und waren frustriert. Das spiegelte sich wiederum deutlich in den Absatzzahlen wider – die gingen massiv zurück.

Ein Business-Analyst muss also in jedem neuen Geschäftsfeld zunächst einschätzen bzw. analysieren, wer was weiß und wie tief dieses Wissen reicht. Dafür ist es absolut notwendig, dass der Business-Analyst in Erfahrung bringt, wer in den betroffenen Abteilungen tatsächlich Experte ist. Wer sind die erfahrensten Arbeitnehmer? Ist das aktuelle Management ihrer Einschätzung nach auf dem richtigen Stand? Wie sieht der Manager seine Mitarbeiter? Welche täglichen Arbeiten führt der Manager aus? Wird er von seinen Mitarbeitern geschätzt und respektiert?

Die Antworten auf all diese Fragen sollten Sie als Business-Analyst niemals schriftlich festhalten, da es sich um sehr heikle, vertrauliche und subjektive Einsichten handelt. Aber es sind ganz wichtige Fragen, auf die Sie die Antwort zumindest erahnen müssen. Bedenken Sie dabei aber bitte, diese Fragen nicht direkt so zu stellen, sondern wie ein Detektiv die Antworten indirekt zu entlocken.

Ihr erstes Treffen mit Ihrem Stakeholder wird Ihnen bereits eine Vielzahl an Informationen liefern. Vor allem, wenn Sie in der Lage sind, non-verbale Hinweise erkennen zu können: Hat der Manager z. B. mit der Antwort gezögert, als Sie ihm eine spezielle Frage zu seinem Thema gestellt haben? Wurden Sie vielleicht an einen seiner Mitarbeiter verwiesen? Wenn ja, an wen? Wie haben die anderen darauf reagiert?

In den meisten Fällen wird ein Manager, der nicht das ganze Detailwissen der Alltagsarbeit kennt, Ihnen das direkt sagen und Sie gleich an einen Mitarbeiter weiterempfehlen. Das ist die ideale Situation und gibt Ihnen die Erlaubnis, andere in der Gruppe ungeniert über Details auszufragen. Manager, die offen und ehrlich über ihre Kenntnisse sprechen, haben in der Regel auch offene und ehrliche Mitarbeiter in ihrer Abteilung.

Es gibt aber auch die Fälle, in denen Führungskräfte manchmal von außen gekommen sind bzw. diese Arbeit selbst nie erledigt haben. Oft leiden diese Personen an dem Glaubenssatz, dass man als Führungskraft alles wissen müsse und auch der bessere Mitarbeiter sei. Das kann dazu führen, dass der Ablauf vollkommen falsch dargestellt wird, aber mit einer solchen Überzeugungskraft, dass der Business-Analyst nie im Traum auf die Idee käme, diese »Fakten« entsprächen nicht der Realität.

Nicht zuletzt deswegen lohnt es sich, gewisse Fragen einige Male in verschiedenen Variationen zu stellen und zu überprüfen, ob Sie dieselben Antworten bekommen. Haken Sie nach, wenn die Antworten abweichen. Stellen Sie geschlossene Fragen, die mit Ja oder Nein beantworten werden müssen. Achten Sie auf geäußerte Bedenken, Körpersprache, die vom Unwohlsein erzählt, und vor allem auf ungenaue und vage Aussagen.

Für den Fall, dass Sie feststellen müssen, dass der Manager kein Experte in seinem Geschäftsfeld ist, besprechen Sie diese Bedenken mit dem Auftraggeber und dem Projektmanager. Diese Art von Problemen kann schnell für eine Zeitverzögerung im gesamten Projekt sorgen. Zusammen können Sie entscheiden, wie ein weiteres Vorgehen aussehen kann und welche Konsequenzen notwendig sind. Vielleicht arbeiten Sie dann eher mit anderen Abteilungen zusammen oder Sie sagen dem Manager, dass Sie seine Zeit nicht überbeanspruchen und deswegen lieber mit seinen Mitarbeitern sprechen wollen. Wenn der Manager aber darauf besteht, dass er oder sie die einzige Quelle für die Anforderungserhebung ist, dann muss dieses Problem vom Projektmanager gelöst werden. Als Business-Analyst müssen Sie wirklich alle Anforderungen und Probleme der Beteiligten verstehen. Wenn eine Person dies verhindert, kann das das ganze Projekt negativ beeinflussen. Ihre Aufgabe ist es in diesem Fall, das zu melden und zu helfen, eine Lösung zu finden.

### Der Fachexperte, der kein Experte ist

Obwohl er dem Business-Analysten als Fachexperte genannt wird, kann es vorkommen, dass der Betreffende gar kein solcher Experte ist. Manchmal wird eine Person einem Projektteam zugeteilt, obwohl sie nicht ausreichend Erfahrung für diesen Bereich mitbringt. Das ist ein übliches Vorgehen aus Sicht des Managers, wenn er es sich nicht leisten kann, seine wirklichen Experten aus dem Tagesgeschäft abzuziehen. Manches Mal ist der Experte aber auch aus anderen Gründen in der Abteilung nicht sehr anerkannt und bekommt deswegen einige Informationen, die vielleicht wichtig sind, gar nicht mitgeteilt. Der Business-Analyst, der zurecht auf die Expertise seines Gegenübers vertraut, schreibt seine neuen Erkenntnisse in einem Anforderungsdokument nieder und staunt nicht schlecht, wenn dieses aus heiterem Himmel abgelehnt wird, da die Voraussetzungen einfach nicht der Wahrheit entsprechen.

Was kann der Business-Analyst nun dagegen unternehmen, wenn der Experte sich als Nicht-Experte entpuppt?

- Achten Sie bei der ersten Beurteilung Ihrer Experten darauf, sich nicht von dem Vorurteil lenken zu lassen, dass jemand, der neu in der Abteilung ist, keine Ahnung von dem Gebiet hat.
- Geben Sie dieser Person eine Chance und interviewen Sie sie genauso, wie Sie es sonst auch machen würden.
- Bewerten Sie dabei aber die Antworten auf die gestellten Fragen. Wird auffällig häufig mit »Ich weiß nicht« geantwortet? Dann haben Sie wahrscheinlich tatsächlich Pech und den falschen Ansprechpartner vor sich stehen.
- Bestätigen Sie dann Ihre Ahnung, indem Sie genauer als sonst beobachten, die bestehende Dokumentation überprüfen und nach Löchern in der Anforderung suchen. Stellen Sie auch hier wiederum die gleichen Fragen auf unterschiedliche Weise.

- Achten Sie darauf, dass Sie dem Fachexperten keine böse Absicht unterstellen.
- Lassen Sie sowohl den Experten als auch den Projektmanager wissen, was Sie für Ihre Arbeit tatsächlich brauchen. Vielleicht ist es notwendig die Anforderungen mit mehreren Personen zu besprechen, um Ihr Verständnis für den Prozess zu bestätigen. Schließlich wollen Sie ja sicherstellen, dass jeder in dem Unternehmen die Anforderungen oder Problemstellungen genauso sieht.
- Wenn Sie glauben, dass der Experte nicht kompetent ist, wenden Sie sich damit am besten an den Auftraggeber und besprechen Sie Ihre Bedenken über den Wissensstand des zugeteilten Managers. Somit ist dieser auch vorgewarnt, das eventuell Probleme auftreten können und er oder sie kann rechtzeitig eingreifen. (Ein weiterer Vorteil dieser Vorgehensweise ist, dass Sie auf diese Weise Ihre Kompetenz als Business-Analyst zeigen und schnell Vertrauen zum Team aufbauen können).
- In der Zwischenzeit versuchen Sie, mit anderen Involvierten aus dieser Abteilung zu sprechen. Formulieren Sie dazu kurze Fragen, vor allem bezüglich der Anforderungen, die Ihrer Meinung nach die kritischsten sind. Sie werden schnell feststellen, ob der Fachexperte Sie in die falsche Richtung geführt hat. Halten Sie den Auftraggeber aber auch darüber informiert.

Dies ist eines der schwierigsten Probleme, mit denen sich ein Business-Analyst befassen muss. Die meisten Menschen meiden Konflikte und fühlen sich nicht wohl, wenn sie Probleme zugeben müssen. Allerdings dürfen Sie als Business-Analyst nie das Projektziel aus den Augen verlieren! Wenn ein bestimmter Fachexperte sich eventuell negativ auf den Projekterfolg auswirken könnte, liegt es in Ihrer Verantwortung, die rote Karte – so schonend wie möglich – zu zeigen. Eine Lösung, die auf falschen Voraussetzungen beruht, kann niemals die richtige Lösung sein.

Wird ein Problem bereits am Anfang ignoriert, ist das Projekt auf dem sichersten Weg zu scheitern. Andererseits kann gerade zu Beginn ein

Problem noch am schnellsten korrigiert werden. Heben Sie aber nicht einfach den Finger, sondern weisen Sie objektiv auf die Tatsachen hin und erklären Sie allen Ihre Wahrnehmung und Einschätzung. So ist die Chance auch groß, dass Sie nur noch wirkliche Fachexperten zugewiesen bekommen. Wenn alle Stricke reißen, geben Sie Ihr Bestes mit den Menschen, die verfügbar sind. Achten Sie darauf, die Anforderungen doppelt und dreifach zu überprüfen und stellen Sie die gleichen Fragen an mehrere Personen.

### Der Fachexperte, der tatsächlich ein Experte ist

Es gibt ihn auch hier, den Idealfall: Ihnen wurde ein wirklicher Experte zugeteilt, ein Meister seines Gebietes, der wirklich alles weiß, was man über das Geschäft wissen kann. Wo soll hier eine Herausforderung lauern? Nun ja, ein Experte kann sein Metier noch so gut beherrschen – das bedeutet noch lange nicht, dass er Ihnen alle Fakten sagt. Vielleicht geht er davon aus, dass Sie bereits alles wissen? Wenn Experten über ihr Fachgebiet sprechen, verwenden sie oft die entsprechende Terminologie und setzen Annahmen voraus – und überschätzen die Kenntnisse ihres Gegenübers bzw. kommen gar nicht auf die Idee, dass dem Gegenüber irgendetwas nicht klar sein könnte.

Wenn Sie das Gefühl haben, die Situation nicht mehr zu verstehen, liegt es an Ihnen, eine Menge Fragen zu stellen und zu unterstreichen, dass Sie wirklich alles verstehen müssen. Der Fachexperte kennt seinen Bereich wie seine Westentasche und so scheint es ihm oder ihr manches Mal, dass er nicht mit Banalitäten langweilen will und die »einfachen« Dinge besser ausspart. Komplexe Prozesse werden dann vereinfacht dargestellt oder Dinge vergessen zu erwähnen, um so schnell wie möglich alles zu erklären.

Oder, ein anderer Fall: Der Manager ist etwas ungeduldig ob Ihres Unwissens und hat keine Zeit, Ihnen alles zu erklären. Oder er ist so stolz auf die Fülle seines Wissens und freut sich, dass er endlich jemanden gefunden hat, der brav zuhört und nicht gleich wegrennt. Dann wird es schwierig, die wirklich relevanten Dinge herauszuhören und die Informationen zu bekommen, die Sie tatsächlich brauchen.

Ihre Aufgabe bei der Arbeit mit einem echten Experten liegt in der Vorbereitung: Sie haben eine Quelle an Informationen gefunden, wie sie in Ihren kühnsten Business-Analysten-Träumen nicht vorkommt. Sehr gut. Die Herausforderung liegt nun darin, schnell das Wesentliche aufzunehmen. Sie müssen neue Dinge lernen, Sachverhalte verstehen, komplexe Prozesse analysieren können und Zusammenhänge erkennen. Dabei dürfen Sie sich nicht im Schneckentempo bewegen, sondern Sie müssen sich darauf einstellen, dass Sie vermutlich mit Grafiken, Präsentationen und Statistiken bombardiert werden.

- Arbeiten Sie dabei vor allem mit Wiederholungen: Bitten Sie den Experten mit Ihnen, die gleichen Anforderungen wiederholt durchzugehen, um zu überprüfen, dass Sie wirklich alles verstanden haben.
- Planen Sie dafür eine größere Anzahl von Kurzinterviews ein, damit der Fachmann Ihnen schnell eine Vielzahl an Informationen geben kann, die Sie bis zum nächsten Meeting bearbeiten können.
- Erinnern Sie den Experten immer wieder daran, dass Sie gerade dabei sind, das alles erst zu erlernen und zum ersten Mal damit konfrontiert werden. Eventuell müssen Sie die gleiche Frage mehrmals stellen, bevor Sie die Antwort wirklich verstanden haben.
- Appellieren Sie an die Geduld Ihres Gegenübers und geben Sie ihm zu verstehen, dass Sie seine Zeit bestmöglich nutzen und nicht überstrapazieren wollen. Das können Sie auch, indem Sie im Voraus mit einer weniger erfahrenen Person das Gespräch suchen und sich von diesem Experten erste Grundlagen für das kommende Gespräch mit dem wahren Fachexperten aneignen.

**Praxisbeispiel: Ein Traum-Fachexperte**

Ein Beispiel aus unserem Projektalltag: Ein Produktmanager hat einen Service für seine Kunden geplant, bei dem sie sich aus einer Palette an Angeboten das Beste für ihre jeweiligen Bedürfnisse selbst zurechtschneidern können. Wir wurden mit der Business-Analyse beauftragt und mussten nun die ersten Anforderungen erheben. Dafür wurde uns ein wirklicher Experte des Werkes zur Verfügung gestellt. Diese Person war eine Koryphäe auf ihrem Gebiet und kannte alle Produkte aus dem Effeff. Sie kannte aber nicht nur die Produkte, Preise und Feinheiten, sondern hatte auch ein größeres Verständnis dafür, was die Kunden wirklich wollen. Mehr noch: Sie kannte zudem die Probleme, die ein Vertreiber damit hat, den Kunden voll zu befriedigen. Sie wusste, wie man den Kunden locken und für das Produkt begeistern konnte, aber auch, welche Fehler man vermeiden sollte. Für uns als Business-Analysten war dieser Experte eine wahre Goldgrube. Wir bekamen so nicht nur Anforderungen auf dem Silbertablett serviert, sondern für die jeweiligen Nachforschungen und Vertiefungen auch den geeigneten Fachexperten genannt. Falls Sie in Ihrer Arbeit einem solchen Experten begegnen sollten, behandeln Sie ihn mit Samthandschuhen – die Zusammenarbeit lohnt sich für beide Seiten und heraus kommt ein Ergebnis, auf das alle Involvierten stolz sein können.

## Der Fachexperte, der Angst vor Ihren Fragen (und seinen Antworten) hat

Es gibt einige Experten, die selbst nicht glauben, dass sie tatsächlich zurecht als Experten gelten. Sie erkennen diese Personen meistens daran, dass sie bei Fragen mit ihren Antworten zögern – meistens aus Angst darüber, dass das, was sie Ihnen sagen, so nicht richtig ist. Diese Angst hat ihren Ursprung in früheren Erfahrungen, in denen Fehler vom Management bestraft worden sind. Der Schlüssel zum Umgang mit diesen verängstigten Experten liegt darin, Vertrauen zu ihnen aufzubauen und eine Beziehung zu entwickeln, in der er oder sie sich wohl und sicher fühlt.

Ein Ansatz, um die Zusammenarbeit mit Experten zu fördern, die nur ungern zu Aussagen zu bewegen sind, ist ihnen Ihr Verständnis über diesen Bereich zu präsentieren und um Korrektur oder Bestätigung zu bitten. Da Sie selbst nicht viel über den Bereich wissen – Sie suchen ja aus diesem Grund den Experten auf –, wird Ihre erste Präsentation wohl etwas naiv, unvollständig oder gar kompletter Unsinn sein. Der Experte kann Sie nun genau auf diese Fehler hinweisen und fehlende Teile korrigieren. Der Fachexperte erkennt so, dass Sie keinesfalls mehr über den Bereich wissen als er oder sie selbst, aber dass Sie ehrlich an einem Informationsaustausch interessiert sind. Das wird es für die Person einfacher machen, ihre Informationen zu teilen und komplexe Themen zu erklären.

Eine andere Möglichkeit besteht darin, Interviews mit zwei oder drei Fachexperten zur gleichen Zeit zu halten. Das kann zaghaften Personen helfen, Antworten zu liefern – es sind ja andere Experten dabei, die bei Fehlinformationen sofort eingreifen könnten.

### Der Fachexperte, der schlechte Erfahrungen mit früheren Projekten hat

In jedem Unternehmen gibt es unzählige gescheiterte Projekte. Jedes Unternehmen hat einen eigenen Sammelband mit teuren Vorhaben, bei denen zumindest ein Fachexperte interviewt wurde und an der geplanten Umsetzung beteiligt war und die letzten Endes gescheitert sind. Die beteiligten Personen sind meistens noch immer wütend und enttäuscht bzw. desillusioniert, weil sie keine Erfahrung darin haben, wie erfolgreiche Maßnahmen aussehen können.

Versuchen Sie einmal, sich in so eine Person hineinzuversetzen: Stellen Sie sich vor, Sie sind Fachexperte und wurden einem Projekt zugewiesen. Sie verbringen unzählige Stunden damit, einem Business-Analysten oder Entwickler genauestens die Geschäftsprozesse und -abläufe zu erklären. Sie beantworten geduldig jede noch so schwierige Frage, machen Vorschläge, überprüfen Anforderungsdokumente und sitzen Stunden in teilweise ermüdenden Meetings. Und dann, aus welchem Grund auch immer, wird das Projekt eingestampft oder es kommt eine vollkommen andere Lösung, die Ihrer Meinung nach nicht das eigentliche Problem aus dem Weg räumt. All die Arbeit und Zeit umsonst! Das ist ärgerlich, oder? Und jetzt soll plötzlich wieder ein Projekt gestartet werden? Nicht mit Ihnen!

Als Business-Analyst wiederum klopfen Sie unwissend und vollkommen unschuldig an die Tür des Fachexperten und bitten um eine einfache Beschreibung des Prozesses. Die Antwort kommt prompt: »Beschreiben Sie Ihren Prozessablauf?! Ich habe das bereits Hunderte Male getan! Reden Sie denn nicht miteinander? Wieso soll ich mir schon wieder die Mühe machen, wenn mir eh niemand zuhört, sondern irgendeine Lösung dahingepfuscht wird?«

Gute Frage. Und den Zorn kann man dem Fachexperten auch nicht wirklich verdenken. Aber wie führen Sie als Business-Analyst mit dieser demotivierten Person einen sinnvollen Dialog?

- Versuchen Sie zunächst irgendeinen Hinweis, ein Dokument oder Informationen aus früheren Projekten zu bekommen, damit Sie nicht von vorn anfangen müssen. Wenn Sie schon im Vorfeld Informationen haben, wird der Experte das Gefühl bekommen, dass seine Arbeit das letzte Mal vielleicht doch nicht vollkommen umsonst war.
- Ein weiterer wichtiger Erfolgsfaktor für Ihre ersten Gespräche sind Empathie und Mitgefühl für die vorherigen Ausfälle und Fehler. Auch wenn es nicht Ihre persönliche Schuld war – der Experte zählt Sie mit zu den Verursachern. Lassen Sie ihn wissen, dass alle enttäuscht sind über die verlorene Zeit und genauso frustriert über den Ausgang. Das ist ein entscheidender Schritt: Es kostet Sie nichts, wenn Sie sich entschuldigen. Sie müssen nur sagen, dass Sie aus diesen Fehlern gelernt haben und trotzdem auf die Mithilfe hoffen. Eine ehrliche Entschuldigung und die Annahme der Verantwortung sind die mächtigsten Entwaffnungsargumente, die Sie haben! Nutzen Sie sie und helfen Sie so der Person, ihren Zorn loszulassen. Danach wird die Interaktion und Zusammenarbeit ganz anders ablaufen.

## Der Fachexperte, der seinen Job hasst

Mitunter kann es auch vorkommen, dass Sie auf einen Experten treffen, der mit seiner momentanen Situation und Rolle nicht zufrieden, ja sogar unglücklich ist. Sein Unglück werden Sie in seiner Körpersprache, in seiner Haltung und in seinem Tonfall erkennen – wenn er Ihnen nicht gleich direkt davon erzählt. Ein Experte, der seinen Job hasst, wird auch keine Lösung von sich aus vorschlagen, da er so oder so nicht an der Umsetzung teilnehmen will oder davon begeistert ist.

- Bieten Sie dieser Person an, sich für ein erstes Gespräch gleich in ihrem Büro zu treffen. Die meisten Menschen fühlen sich in ihrer gewohnten Umgebung ruhiger und sicherer. Beginnen Sie Ihre Konversation, indem Sie bekräftigen, dass Sie sich auf die gemeinsame Zusammenarbeit freuen. Achten Sie dabei auf Mimik und Körpersprache: Sie wird sich mit Sicherheit zum Positiven ändern.
- Eine andere Variante ist es, Ihre Zielperson außerhalb der Arbeitswelt, bei einem Kaffee oder zum Mittagessen zu treffen, um dort entspannt und gelöst miteinander zu reden.
- Wie so oft ist es auch in diesem Fall hilfreich, die Frustrationen direkt anzusprechen und einfühlsam und mit Interesse zuzuhören. Das hilft dem anderen enorm, seine negativen Gefühle zu verringern und sich auf Ihre Fragen zu konzentrieren. Seien Sie aber gewarnt: Versuchen Sie die Negativität abzumildern und erkennen Sie zunächst das Problem, um dann eine neutrale bzw. positive Basis zu schaffen. Machen Sie das unbedingt, bevor Sie mit dem Interview starten, damit Sie die wirklichen Anforderungen erhalten!
- Zum Beispiel können Sie Ihrem Interviewpartner sagen, dass Sie verstehen, wie frustrierend die Situation für ihn ist. Aber deswegen sind Sie ja da – um ihm zu helfen und die Arbeit mit einem neuen System zu erleichtern und weniger kompliziert zu machen. Sie können ihm aber auch erklären, warum gerade er für dieses Projekt ausgewählt wurde: Er hat spezifische Fachkenntnisse oder eine Menge Erfahrung, die die Wahrscheinlichkeit für einen Projekterfolg erhö-

hen. Dieser Experte ist also quasi handverlesen, weil sein Wissen unbedingt notwendig ist, um erfolgreich agieren zu können.

- Schließlich stellen Sie sicher, dass Ihre Interviewperson das Projekt auch tatsächlich versteht. Erklären Sie genau, warum dieses Projekt initiiert wurde und was das Ziel dahinter ist. Überzeugen Sie den Experten, dass seine Arbeit viel angenehmer werden wird, wenn das Projekt erfolgreich verläuft – machen Sie aus ihm einen Verbündeten. Sagen Sie auch, was Sie erwarten und suchen.

Fachexperten sind sehr wichtig für die Definition und Lösung, egal welchen Problems. Es ist deswegen von entscheidender Bedeutung, dass der Business-Analyst wirklich eng mit allen Experten zusammenarbeitet, um so sicherzustellen, dass er tatsächlich die genauen Anforderungen erhält.

## Der Umsetzungsexperte

In jedem Vorhaben oder Projekt gibt es neben den Fachexperten auch die Personen, die auf die Umsetzung der erhobenen Anforderungen spezialisiert sind. Im Fokus dieser Rollen stehen die einfache Bedienung und der Nutzen der Anwender. Sie wollen Produkte, Leistungen und Services anbieten, die nicht nur die Anforderungen tatsächlich erfüllen, sondern das Ergebnis in die Realität übertragen können. Zusammen mit den verschiedenen Anwendern und Fachexperten führen sie Aufgabenanalysen durch und achten auf die richtig erhobenen Anforderungen bei der Entwicklung ihrer Prototypen.

Wenn ein Umsetzungsexperte Ihrem Projekt zugeordnet wird, ist es wichtig, dass Sie sich mit dieser Person treffen, um die jeweiligen Aufgaben zu besprechen. Umsetzungsexperten arbeiten sehr ähnlich wie Business-Analysten, nur konzentrieren sie sich weniger auf das große Ziel des Unternehmens, sondern viel mehr auf die Umsetzbarkeit der Anforderungen. Wie der Business-Analyst erheben manche von ihnen für ihre Aufgaben Anforderungen, führen Stakeholderanalysen durch und bestechen durch ihr kommunikatives Geschick. Allerdings bereiten sie auch Prototypen vor, führen Simulationen durch und sind für Usability-Tests zuständig.

Umsetzungsexperten gehören zu den wichtigsten Stakeholdern für den Business-Analysten, da sie einerseits auf die Mensch-IT-Interaktion konzentriert sind, andererseits aber auch hervorragende Produkte erstellen. Der Umsetzungsexperte ist eine wahre Goldgrube für den Business-Analysten: Er macht auf etwaige Fehler und Schwachstellen aufmerksam, deren Behebung viel Zeit und Geld sparen kann.

Um seine Aufgabe, das große Bild zu sehen, erfüllen zu können, ist der Business-Analyst gefordert, alle Aspekte rund um das Geschäft einschließlich der Prozesse, IT-Systeme und andere Ressourcen zu berücksichtigen. Diesen ganzheitlichen Ansatz und einen guten Überblick bekommt er, indem er vor allem drei wichtige Bereiche rund um den Umsetzungsexperten beachtet:

- Prozess,
- Menschen und Organisation,
- IT.

**Prozess**

Auch für die Unternehmensprozesse gibt es Experten, die als Stakeholder relevante Informationen für Ihre Maßnahme haben. Ein Prozess-Experte beschäftigt sich mit der Identifikation, Gestaltung, Dokumentation, Implementierung, Steuerung und Verbesserung von diversen Geschäftsprozessen innerhalb eines Unternehmens. Ganzheitliche Ansätze des Geschäftsprozessmanagements haben nicht nur technische Fragestellungen im Fokus, sondern besonders auch organisatorische Aspekte, wie die strategische Ausrichtung, die Organisationskultur oder die Einbindung und Führung von Prozessbeteiligten. Damit übernimmt der Prozessexperte nicht nur Business-Analyse-Aufgaben, sondern auch die Rolle des Umsetzungsexperten.

Vor allem in der Industriebranche, in Versicherungen oder in Logistik-Unternehmen stellen sich Fragen nach Prozessoptimierungen häufig und sind nicht selten Ausschlag für Business-Analyse-Projekte.

Als Business-Analyst brauchen Sie Prozesswissen. Sie müssen wissen, welche Prozesse womöglich beeinflusst werden oder aber auch Hindernisse sein könnten – und der Prozessexperte ist ein wesentlicher Stakeholder, der an einer Zusammenarbeit mit Ihnen als Business-Analyst durchaus sein Interesse hat und sich deswegen weniger herausfordernd als andere Stakeholder zeigen wird. Die zentrale Fragestellung lautet: Wer macht was, wann, wie und womit? Zur Verbesserung und Steuerung werden entsprechende Kennzahlen verwendet, die dann beispielsweise mit einer Balanced Scorecard dargestellt werden.

In großen Unternehmen gibt es nicht nur einen Prozessexperten, sondern häufig eine Abteilung für Prozessmanagement. Diese Abteilung kann eine interessante Quelle für Ihre Arbeit als Business-Analyst sein, da sie die Prozesse definiert und darauf achtet, dass das Unternehmen prozessorientiert arbeitet.

### Menschen und Organisation

Im Bereich der Organisation beschäftigt sich der Organisationsexperte mit dem organisationstheoretischen Konzept, um geplanten sozialen Wandel in Unternehmen umzusetzen. In der Organisationsentwicklung werden langfristige Maßnahmen geplant mit dem Ziel, dass die Mitarbeiter durch neues Verhalten zu gesteigerter Effizienz beitragen. Der Organisationsexperte hat die Beziehungen und Einstellung des Unternehmens gegenüber seinen Mitarbeitern im Fokus. Er versucht, die Interessen der verschiedenen Mitarbeiter in seiner Arbeit zu berücksichtigen.

Wenn ein Business-Analyst also Licht in das unternehmensinterne Managementsystem bringen möchte, um wertvollen Input für sein Vorhaben zu bekommen, reicht der Blick auf das Organigramm eines Unternehmens nicht aus: Er braucht den Organisationsexperten an bzw. auf seiner Seite.

Wenn ein Business-Analyst eine Lösung für ein spezifisches Problem empfehlen soll, ist diese ganzheitliche Sicht ein wichtiges Puzzleteil. Die Mitarbeiter müssen gerade in einem Change-Prozess von Anfang an motiviert sein, denn ansonsten ist das Projekt gefährdet, bevor es tatsächlich gestartet wird. Dazu ist der Business-Analyst aufgefordert, sich die Organisation, den Aufbau, das Managementsystem im Detail zu betrachten und auch zu entscheiden, welcher Umsetzungsexperte und Stakeholder aus diesem Bereich wichtig für sein Projekt ist. Welcher Ansprechpartner wäre in diesem Fall sinnvoll miteinzubeziehen? Wie funktioniert das Unternehmen? Sind die Mitarbeiter motiviert bzw. wodurch werden Mitarbeiter zu ihrer Arbeit motiviert?

Für das Gespräch mit diesem Experten können Sie sich vorbereiten, indem Sie sich das Organigramm genauer ansehen und die Abteilungen bereits Fachbereichen zuordnen können. Gehen Sie dann gemeinsam Schritt für Schritt die von der Maßnahmenumsetzung betroffenen Abteilungen, ihr individuelles Managementsystem und ihre Besonderheiten durch.

## IT

Viele Lösungen finden sich im IT-System wieder. In den folgenden Abschnitten gehen wir auf die IT-Experten gesondert ein:

### Die Entwickler

IT-Entwickler bauen IT-Lösungen. Sie sind die letzten im Glied der Anforderungen und schaffen aus Visionen Wirklichkeit. Um effektiv mit dieser Rolle zu arbeiten, lohnt es sich, die Terminologie und Sprache der Entwickler zu verstehen. Business-Analysten, die einen IT-Hintergrund haben, werden sich schnell mit den Profis unterhalten können. Aber vergessen Sie dabei nicht: Die Welt der Technik ändert sich so rasend schnell, dass Ihr technisches Know-how schnell wie aus dem Mittelalter wirkt. Die gute Nachricht: Das Grundverständnis von Software und Entwicklung wird immer relevant sein.

Der Entwickler ist fasziniert von Gedanken an neue Produkte oder Verbesserung von alten Dingen. Als Business-Analyst zahlt es sich für Sie aus, wenn Sie diese Personen kennen: Je besser Sie die technischen Stakeholder verstehen, desto leichter wird die Erklärung der Geschäftsanforderungen und die Zusammenarbeit mit ihnen sein.

Wie bereits weiter vorn erklärt, wurde die Rolle des Business-Analysten erfunden, weil es oft Sprachbarrieren zwischen Entwickler und Managern gab. Aber denken Sie nicht in Schubladen: Wie bei allen Stakeholdern ist es wichtig, die Person hinter der Rolle kennenzulernen und einen individuellen Weg zu finden, der beiden Seiten Nutzen bringt.

Für den Blick hinter die Fassaden lohnen sich Fragen wie:

- Hat der Entwickler eine spezielle Ausbildung?
- Arbeitet er schon lange in diesem Unternehmen?
- Wie strukturiert arbeitet er?
- Gibt es eine To-do-Liste oder merkt er sich alles, was man ihm sagt?
- Wie präzise sollten die Arbeitsaufgaben angegeben werden?
- Wie kreativ ist der Entwickler?
- Wie gut kann er etwas grafisch umsetzen?
- Braucht der Entwickler ebenfalls das große Bild und die Details der Geschäftsanforderungen und setzt nach sorgfältigem Zuhören erst zur Entwicklung an oder legt er gleich los?

Um erfolgreich mit dem Entwickler zu agieren, ist es wichtig, den Kontext seiner Umwelt zu verstehen. Die meisten Entwickler sind auf bestimmte technische Fertigkeiten spezialisiert, die unabhängig von der Branche sind. Es kann also durchaus vorkommen, dass Sie auf einen Entwickler treffen, der zuerst bei einer Bank gearbeitet hat, danach zu einem Telekommunikationsunternehmen gewechselt ist und sich schließlich im Gesundheitsbereich umsieht. Einige Entwickler sind einfach nicht an den Dienstleistungen oder Produkten des Unternehmens interessiert, sondern an den neuesten technischen Werkzeugen und Ansätzen. Genau da liegt aber der Haken: Je weniger ein Entwickler den Geschäftsbereich kennt, desto wichtiger sind die vollständigen und genauen Anforderungen.

Es gibt aber auch Entwickler, die spezielle Kenntnisse in einer bestimmten Branche haben – und zum Beispiel auf SAP-Anwendungen spezialisiert sind. Diese Personen sind weniger eine Herausforderung für den Business-Analysten, weil sie die Unternehmenssprache kennen. Sie müssen nur sichergehen, dass der Entwickler wirklich die Sprache beherrscht, weil sich die Terminologie in den Unternehmen teilweise auch unterscheidet. Ein Beispiel: Im SAP-Bereich wird der Begriff des Regulierers in einem vollkommen anderen Zusammenhang verwendet als in einer Beratungsfirma. Auch gibt es viele Abkürzungen, die zwar gerne verwendet werden, Herkunft und genaue Bedeutung aber unbekannter Natur sind. Detaillierte Anforderungen vermeiden in diesem Fall mögliche Mehrdeutigkeiten.

### Der IT-Architekt

IT-Architekten entwerfen IT-Lösungen. Sie verstehen, wie man Software strukturieren muss und wie sie gebaut ist, um spezifische Ziele zu erreichen. Sie kennen auch die Technologiestrategie des Unternehmens und der Unternehmensumwelt. IT-Architekten sorgen dafür, dass neue Anwendungen in die bestehende Infrastruktur integriert werden. Gerade deswegen ist es bei jedem neueren Projekt notwendig, dass der IT-Architekt von Anfang an involviert ist. Sie werden die High-Level-Business-Ziele und Anforderungen bewerten, um zu ermitteln, wie das neue Produkt oder die neue Technologie am besten das Problem lösen kann oder welche Lösungsalternativen sich sonst anbieten.

Kaum eine Rolle ist so gut in allen Geschäftsbereichen vernetzt wie der IT-Architekt. Suchen Sie deswegen eher in der Cafeteria und nicht in seinem Büro nach ihm. Für den Business-Analysten ist er ein wichtiger Partner und Verbündeter, da er auf mögliche Stolpersteine beim Lösungsdesign hinweist. Der IT-Architekt ist abhängig von guten Anforderungen des Business-Analysten. Fehlen ihm z. B. die spezifischen Anforderungen einer funktionalen Anwendung, müsste er aus der Not heraus selbst als eine Art Business-Analyst agieren und versuchen, entsprechende Informationen einzuholen. Da der IT-Architekt aber die Software baut und vor allem auf deren Wartbarkeit und Funktionalität achtet, versuchen Sie, möglichst oft bei ihm nachzuhaken, ob er noch mehr Informationen benötigt oder ob er mit den bereits gelieferten zufrieden ist.

### Datenbank- und Business-Intelligence-Experten

Diese Experten sind für die Verwaltung einer der wichtigen Unternehmensassets verantwortlich: der Unternehmensdaten. Datenbank-Analysten, -Designer und -Architekten entwerfen die optimale Struktur, um die Unternehmensdaten sinnvoll zu speichern und abfragen zu können. Entwickler setzen diese Vorgaben um und Administratoren verwalten die Datenbanken und halten die Strukturen aktuell und performant. Experten für Business Intelligence machen aus einfachen Daten wertvolle Informationen, die als Unterstützung für optimale Entscheidungen verwendet werden.

Diese Rolle sieht die Unternehmenswelt aus der Perspektive der Daten. Diese Daten können einen hohen Stellenwert in der Business-Analyse einnehmen. Auf dieser strategischen Ebene erhalten sie beispielsweise Informationen wie:

- Welche Schwachstellen existieren in Prozessen?
- Welche Geschäftsfälle sind besonders häufig?
- Wo gibt es Datenqualitätsprobleme?

Aber auch, wenn es um die Erhebung und Analyse von Anforderungen geht, sind Daten und deren Modelle ein wichtiger Aspekt. Auf der operativen Ebene helfen Ihnen diese Experten beispielsweise, folgende Fragen zu beantworten:

- Welche nichtfunktionalen Anforderungen existieren bezüglich Performance oder auch Datensicherheit?
- Wie sieht das Datenmodell des Unternehmens aus?
- Welche Änderungen am Datenmodell würden neue Unternehmensbedürfnisse erfüllen?
- Oder auch: Gibt es Unstimmigkeiten in den erhobenen Anforderungen oder Prozessabläufen?

Als Business-Analyst sollten Sie sich mit diesen Stakeholdern gut anfreunden, denn diese Abteilung hilft Ihnen dabei, Ihre Anforderungen schneller zu erheben und zu analysieren. Gerade zu Beginn eines Projekts kann Ihnen ein Treffen mit den Datenspezialisten helfen, wichtige Informationen bezüglich des betroffenen Geschäftsbereichs zu bekommen. Überlegen Sie gemeinsam, ob es vielleicht bereits relevante Daten dazu geben könnte – profitieren Sie von dieser Art der Starthilfe. Das nützt Ihnen auch bei den späteren Interviewterminen mit Fachexperten, da Sie so einfacher auf Detailfragen kommen, die Sie unmittelbar klären können.

Sie sehen, bei den meisten Maßnahmen der Business-Analyse liegt ein Schwerpunkt auf der IT. Um wirklich zielführende Lösungen vorschlagen zu können, reicht es dennoch nicht, das Unternehmen nur von der IT-Seite zu betrachten. Wesentliche Punkte sind der Prozess und die Organisation. Diese beiden Bereiche dürfen bei Anforderungserhebungen für ein holistisches Bild auf gar keinen Fall außer Acht gelassen werden.

## Qualitätssicherung und Tester

Tester werden darin geschult, die Qualitätskriterien und die korrekte Umsetzung zu überprüfen. Darüber hinaus sind sie für die Validierung der Anforderungen am Ende eines Projekts verantwortlich.

In manchen Projekten übernimmt der Business-Analyst die Aufgaben des Testers. Das ist, ähnlich wie beim Projektmanager, aber schwierig, da es eben zwei verschiedene Rollen und Expertisen sind. Der Business-Analyst testet seine Anforderungen im Rahmen des Projekts ebenfalls, aber auf einer anderen Ebene, als es der Tester macht: Während der Tester die tatsächlichen Spezifikationen und Anforderungen auf ihre Durchführbarkeit und Umsetzung betrachtet, überprüft der Business-Analyst, ob und inwiefern das Geschäftsziel tatsächlich erreicht wurde.

Die unten angeführte Grafik stellt dar, wann und wie intensiv sich der Business-Analyst mit den Anforderungen und dem Design beschäftigt und wann der Qualitätssicherer die erhobenen Anforderungen und ihre Umsetzung auf Herz und Nieren prüft. Der Business-Analyst erhebt am Anfang die Anforderungen. Über die Zeit geht dieses Wissen auf den Tester über, der sich am Schluss vollkommen vertieft in die Details der Anforderungen, um die Lösung zu testen.

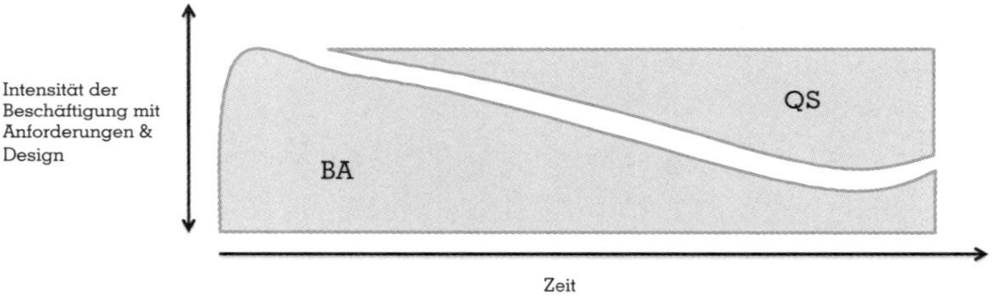


**Abbildung 7: Intensität der Beschäftigung mit Anforderung & Design im Laufe der Zeit**

Als Business-Analyst lohnt es sich, Tester von Beginn an in das Projekt mit einzubeziehen, auch wenn sie erst gegen Ende des Projekts tatsächlich die erhobenen Anforderungen testen können. Sie können ihnen aber bereits am Anfang Ihrer Erhebung die Entwürfe für die Anforderungen zeigen, um sie prüfen zu lassen bzw. um mit ihnen eine andere Perspektive einnehmen zu können. Tester überprüfen die Anforderungen u. a. auf Vollständigkeit, Eindeutigkeit und Genauigkeit, Verständlichkeit und Testbarkeit.

Eine Anforderung muss so spezifisch wie möglich definiert werden, damit der Tester diese anschließend auf ihre Tauglichkeit überprüfen kann. Die klassische Aussage, dass eine Software einfach in der Bedienung sein sollte, wird dementsprechend spätestens bei der Qualitätssicherung als zu vage auffallen und angepasst werden müssen. Anderenfalls kann sie gar nicht erst getestet werden.

Der Business-Analyst agiert als eine Art Puffer zwischen dem Tester und dem Fachexperten. Wenn die Software etwas anderes macht, als spezifiziert ist, kann das an zwei Gründen liegen: Entweder wurde etwas falsch umgesetzt oder die Spezifikation wurde falsch bzw. unklar erhoben. Welcher der Gründe zutrifft, wird für den Tester nicht erkenntlich sein, dafür braucht er das Wissen des Business-Analysten. Ist dieser allerdings nicht mit dem Detailreichtum ausgestattet, wird er die Frage an den Fachexperten weitergeben. Der Business-Analyst agiert als Puffer, weil der Fachexperte äußerst detaillierte Fragen des Testers wahrscheinlich nicht beantworten kann, da ihm nicht klar sein wird, wofür die vielen Details notwendig sind. Die Anforderungen müssen also so geschrieben werden, dass ein Fachexperte sie versteht und absegnen kann, der Tester aber auch die Möglichkeit hat, die Anforderungen in der Folge zu prüfen.

Die Fähigkeiten und Eigenschaften eines Testers sind denen eines Business-Analysten erstaunlich ähnlich. Beide Rollen konzentrieren sich auf Details und beschäftigen sich ständig mit möglichen Verbesserungen. Die Qualitätssicherung ist ebenfalls daran interessiert, mögliche Probleme im Voraus zu entlarven.

Versetzen Sie sich als Business-Analyst gleich von Beginn an in die Lage des Testers. Vergessen Sie nicht, dass der Tester am Ende alle Spezifikationen prüfen wird. Mit diesem Gedanken im Hinterkopf werden von Anfang an die Anforderungen möglichst genau erhoben und die Spezifikationen nicht schwammig, sondern detailliert und testbar definiert. Ein Tester ist immer auch ein Partner für den Business-Analysten: Er überprüft die Anforderungen und Spezifikationen und schafft so eine Basis für ausgezeichnete Anforderungen.

Die Rolle des Testers wird manchmal missverstanden: Viele Menschen meinen, er sei nur auf der Suche nach Fehlern in der Arbeit der anderen und berichte diese dann direkt weiter an das Management. Diese Wahrnehmung schafft eine Distanz zu der Rolle der Qualitätssicherung und führt bisweilen dazu, dass das Projektteam den Kontakt zu vermeiden versucht. So kann es durchaus vorkommen, dass »vergessen« wird, die jeweiligen Personen zu den Meetings einzuladen. Sie sollten aber als Business-Analyst die Arbeit des Testers wirklich schätzen: Jeder, der Ihre Arbeit bewertet, gibt hilfreiche Anregungen mit. Zeigen Sie dem Tester, dass Sie offen dafür und an seiner Meinung interessiert sind. Gemeinsam erarbeiten Sie auf diese Weise die besten Anforderungen.

## Die Lieferanten

Unter dem Begriff Lieferant verstehen wir einen Anbieter, der Dienstleistungen oder Produkte an eine Firma verkauft. Das kann z.B. ein Hardware-Anbieter, ein Outsourcing-Unternehmen oder auch ein anderes Beratungsunternehmen sein. Es gibt verschiedene Eintrittsstellen eines Lieferanten in das Projekt, je nachdem, ob sie innerhalb oder außerhalb des Projekts agieren. Bewegen sie sich innerhalb des Projektteams, das mitarbeitet, mit entwirft und berät, sind sie meistens direkt von Beginn an in das Vorhaben involviert. Lieferanten nehmen dann oft die Aufgaben von Umsetzungsexperten wahr.

Prinzipiell haben Lieferanten ein großes Interesse an der Zusammenarbeit mit dem Business-Analysten. Das Ziel beider Rollen ist mehr oder minder dasselbe: So wie der Business-Analyst will ein guter Lieferant das Leben des Unternehmens erleichtern und einen glücklichen und zufriedenen Kunden.

Ein erfahrener Business-Analyst kann das Unternehmen im Umgang mit Lieferanten unterstützen, indem er beispielsweise bei Präsentationen, Workshops oder Demos der jeweiligen Lieferanten aufmerksam und kritisch teilnimmt und bei der Auswahl der besten Lösungen unterstützt oder auf Lücken aufmerksam macht. Vertriebsmitarbeiter sind normalerweise sehr gut darin, ihre Software zu vermarkten und anzupreisen. Aus einfachen Produkten werden schnell Wunderprodukte, die das Unternehmen in null Komma nichts noch erfolgreicher machen und quasi die Arbeit übernehmen. Alle diese wunderbaren Aussichten führen meistens direkt zu frustrierten und demotivierten Benutzern. Sie als Business-Analyst wissen allerdings, dass es kein Zaubermittel gibt und der Kauf und die Implementierung einer Software kein Garant für ein erfolgreiches Unternehmen sein kann. Die Software einzukaufen ist dennoch eine mögliche Option. Bevor der Lieferant ins Spiel kommt, werden Anforderungen erhoben, inwiefern ein Produkt- oder Dienstleistungszukauf in dieser Maßnahme überhaupt sinnvoll wäre.

Der Business-Analyst kann zu Beginn eines Projekts nach eingehender Prüfung entscheiden, ob es in jenem Fall besser wäre, eine Software »von der Stange« zu kaufen und an die jeweiligen Anforderungen anzupassen oder ob es sich auszahlt, die Software gleich selbst zu schreiben. Das hängt von den Anforderungen ab, aber auch von den jeweiligen Kosten und den Zielen, die das Unternehmen erreichen will. Als Business-Analyst müssen Sie das Projektziel im Auge behalten und abschätzen, wie gut es durch einen möglichen Zukauf von Software oder anderen Produkten erfüllt werden kann.

Behandeln Sie als Business-Analyst den Lieferanten mit dem gleichen Respekt wie alle anderen Stakeholder. Seien Sie allerdings realistisch und lassen Sie sich nicht von dem Positiven betören, sondern prüfen Sie alles auf Herz und Nieren. Sie müssen verstehen, was Sie kaufen und schriftlich dokumentieren, was es wirklich ist. Sorgfältige Entwicklung von Ausschreibungen und sorgfältige Überprüfung der Antworten sind ein guter Ansatz, um fair und unvoreingenommen Kaufentscheidungen treffen zu können.

## Regulator und Gesetzgeber

Regulatoren sind Menschen oder Organisationen, die Richtlinien, mögliche Einschränkungen (gesetzliche Vorgaben) und Anforderungen an ein Unternehmen stellen. Oftmals sind regulatorische Vorgaben Auslöser für ein Projekt, in das ein Business-Analyst involviert ist. Regulatoren geben an, was ein Unternehmen machen darf und wo die Grenzen sind. Beispiele können Wirtschaftsprüfungen oder Regulierungsbehörden, aber auch neue gesetzliche Änderungen und Beschlüsse (z. B. Datenschutz) sein. Oftmals müssen gewisse Standards eingehalten werden. So werden Vorgehensmodelle wie das V-Modell vorgeschrieben, an die sich das Unternehmen streng halten muss. Als Business-Analyst werden Sie vielleicht eine Lösung implementieren, um sicherzustellen, dass das Unternehmen tatsächlich alle regulatorischen Anforderungen umsetzt.

Die Beziehung zu einem Regulator ist schwieriger als die zu anderen Stakeholdern, weil das Unternehmen meistens den neuen Bestimmungen und Änderungen nur so weit entgegenkommen will wie nötig. Der Business-Analyst sollte aber mit dem Gesetzgeber und Regulatoren arbeiten und zeigen, dass er durchaus helfen will, die Dinge umzusetzen. Werden Fehler gefunden und gut argumentiert, hilft das beiden Seiten.

## Der Kunde

Der Kunde ist der eigentliche Dreh- und Angelpunkt: Ihm bietet das Unternehmen letztlich seine Produkte oder Dienstleistungen an. Wir zählen Kunden deswegen zu den Stakeholdern, da jede Veränderung eine direkte Auswirkung auf ihr Verhalten hat: Alles, was das Unternehmen macht, bekommt der Kunde zu spüren. Deswegen steht im Vordergrund eines jeden Unternehmens, diese Veränderungen so zu gestalten, dass keine Kunden verloren werden, sondern im Gegenteil neue gewonnen werden können.

Während das Produktmanagement tatsächliche Produkte für den Kunden erschafft, hat der Business-Analyst die Aufgabe, dafür zu sorgen, dass das Unternehmen neue Fähigkeiten erwirbt, um die Kundenbedürfnisse zu erfüllen.

## 3.3 Der Business-Analyst – Berater Ihres Vertrauens

Wir bewegen uns in rasendem Tempo in einer komplexen, vernetzten und transparenten Wirklichkeit. Vertrauen ist wichtiger denn je. Vielmehr noch: Tagtäglich erfahren wir, dass Vertrauen *der* Schlüssel im Wettbewerb und in der erfolgreichen Kommunikation mit Stakeholdern ist.

Als Business-Analyst haben Sie, anders als vielleicht der Projektleiter, keine formale Autorität über die Personen, mit denen Sie gemeinsam an einem Vorhaben oder in einem Projekt arbeiten. Um das auszugleichen, müssen Sie etwas finden, das Ihnen stattdessen dabei hilft, effizient zusammenzuarbeiten. Ihre Stakeholder müssen sich auf Sie zu 100 Prozent verlassen können und wissen, dass sie Ihnen alles anvertrauen können. Dass Sie Experte in Ihrem Gebiet sind. Dass, wenn Sie etwas versprechen oder sagen, Sie sich auch daran halten oder rechtzeitig Bescheid geben, wenn sich etwas ändern sollte. Ihre Stakeholder und Mitarbeiter müssen Ihnen vertrauen, dass Sie sie mit Respekt und Fairness behandeln, aber vor allem, dass Sie behutsam mit den Ihnen anvertrauten Informationen umgehen werden. Denn Informationen sind das wichtigste Machtinstrument in einem Unternehmen überhaupt: Sie geben Ihnen Einblick in unbekannte Terrains und Arbeitswelten, in politische und rechtliche Hintergründe.

Fehlendes Vertrauen führt zu Reibungsverlusten und ist der größte Kostenfaktor überhaupt. Es erzeugt versteckte Agenden, zwischenmenschliche Konflikte, Rivalität zwischen den Abteilungen, sorgt für ein Gewinn-/Verlustdenken und ist Grundlage für eine auf Selbstdarstellung und Selbstverteidigung ausgelegte Kommunikation. Geringes Vertrauen verlangsamt jede Entscheidung.

Vertrauen ist das A und O – was auch immer Sie tun. Es ist die Grundlage für jede funktionierende Kommunikation, für jede Beziehung, für alle Erfolge. Es verändert die Qualität unserer Arbeit und bestimmt unseren weiteren Erfolg.

Wenn Sie den in Sie gesetzten Erwartungen entsprechen, werden Ihre Stakeholder Ihnen vertrauen und mit ihren Problemen und Sorgen von sich aus zu Ihnen kommen. Sie werden als strategischer Partner gesehen, und das ist in unserer globalen Welt unglaublich wichtig.

## Was ist Vertrauen und wie wird es aufgebaut?

Keiner von uns startet als vertrauenswürdiger Berater. Als vertrauenswürdig anerkannt zu werden, ist etwas, das erst erarbeitet und mit Vorsicht und Ehrfurcht behandelt werden muss. Vertrauen lässt sich nur einmal herstellen, aber sehr schnell zerstören, dennoch lohnt sich der Aufbau: Stakeholder gehen mit einem dringlichen Problem, einer Frage, ihren Sorgen, aber auch mit ihren Erfolgen oder Ideen für nächste Vorhaben zu dem Business-Analysten, dem sie am meisten vertrauen.

Vielleicht kennen Sie das aus eigener Erfahrung: Vertrauen zu beschreiben, ist sehr schwierig. Wenn wir jemandem oder etwas vertrauen, dann haben wir ein inneres Gefühl der Sicherheit, ein inneres Wissen. Wir wissen einfach, dass es so sein wird und dass wir uns fallen lassen können.

Etwas leichter wird es, wenn wir den Begriff in einem Kontext besprechen, denn ohne den Kontext sind es nur leere Worte: Vertrauen zwischen Menschen ist sehr kompliziert und komplex. Bedauerlicherweise wird es zudem häufig missverständlich gebraucht. Manchmal sagen wir, dass wir auf etwas vertrauen, wenn wir meinen, dass wir bereit sind, die Risiken zu übernehmen.

Vertrauen aber, wie wir es in diesem Zusammenhang meinen, hängt für uns mit den Menschen zusammen, mit denen wir agieren, in welcher

Form auch immer. Sie können kein guter Business-Analyst werden, nur weil Sie viel Geld in Ihr Selbstmarketing oder in tolle Präsentationen stecken. Selbst der teuerste Anzug und die schickste Frisur machen Sie noch lange nicht zu einem vertrauenswürdigen Business-Analysten.

Sie müssen vielmehr das Geheimnis kennen, wie Sie Vertrauen aufbauen können. Dazu gehört unter anderem, ein exzellenter Zuhörer zu sein. Ein dänisches Sprichwort sagt nicht umsonst: »Der Mensch hat zwei Ohren, aber nur einen Mund.« Aktives Zuhören ist das Stichwort, das so wichtig ist. Das wirkt auf den ersten Blick zugegebenermaßen etwas paradox: Wenn Sie sich nicht die Zeit nehmen und den Menschen genau zuhören, wird auch Ihnen niemand zuhören, sei es auch noch so wichtig. Wenn Sie aber den Menschen aufmerksam und interessiert folgen, ihre Gedanken versuchen zu verstehen und ihnen wirklich helfen wollen, werden Sie feststellen, dass Ihnen die Stakeholder genauso entgegenkommen werden wie Sie ihnen.

Rufen Sie sich noch einmal in Erinnerung, wie wichtig Vertrauen tatsächlich ist? Denken Sie zum Beispiel an die Buchung Ihres letzten Urlaubs. Haben Sie nicht auch im Vorfeld recherchiert, Rezensionen gelesen, verschiedene Hotels und Leistungen miteinander verglichen, bevor Sie dann wirklich gebucht haben? Genauso verhält es sich, wenn es darum geht, neue Beziehungen einzuschätzen. Wir sehen uns den Menschen mit all seinen Facetten näher an, wir holen uns Informationen über ihn ein, wir versuchen zu verstehen, was seine Beweggründe sind und wie er oder sie tickt.

Vertrauen ist also etwas, das aus verschiedenen Komponenten besteht und langsam aufgebaut werden muss. Es reicht nicht, wenn Sie zu Ihren Stakeholdern gehen, ihm auf die Schulter klopfen und sagen »Kommen Sie, erzählen Sie mir doch mehr! Haben Sie keine Angst, vertrauen Sie mir einfach!« In Wahrheit werden diese Sätze den Stakeholder wohl eher abschrecken, als dass er sich Ihnen öffnen wird. Der Schlüssel ist: Vertrauen muss erst verdient werden. Sie müssen bereit sein, im Vorfeld etwas zu geben, bevor Sie etwas bekommen.

Stakeholder sind gerade in Change-Projekten, aber auch in den meisten anderen Maßnahmen unsicher und immer auch ein wenig ängstlich. Deswegen suchen sie unbewusst nach jemandem, der Sicherheit ausstrahlt und der beruhigend auf sie wirkt. Bevor Sie aber wirklich Ihren Stakeholder unterstützen können, müssen Sie zuerst verstehen, was tatsächlich los ist, was ihn beschäftigt oder verunsichert, womit er sich befasst, wo seine Probleme liegen. Dafür ist es wichtig, Situationen zu schaffen, in denen er oder sie sich Ihnen öffnet und Geschichten erzählt: über seine Bedürfnisse, über seine Anforderungen und über sich selbst.

Versuchen Sie zu verstehen, in welcher Situation der Mensch sich gerade befindet, wie er sich dabei fühlt, und überzeugen Sie ihn davon, dass Sie sich genau dafür interessieren. Ehrlich, nicht aufgesetzt, weil Sie ihm helfen und ihn unterstützen möchten.

## Die vier Vertrauensfaktoren

Angelehnt an der Literatur von Charles Green, haben wir in der Praxis die Erfahrung gemacht, dass es vier unterschiedliche Faktoren gibt, die wesentlich für einen Business-Analysten sind, wenn er zu einer Person oder einer Gruppe Vertrauen aufbauen will.

### Glaubwürdigkeit

Glaubwürdigkeit bezieht sich vor allem auf die Erfahrung, die wir mit einer Person gemacht haben und mit deren Präsenz: wie sich jemand kleidet, wie er oder sie spricht, reagiert und redet. All das hinterlässt bei uns einen Eindruck.

Denken Sie an all die Zertifikate, die Sie oft im Wartezimmer eines Arztes finden. Diese Papierstücke, die gerahmt an der Wand hängen, erzählen eine lange Geschichte über viele Erfahrungen und unterschiedliche Aus- und Weiterbildungen. Das allein wirkt doch schon sehr beeindruckend auf uns. Diese »erzählenden Zertifikate« sprechen sowohl unsere emotionale als auch unsere rationale Seite an. Wir sehen dann nicht nur das Diplom, sondern wir nehmen sofort wahr, dass der »Zeuge« in diesem Fall eine renommierte Universität ist, die für den Arzt bürgt. Dieser Gedanke gibt uns ein Gefühl von Sicherheit und Geborgenheit. Nachdem wir das Behandlungszimmer betreten haben, nehmen wir sofort die Person wahr, gekleidet in einen weißen Mantel, der von Sauberkeit und Sicherheit spricht. Sobald uns der Arzt die Diagnose und weitere Behandlungsmöglichkeiten mitgeteilt hat, ist ein weiteres Stück Glaubwürdigkeit geschaffen worden. All das kann er uns nur sagen, weil er eben Erfahrung auf seinem Gebiet hat (und dann noch dieses ganze unverständliche Vokabular – das muss ein Gelehrter sein!).

Was lernen wir daraus? Am besten erzeugen Sie Glaubwürdigkeit, indem Sie die Bedürfnisse der Stakeholder herausfinden und diese offen ansprechen. Zeigen Sie ihnen, dass Sie wissen, wovon Sie sprechen. Dass Sie Ahnung und Erfahrung haben. Achten Sie auf Ihr Auftreten und Ihre Kleidung, Ihre Wortwahl. Übertreiben Sie es aber nicht – Sie sollten sich auf jeden Fall selbst dabei wohlfühlen!

**Tipps**

- Geben Sie so viel an Informationen weiter, wie Sie können, ohne dabei jemand anderen in Schwierigkeiten zu bringen.
- Übertreiben Sie nicht und erzählen Sie keine Märchen.
- Sprechen Sie nicht monoton, achten Sie bewusst auf Ihre Körpersprache – stellen Sie unbedingt Augenkontakt her.
- Wenn Sie etwas nicht wissen, geben Sie es ruhig zu.
- Machen Sie Ihre Hausaufgaben im Vorfeld.
- Lieben Sie Ihre Aufgabe als Business-Analyst, sehen Sie Ihre Tätigkeit als eine Berufung.

## Zuverlässigkeit

Der Aspekt der Zuverlässigkeit befasst sich mit Tätigkeiten und Aktionen, die wir setzen. Es ist die einzige Eigenschaft, die wirklich lange braucht, bis sie aufgebaut werden kann.

Im Grunde geht es bei der Zuverlässigkeit um eine wiederholte Erfahrung zwischen einem Versprechen und einer Aktion. Wir beurteilen also jemanden danach, ob er oder sie die Termine einhält, die versprochene Qualität liefert, anruft wie versprochen usw.

Menschen tendieren dazu, dass sie eher denen glauben, die sie bereits kennen und die sie aufgrund ihrer Erfahrung mit ihnen auch einschätzen können. Dazu ein Beispiel aus dem Alltag: Nehmen wir an, Sie haben eine neue Stelle als Lead Business-Analyst angeboten bekommen, sind aber eigentlich in dem Umfeld, in dem Sie gerade arbeiten, sehr zufrieden. Sie können sich nicht entscheiden und suchen nach Rat. Wen würden Sie eher fragen? Ihre Eltern, die Sie von klein auf kennen und die wissen, dass Sie in Wahrheit vielleicht nur Angst vor der neuen Herausforderung ha-

**Tipps**

- Wenn Sie jemandem etwas versprechen, versuchen Sie es unter allen Umständen einzuhalten. Verschieben Sie Meetings nur wenn unbedingt notwendig, verschicken Sie die Agenda wie versprochen, rufen Sie zur vereinbarten Zeit an etc.
- Verschicken Sie Informationen schon im Vorfeld, damit der andere sich vorbereiten kann.
- Achten Sie darauf, dass Sie in Workshops oder Meetings angesetzte Ziele einhalten und die Erwartungen erfüllen.
- Achten Sie darauf, dass der Stakeholder sich in Ihrer Gegenwart wohlfühlt, nutzen Sie »seine Sprache«, schlagen Sie für Meetings Uhrzeiten vor, die für ihn passend sein können.
- Versichern Sie sich im Gespräch immer wieder, ob Sie auch wirklich das verstanden haben, was der Stakeholder gemeint hat.

ben oder jemanden, den Sie gerade ein paar Minuten zuvor in einem Café kennengelernt haben?

Ein Mensch wirkt auch dann auf andere zuverlässig, wenn er sich an seine Umgebung anpasst bzw. wenn er darauf achtet, dass der andere sich in seiner Gegenwart wohlfühlt. Unbewusst beurteilen wir andere auch aufgrund ihrer Eigenheiten, ihrer Routinen.

Zuverlässigkeit hat also einen starken emotionalen Anteil, bei dem wir darauf achten, ob jemand unsere Erwartungen erfüllt oder nicht.

### Vertrautheit

Das Gefühl von Vertrautheit bekommen wir, wenn wir uns in der Gegenwart von jemand oder etwas sicher und beschützt fühlen. Es entsteht, indem wir ehrlich sind, andere Menschen mit Respekt und Fairness behandeln und indem wir uns nach und nach immer mehr trauen, uns dem anderen zu öffnen.

Ein typisches Beispiel ist eine Beziehung: Am Anfang sind Sie noch schüchtern und versuchen, sich von Ihrer Schokoladenseite zu zeigen. Ja nichts falsch machen oder auf keinen Fall irgendwie komisch wirken, ist die Devise in der ersten Kennenlernphase. Erst nach und nach werden die alten Familiengeschichten ausgepackt und die Eigenheiten aus den Verstecken geholt. Weil wir wissen: Der andere mag mich so, wie ich bin.

Aber Achtung: Zu frühe oder ungeschickte Versuche, Vertrautheit aufzubauen, können sich schnell gegenteilig auswirken. Vertrautheit ist etwas, das erst im Laufe einer Beziehung entsteht. Menschen schenken den Menschen Vertrauen, mit denen sie auch schwierigere Themen besprechen können, bei denen sie sich sicher und gut aufgehoben fühlen. Zu schnelle Vorstöße wirken überrumpelnd und überfordern schnell.

Vertrautheit ist einer der wichtigsten Eckpfeiler, wenn es darum geht, Vertrauen zu einer anderen Person aufzubauen. Auch im Business ist Vertrautheit wichtig. Gerade Themen wie Change Management, Projekte und Vorhaben, die richtigen Entscheidungen zu treffen, drehen sich vor allem um Emotionen und menschliche Bedürfnisse.

Von allen vier Faktoren, die Vertrauen beeinflussen, ist Vertrautheit derjenige, der am fragilsten wirkt. Wir können Glaubwürdigkeit mehr oder minder beeinflussen und kontrollieren. Wir halten unsere Agenden ein, stehen zu unserem Wort und können auf diese Weise schnell Zuverlässigkeit demonstrieren. Auch Selbstbezogenheit ist etwas, das beeinflussbar ist, indem man sich mehr auf den anderen als auf sich selbst konzentriert. Aber bei Vertrautheit ist es anders: Dabei geht es um unser wirkliches Ich. Es ist wie ein Tanz, in dem jeder Schritt mit Bedacht gewählt sein muss, um dem anderen nicht auf die Füße zu steigen. Es geht um die richtige Distanz, die richtige Haltung zum jeweiligen Tanzpartner und zur Musik.

**Tipps**

- Haben Sie keine Sorgen: Vertrautheit aufzubauen und sich selbst zu zeigen, erfordert immer Mut – bei jedem Menschen!
- Suchen Sie nach Dingen, die Sie an dem anderen faszinieren. Versuchen Sie sich in ihn oder sie hineinzuversetzen und zu verstehen, wie und warum er oder sie Entscheidungen trifft.
- Stellen Sie ungewöhnliche Fragen.
- Versuchen Sie herauszufinden, ob Sie zu persönlich sind oder ob Sie sogar noch persönlicher werden können/sollen.
- Nur keine Angst: Machen Sie den ersten Schritt – es muss immer einer beginnen!

## Selbstbezogenheit

Kennen Sie vielleicht den Spruch: »Die Menschen sind schlecht, sie denken nur an sich. Nur ich nicht, ich denk an mich«? Das könnte ein typischer Glaubenssatz für eine durch und durch selbstbezogene Person sein.

Selbstbezogenheit ist der einzige Faktor, der negativ zu den anderen korreliert und der in gigantischer Geschwindigkeit all die Mühen und Arbeit, Vertrauen aufzubauen, kaputt machen kann. Im Fokus steht die Frage, ob jemandem sein eigenes Wohl oder das der anderen Person wichtig ist.

Es gibt keine größere Quelle für Misstrauen als ein Business-Analyst, der mehr auf seinen eigenen Vorteil bedacht ist als darauf, anderen zu helfen. Sie erkennen solche Personen leicht: Sie versuchen sich ständig in den Mittelpunkt zu drängen, in jedem Gespräch geht es nur um sie, sie müssen ständig Recht behalten etc. Auch unseren Stakeholdern bleiben diese Dinge nicht verborgen. Wenn jemand dauernd nur Geschichten über sich und seine Erfolge erzählt, dem Gesprächspartner ständig ins Wort fällt, vorschnell Sätze für den anderen beendet, immer recht und das letzte Wort behalten muss – all das sind Dinge, die negativ auffallen und Vertrauen erst gar nicht entstehen lassen.

Wenn Sie sich aber andererseits wirklich auf den anderen einlassen, sich dafür interessieren, wie Sie ihm helfen können, seine Probleme zu lösen und gar nicht daran denken, was das für Sie selbst an Erfolg bringen würde, agieren Sie ganz anders.

**Tipps**

- Hören Sie Ihren Stakeholdern aufmerksam zu.
- Beenden Sie nicht für andere deren Sätze und fallen Sie ihnen nicht ins Wort.
- Stellen Sie gezielt offene Fragen.
- Versuchen Sie herauszufinden, was hinter dem Thema liegt.
- Geben Sie nicht Antworten auf Fragen, die noch gar nicht gestellt worden sind.
- Seien Sie ehrlich und geben Sie es zu, wenn Sie etwas nicht wissen.
- Übernehmen Sie die Verantwortung für misslungene Kommunikation.

## 3.4 Change Management

Wer Veränderungen in einem Unternehmen umsetzen will, sollte einige Erfolgsfaktoren berücksichtigen. Es geht uns dabei nicht um die Unternehmensstrukturen oder Hindernisse, mit denen Sie rechnen müssen. Vielmehr betrachten wir an dieser Stelle den Menschen – und der hat in einem Change-Projekt ganz spezielle Bedürfnisse. Bevor wir uns diese Bedürfnisse jedoch näher anschauen können, ist es wichtig zu wissen, welche Auswirkungen Veränderungen haben und was der Business-Analyst dazu beitragen kann, dass der Mitarbeiter im Change-Prozess keine Ängste und Blockaden aufbaut, sondern motiviert und freudig seiner Arbeit nachgeht.

### Unbekanntes Terrain

Die Einführung neuer Geschäftsprozesse oder eines neuen Systems zieht viele Folgewirkungen nach sich, von denen die einen mehr und die anderen weniger leicht zu managen sind. Beispielsweise kann es sein, dass die Mitarbeiter andere Fertigkeiten als vorher benötigen. Das wiederum kann zur Folge haben, dass ihre Arbeitsplätze plötzlich in Gefahr geraten oder ein Mitarbeiter eine neue Rolle übernehmen muss, vielleicht sogar in einer anderen Abteilung oder an einem neuen Ort mit anderen Kollegen. Vielleicht muss er mehr Verantwortung übernehmen oder Entscheidungen treffen, die vorher andere für ihn übernommen haben.

Was es auch immer sein mag: Jede Veränderung ist erst einmal beunruhigend und bedeutet, die eigene Komfortzone verlassen zu müssen. Ängste vor den Auswirkungen, vor dem Verlust des Arbeitsplatzes oder vor den neuen Herausforderungen beeinflussen die einzelne Leistung in einem Höchstmaß. In Extremfällen können diese Ängste Widerstand oder sogar offene Ablehnung auslösen.

## Im Mittelpunkt steht immer der Mensch

Je reibungsloser die Einführung neuer Prozesse, Systeme o. Ä. vonstattengeht, desto besser ist das für die Veränderung an sich – ein Garant für Erfolg stellt dies dennoch nicht dar. Viel zu oft liegt der Fokus nur darauf, dass die Projekte funktionieren – der Mensch inmitten des Unternehmens wird einfach übersehen. Dabei sind zu diesem Zeitpunkt u. a. die Antworten auf diese Fragen entscheidende Erfolgsfaktoren:

- Wie reagiert der Mensch auf die Veränderungen?
- Wie können erste, oft auch negative, Reaktionen aufgefangen und abgeschwächt werden?
- Was ist notwendig, damit die neuen Prozesse, Verfahren oder Systeme schnell und besser akzeptiert werden?

Es reicht also definitiv nicht aus, dass das Management beschließt, neue Prozesse einzuführen, und der Rest des Unternehmens muss mehr oder minder stillschweigend lernen damit zu leben. Andererseits ist es auch für die Geschäftsleitung schwierig, die Details und die Auswirkungen vorherzusehen.

Ein Change ist niemals linear, sondern bedarf einer Reihe von Schritten, die, angepasst an den Rhythmus der Mitarbeiter, teilweise dabei erst entstehen und mitwachsen.

Jeder Mensch hat je nach Erfahrung unterschiedliche Einstellungen zu Veränderungen: Der eine begreift einen Wandel als Chance, von der er nur profitieren kann und sieht die Vorteile in den neuen Herausforderungen. Andere wiederum lehnen Veränderung strikt ab und betonen die Schwierigkeiten und Risiken, die diese Entwicklung wahrscheinlich mit sich bringen wird.

Das bedeutet aber ganz und gar nicht, dass Menschen per se Veränderungen und Entwicklungen ablehnen – sie lehnen sich im Grunde nur dagegen auf, dass sie gezwungen werden, sich zu verändern. Dem kann jedoch vorgebeugt werden – indem das Management sich beispielsweise bewusst die Zeit nimmt und allen Betroffenen erklärt, warum ihrer Ansicht nach der Change überhaupt notwendig ist und warum es sich lohnt, den Schritt in Richtung Weiterentwicklung zu wagen.

## Veränderung bedeutet auch immer Abschied

Kennen Sie die »Phasen des Sterbens« der österreichischen Sterbeforscherin Dr. Elisabeth Kübler-Ross? Diese veranschaulichen die verschiedenen Stadien, die ein Mensch durchläuft, wenn Veränderungen eintreten – wie etwa die Verabschiedung von einem geliebten Menschen oder eine Gefahr wie Krankheit oder Unfall, die unser Leben plötzlich bedroht.

Ganz ähnlich geht es Menschen, die sich in einem Change-Prozess befinden. Sie leiden, weil sie etwas Vertrautes verlieren, das sie nicht aufgeben wollen, und müssen deshalb Trauerarbeit leisten. Trauer verläuft in Stufen – welche das sind, lesen Sie gleich in der nachfolgenden Liste. Nicht jeder trauernde Mensch durchläuft jedoch alle Stufen nach exakt diesem Muster – manche Menschen bleiben an bestimmten Punkten stecken oder fallen in Phasen zurück, die sie schon einmal durchlaufen haben.

## Die Stufen der Trauer

- **Nichtwahrhaben wollen**: Sobald wir erkennen, dass ein Wechsel, ob wir wollen oder nicht, stattfinden wird, reagieren wir emotional: Zunächst wollen wir nicht wahrhaben, dass eine Veränderung ansteht. Viele wollen darüber auch gar nicht reden.
- **Zorn**: Erst wenn es offensichtlich wird, werden wir wütend und ängstlich, weil uns die Kontrolle entzogen wird. Wir kennen die Konsequenzen nicht und die Zukunft scheint mit einem Male unsicher und unklar zu sein. Wir reagieren neidisch und verärgert auf diejenigen, die nicht vom Wandel bedroht sind bzw. die keine Änderungen jedweder Art vornehmen müssen.

- **Verhandlung**: Sobald wir aber wissen, dass der Change stattfinden wird, beginnen wir, Vorteile zu suchen und auszuhandeln.
- **Depression**: Bevor ein Aufstieg beginnen kann, müssen wir um den Verlust trauern. Dinge werden sich ändern, vielleicht verlieren wir Freunde, weil Arbeitsplätze wegfallen oder jemand die Abteilung wechselt. Es gibt eine Menge neuer Erfahrungen und Gedanken, die wir erfassen und bewerten müssen.
- Die letzte Stufe ist die **Akzeptanz**. Wenn wir aufrichtig daran glauben, dass sich die Veränderung lohnen wird, reagieren wir mitunter engagiert. Jetzt ist der Zeitpunkt da, neue Arbeitsweisen zu integrieren und anzupacken. Wenn wir auf die Sorgen zurückblicken, zeigt sich, dass sie meistens unbegründet waren.

Dieser Zyklus beschreibt, wie man sich am besten auf einen Change vorbereiten kann. Leider ist es unrealistisch zu hoffen, dass eine Veränderung die Mitarbeiter *nicht* verwirren wird. Bereitet das Management sie aber gut darauf vor – indem es sie aktiv motiviert, ihnen positiv zuspricht und versichert, dass sie jederzeit mit ihren Anliegen Gehör finden werden, können die negativen Auswirkungen des Change-Prozesses minimiert werden.

## Übergang

Wir können es nur immer wiederholen: Sollen Prozesse, Systeme, Abläufe geändert werden, dann ist der wichtigste Faktor der Mensch. Er steht über allem und darf niemals vergessen werden. Der Übergang von der alten auf die neue Arbeitsweise ist keine mechanische Aktivität, bei der das Tempo sekundengenau vorgegeben werden kann. Jeder Mensch braucht unterschiedlich viel Zeit, um eine Veränderung zu akzeptieren. Wenn es sich nicht um einen kleinen bzw. einfachen Change handelt, können immer unerwartete Probleme auftauchen, die das gesamte Projekt bedrohen. Die Erwartungen dürfen nicht allzu hochgeschraubt werden, sondern es ist wichtig, sich selbst einen gewissen Spielraum einzugestehen, um etwaige Probleme behandeln zu können.

Hier sind die Dinge, die Sie als Business-Analyst tun können, um anstehende Veränderungen im Unternehmen zu begleiten:

- **Vertrauen**: Veränderungen erfordern Vertrauen zwischen demjenigen, der den Anstoß dafür gab, und den direkt Betroffenen. Vertrauen ist, wie wir bereits erwähnt haben (s. Kapitel 3.4), etwas, das sich erst entwickeln muss, das aber auch leicht verletzbar ist. Spannen Sie das Management dazu ein, indem diese aktiv zu Beginn des Projekts kommunizieren, warum das Vorhaben wichtig ist und wie es durchgeführt werden soll. Vertrauen vereinfacht einen Change-Prozess um ein Vielfaches.
- **Kontinuität betonen**: Wiederholen Sie auch immer wieder die Vision, die Ziele und die Werte des Unternehmens, damit deutlich wird, dass sich an der Basis nichts ändern wird, auch wenn neue Prozesse oder Maßnahmen integriert werden. Das sorgt für Kontinuität und Sicherheit und schützt gegen den Verlust der Integrität. Beteiligen Sie die Mitarbeiter an Entscheidungen, um zu überlegen, welche Elemente besser unverändert bleiben sollten und welche einer genaueren Analyse und Detaillierung bedürfen. Ängste, die Menschen häufig ausleben, wenn es um Änderungen geht, betreffen die Redundanz, Verlegung oder Veränderung der Organisationsstruktur.
- **Management einbinden**: Holen Sie sich Unterstützung. Das wird helfen, Gerüchte und Spekulationen, die unweigerlich auftauchen werden, schnell im Keim zu ersticken. Stellen Sie sicher, dass das Management für formelle und informelle Gespräche über den Change zur Verfügung steht und in diesen Diskussionen offen ist, um so einen Zwei-Wege-Dialog zu fördern.
- **Notwendigkeit unterstreichen**: Das Unternehmen, aber auch die betroffenen Personen müssen wirklich davon überzeugt sein, dass eine Änderung notwendig ist. Die Dringlichkeit wächst aus der Erkenntnis, dass den Status quo zu behalten keine Option ist. Damit wird die erforderliche intellektuelle Ebene angesprochen. Zusammen mit den emotionalen Aspekten ist dann der Grundstein für einen erfolgreichen Wandel gelegt.

- **Souverän agieren**: In der Phase der Implementierung ist vor allem Professionalität gefragt. Die Beteiligung der wichtigsten Mitarbeiter kann dazu beitragen, dass die Botschaft und die Abfolge der Aktivitäten verbreitet werden. Lernen, aber auch den Plan immer wieder neu anzupassen, wird genauso wichtig sein wie das Mitarbeiter-Training, Coaching und der Umgang mit auftauchenden Fragen.
- **Die Führung übernehmen**: Professionelles Agieren ist deswegen wichtig, weil Sie dadurch Vertrauen aufbauen und die Kommunikation fördern. Werden inkonsistente Inhalte oder unspezifische Präsentationen verbreitet und Einwände eher schlecht als recht behandelt, wird das das Vertrauen untergraben. Die Kommunikation muss als ein Prozess gesehen werden, der in zwei Richtungen führt und der zu unterschiedlichen Bedürfnissen und Gegebenheiten passt. Ein guter Botschafter ist also gefragt, der die Nachrichten überbringen und die Mitarbeiter begeistern muss. Zeigen Sie dem Team während des Change-Prozesses, dass Sie gut organisiert sind und wissen, was Sie tun. Die Entwicklung der Beziehung mit den Mitarbeitern erfordert erfolgreiche Kommunikation. Diese wird helfen, eine offene Diskussion zu ermöglich, in der die Menschen sich engagieren und ihre Kommentare und Ideen gerne einbringen.
- **Befürworter einbinden**: In jedem größeren Unternehmen gibt es eigene Change Agents, die nicht unbedingt fixer Bestandteil des Managements sind, aber die aufgrund ihrer Erfahrung, ihres Wissens, ihrer Persönlichkeit und Kontakte oft Hilfe und Rat bieten. Identifizieren Sie diese Schlüsselpersonen, um die Annahme des Changes zu beschleunigen.
- **Menschlich bleiben**: Das Bewusstsein für Entwicklung und Änderung von Management und Mitarbeitern bietet einen Rahmen für alle, ihre Probleme und Gefühle offen zu diskutieren. Dieses Bewusstsein spricht auch dafür, dass es in Ordnung ist, Emotionen zu erleben und dass es einen Rahmen gibt, darüber zu sprechen. Wenn die Menschen das wissen, können sie dieses Angebot auch annehmen. Dann sind sie eher in der Lage, mit minimalen Unterbrechungen durch dieses Vorhaben geführt zu werden.

- **Neue Fähigkeiten trainieren**: Training ist wichtig, um die Fähigkeiten und Kompetenzen der Menschen zu verbessern. Das Timing der Trainingseinheiten sollte nicht direkt mit dem geplanten Roll-out des neuen Systems zusammenfallen. Achten Sie auf die Bedürfnisse und die Ängste und gehen Sie bei den Trainings oder Coachings gezielt darauf ein. Neben der Ausbildung können auch andere Verhaltensaspekte unterstützen: Prozess- und Systemänderungen beeinflussen auch unmittelbar die sozialen Gruppen und Teams am Arbeitsplatz. Team-Building-Events können helfen, den Change zu verstehen, neue Mitarbeiter kennenzulernen und sich für Veränderungen zu öffnen.

## Umsetzung

In der Umsetzung gilt es sicherzustellen, dass die geplante Änderung tatsächlich stattgefunden hat: Es geht darum, zu überprüfen, ob die vorhergesagten Vorteile tatsächlich erreicht und die Änderungen im Unternehmen verankert wurden.

Probleme bei der Realisierung gibt es natürlich etliche. Sie können technischer Natur sein: Vielleicht funktioniert der Prozess nicht wie geplant, weil das IT-System nicht schnell genug reagiert. In den meisten Fällen jedoch konzentriert sich die Realisierung auf menschliche Probleme. Wurden die Nutzer nicht rechtzeitig und gut auf die Veränderung vorbereitet, werden sie es schwer haben, die Umsetzung zu akzeptieren.

Achten Sie bei der Umsetzung darauf, dass alle prophezeiten Vorteile auch wirklich eintreffen und entsprechend kommuniziert werden. Falls ein oder mehrere Faktoren nicht wie erwartet eintreffen, versuchen Sie herauszufinden, was sie blockiert. Sobald die Probleme reduziert oder eliminiert wurden, können die restlichen Vorteile ebenfalls realisiert werden.

Sobald sich die Aufregung um den Change gelegt hat, ist es an der Zeit, die neue Situation zu normalisieren und mit »business as usual« weiterzumachen. Alle Hinweise, Formulare und Handbücher zu früheren Prozessen, Verfahren und Systeme sollten entfernt werden. Diese können mit anderen Plakaten, praktischen Referenz-Karten und anderem Material zur Beschreibung der neuen Prozesse und Systeme aktualisiert werden.

**Tipp**

Bei all der Arbeit vergessen Sie nicht mit allen Betroffenen den erfolgreichen Change gebührend zu feiern!

Alle Prozess- und IT-System-Verbesserungsprojekte zielen darauf ab, die Art und Weise zu ändern, in der Menschen ihren Job verrichten. Change Management ist nicht etwas, das am Ende eines Projekts angeheftet werden kann. Stattdessen sollte es von Beginn an alle Aspekte des Projekts betreffen, von Anfang bis zum Ende.

So wie wir Change Management nicht zu einer bestimmten Phase eines Projekts abstempeln können, können wir die Verantwortung dafür nicht einer einzelnen Person anlasten. Veränderungsprojekte erfordern mehrere Job-Rollen, um den Erfolg zu sichern. Neben Programm- und Projektmanagern gibt es oft eigene Change Manager, deren Aufgabe es ist, den Aufwand der Änderung zu planen und zu koordinieren. Aber die Rolle, die direkt die Arbeit mit den Beteiligten beinhaltet, um deren Bedürfnisse anzupassen, ist die des Business-Analysten. Er spielt eine entscheidende Rolle – denn er stellt sicher, dass alle Aspekte der Unternehmensänderung erfolgreich umgesetzt worden sind.

Kapitel 4

# Strategische Business-Analyse

Wenn ein Unternehmen ein Problem lösen, eine Chance nutzen oder eine Einschränkung beseitigen will, ist eine Business-Analyse der erste Schritt – denn sie findet für den jeweiligen Unternehmensbedarf die passende Lösung. »Passend« heißt in diesem Fall, dass die beste Lösung immer diejenige ist, die mit den strategischen Zielen des Unternehmens im Einklang steht. Was nützt dem Unternehmen schon eine Lösung, die schick, schnell und teuer ist, wenn es den Kunden um günstige Preise geht! Ein Business-Analyst muss also die Strategie des Unternehmens von Beginn an kennen und mitdenken.

## 4.1 Von Geschäftsmodellen und Strategien

Warum machen sich Unternehmen überhaupt die Mühe und denken sich eine komplizierte Unternehmensstrategie aus? Welchen Vorteil erhoffen sie sich davon?

Um diese Fragen zu beantworten, reicht ein kurzer Blick in die Welt: Durch die Informationsflut und die digitale Wirtschaft sind Änderungen unberechenbar, die Zeiten sind durchwegs turbulent. Es gibt immer wieder große Veränderungen, mit denen Unternehmen konfrontiert werden – und durch Strategien versuchen sie, diesen Veränderungen entgegenzuwirken bzw. sie abzufangen.

Eine Unternehmensstrategie ist damit auch Ausgangspunkt jeder Veränderung innerhalb eines Unternehmens. Es versteht sich dabei fast von allein, dass der Business-Analyst die Strategie kennen muss, damit sämtliche Entscheidungen darauf ausgerichtet werden können.

## Was ist eine Strategie?

Das Wort Strategie ist aus dem Griechischen abgeleitet (strategos) und bedeutet Feldherr. Der Begriff hat einen starken, militärischen Bezug und wird frei übersetzt mit »allzeit bereit zum Kampf«: Die Strategie beginnt also bereits vor einem feindlichen Angriff mit der Entsendung von Truppen, Waffen, Flugzeugen und Schiffen. Sobald der Feind eingerückt ist, entscheidet u. a. die Taktik über Erfolg und Niederlage auf dem Schlachtfeld. Eine Übertragung dieser Ideen auf ein Geschäftsfeld liegt nahe und umfasst folgende Begriffe:

- **Ziel oder Mission** des Unternehmens: in der Strategie oft als »Richtung« bezeichnet.
- **Zeitrahmen**: Strategie denkt immer langfristig, wobei dieser Begriff branchenabhängig ist. Im Pharma-Bereich wird Jahre im Voraus geplant, während bei Finanzdienstleistungsprodukten eher kurzzeitig disponiert wird.
- **Organisation von Ressourcen**: Finanzen, Fähigkeiten, Werte und Fachkompetenz, damit das Unternehmen konkurrieren kann.
- **Umfeld**, in dem das Unternehmen agiert.

Henry Mintzberg schreibt:

> »Strategie ist eines jener Wörter, die wir gern auf eine bestimmte Weise definieren, jedoch auf eine andere Weise verwenden.«[11]

---

[11] Mintzberg, Henry (1999): *Strategy Safari. Eine Reise durch die Wildnis des strategischen Managements*. Wien, S. 9.

Und so gibt es tatsächlich viele Definitionen und noch mehr Herangehensweisen in der Praxis. Eine Definition stammt aus dem Handbuch *Strategieentwicklung* und lautet:

> »Strategie ist die Kunst und die Wissenschaft, alle Kräfte eines Unternehmens so zu entwickeln und einzusetzen, dass ein möglichst profitables, langfristiges Überleben gesichert wird.«[12]

Aber es gibt auch weniger auf das Unternehmen selbst bezogene Definitionen. Stefan Merath[13] beispielsweise findet, dass es nicht das Ziel einer Unternehmensstrategie ist, den Gewinn zu erhöhen oder Arbeitsplätze zu schaffen, sondern einzig und allein Nutzen für den Kunden herzustellen.

## Über Visionen, Missionen und Ziele

Mit dem Begriff Strategie sind wie oben schon erwähnt die Begriffe Vision, Mission und Ziele verbunden. Die folgende Abbildung zeigt, wie diese aufeinander aufbauen.

**Abbildung 8: Die Strategie-Pyramide als Vorgabe für die Business-Analyse**

---

12 Hermann Simon et al (Hg.) (2000). *Das große Handbuch der Strategiekonzepte.* Frankfurt a. M., Campus, S. 21

13 Stefan Merath (2011): *Die Kunst seine Kunden zu Lieben.* Offenbach, Gabal Verlag, S. 54

### Vision

Die Vision eines Unternehmens stellt das langfristige Zukunftsbild des Unternehmens dar und beschreibt im Idealfall dessen Einzigartigkeit und Identität. Die Mitarbeiter erhalten durch die Unternehmensvision einen Sinn und Nutzen für ihr Handeln. Sie motiviert sie dabei, alles, was sie können, einzubringen, um dieses Zukunftsbild zu erreichen.

»Was will ich für die Gesellschaft erreichen?« ist hilfreich bei der Entwicklung einer Vision für das Unternehmen. Am besten malen Sie sich dazu ein lebendiges, positives, möglichst buntes Bild einer erstrebenswerten Zukunft aus.

Die Vision ist in der Regel eine Zielvorstellung, die über das kurzfristig Machbare hinausweist und mit der Umsetzung eines einzelnen Projekts nicht zu erreichen ist.

### Mission

Die Mission beschreibt die Aufgaben und den Zweck des Unternehmens – welche konkreten Schritte das Unternehmen geht, um der langfristigen Vision Stück für Stück näherzukommen. Die Mission macht also die Vision konkret. Sie beschreibt auch die Unternehmensgrundsätze und -richtlinien und übt somit in erster Linie eine Kommunikationsfunktion aus. Auch gibt sie Auskunft über die angestrebte Identität des Unternehmens. Am besten kurz und prägnant gehalten, thematisiert die Mission Werte, Grundhaltungen, Ideen, Handlungsweisen und Qualitätsansprüche.

### Strategische Ziele

Während die Mission die Vision konkretisiert, wird die Mission wiederum durch strategische Ziele präzisiert. Sie geben den Rahmen für das Handeln des Unternehmens vor. An den strategischen Zielen lässt sich der Erfolg des Unternehmens durch Erreichung bzw. Nichterreichung der Ziele messen. Die Leitfrage dazu lautet: »Was will ich mit meiner Einrichtung erreichen?« Die strategischen Ziele sollten immer wieder angesehen und an der Vision ausgerichtet werden.

### Operative Ziele als Vorgabe für die Business-Analyse

Damit Vision, Mission und Ziele nicht nur Lippenbekenntnisse bleiben, sondern auch Bestandteil der täglichen Handlungen werden, müssen sie fest in der Unternehmenskultur verankert sein. Der Business-Analyst unterstützt dabei, indem er die Strategie nicht nur kennt, sondern proaktiv durch Business-Analyse-Maßnahmen in die Tat umsetzt und Lösungen darauf ausrichtet.

## Was ist ein Geschäftsmodell?

Ein Geschäftsmodell beschreibt die Funktionsweise und die Tätigkeiten eines Unternehmens, mit dem Gewinne erwirtschaftet werden. Es ersetzt nicht die Strategie, sondern unterstützt sie vielmehr bei ihrer Entwicklung – und hilft dabei, das eigene Geschäft besser zu verstehen, zu verbessern und gegenüber Konkurrenten zu evaluieren und zu prüfen.

Ein Geschäftsmodell besteht meistens aus drei Hauptkomponenten[14]:

- **Nutzenversprechen:** Welchen Nutzen ziehen Kunden oder externe Partner aus der Beziehung zu diesem Unternehmen?
- **Architektur der Wertschöpfung:** Wie wird der Nutzen für Kunden und Partner generiert?
- **Ertragsmodell:** Wodurch und aus welchen Quellen wird Gewinn erzielt? Diese Frage ist entscheidend. Denn die zukünftigen Unternehmensgewinne entscheiden über den Wert des Geschäftsmodells und damit über seine Nachhaltigkeit.

---

14 Patrick Stähler (2001): *Geschäftsmodelle in der digitalen Ökonomie: Merkmale, Strategien und Auswirkungen.* Josef Eul Verlag, Köln-Lohmar, S. 41

Osterwalder[15] stellt im Rahmen seiner Vorgehensweise »Business Model Generation« das Nutzen- bzw. Wertangebot für den Kunden ins Zentrum eines Geschäftsmodells und gruppiert deswegen auf der Unternehmensseite:

- Schlüsselressourcen,
- Schlüsselaktivitäten,
- Schlüsselpartner,
- Kostenstruktur;

und auf der Marktseite

- Kundenbeziehungen,
- Kommunikations- und Distributionskanäle,
- bearbeitete Kundensegmente,
- Einnahmequellen.

Ein Geschäftsmodell ist immer nur als Annäherung an das wirkliche Unternehmen zu sehen. Es beschreibt sowohl ein einzelnes Unternehmen als auch ganze Industrien.

## Warum die Strategie immer eine Rolle spielt oder: Wo beginnt Business-Analyse?

Business-Analyse kann viele unterschiedliche Auslöser haben. Diese lassen sich im Wesentlichen in die drei Arten der Unternehmensbedürfnisse (siehe Kapitel 2) einteilen:

- Ein **Problem**, das gelöst werden muss;
- eine **Chance**, die genutzt werden soll;
- eine **Einschränkung**, die beseitigt oder auch sichergestellt werden soll.

15 Alexander Osterwalder, Yves Pigneur: Business Modell Generation, John Wiley & Sons, Hoboken NJ 2010

All das sind mögliche Auslöser für Business-Analyse-Maßnahmen. Um nun für den jeweiligen Unternehmensbedarf passende Lösungen zu finden, muss der Business-Analyst die Strategie des Unternehmens verstehen. Aus dieser leitet er Lösungsoptionen her.

Schauen wir uns drei Fallstudien für jeweils eine dieser Kategorien an:

### Fallstudie 1: Das Problem der unzufriedenen Kunden

**Unternehmensbedarf**

Ein Handelsunternehmen hat das ***Problem***, dass Kunden unzufrieden sind, weil zwischen der Bestellung und der Realisierung einer Leistung viel zu viel Zeit vergeht.

| **Lösung für Serviceführer-Strategie** | **Lösung für eine Diskont-Strategie** |
|---|---|
| Wenn die Unternehmensstrategie zum Ziel hat, Serviceführer zu sein, kann zum Beispiel eine mögliche Lösung für das angesprochene Problem sein, den Weg der Bestellung zu kürzen. Dafür muss die Ursache der Verzögerungen gefunden und in die Optimierung des Bestellprozesses investiert werden, auch wenn das möglicherweise die Gesamtkosten erhöht. | Eine andere Strategie des Unternehmens könnte aber auch sein, die Ware möglichst billig anzubieten. Dann ist der lange Weg von der Bestellung zur Auslieferung möglicherweise wichtig, um die Logistik zu optimieren und Kosten zu sparen. Sammelbestellungen sind hier ein Beispiel: Es dauert, bis die Menge zusammengetragen wird, allerdings kann dies Kosten sparen, was die Kunden zu schätzen wissen. |

➔ In beiden Fällen muss der Business-Analyst, die Strategie des Unternehmens kennen, um die richtige Lösung zu finden. Die Lösung (z. B. Optimierung) darf niemals gegen die Unternehmensstrategie (z. B. Diskont) gerichtet sein.

## Fallstudie 2: Chance durch Produktinnovation

<table>
<tr><td colspan="2">Unternehmensbedarf<br><br>Durch eine Produktinnovation ergibt sich die Chance, neue Absatzmärkte aufzubauen, die am ehesten über einen Online-Vertriebsweg realisiert werden können. Weil das Unternehmen bisher aber hauptsächlich einen Handelsvertrieb einsetzt, kann die Chance nur genutzt werden, wenn ein Online-Vertrieb aufgebaut wird.</td></tr>
<tr><td>Lösung für eine markenorientierte Strategie<br><br>Das Unternehmen investiert viel in einen starken Markenbezug: Kunden identifizieren sich mit der Marke.<br>In diesem Fall ist der Aufbau eines Direktvertriebs möglich und sinnvoll. Über einen Webshop kann der Kunde auf der offiziellen Homepage das neue Produkt erwerben.</td><td>Lösung für eine Handelspartner-Strategie<br><br>Ist die Strategie des Unternehmens stark auf Handelspartner ausgelegt, dann ist ein eigener Online-Vertrieb möglicherweise keine gute Idee, weil Kunden eher eine Bindung zum Vertriebspartner als zum Produkt haben. In diesem Fall wäre auch eine Kooperation mit starken Online-Handelspartnern die Lösung.</td></tr>
<tr><td colspan="2">➔ Der beauftragte Business-Analyst muss die Strategie des Unternehmens verstanden haben, um die richtige Lösung zu finden. Nicht immer ist es die beste Wahl, einen eigenen Online-Shop zu realisieren, auch wenn es dafür am Markt viele fertige Software-Produkte gibt.</td></tr>
</table>

## Fallstudie 3: Einschränkungen sicherstellen

<table>
<tr><td colspan="2">Unternehmensbedarf<br><br>Eine Supermarktkette verarbeitet personenbezogene Daten von Kunden und muss sicherstellen, dass dies überall im Einklang mit dem Gesetz passiert. Der Gesetzgeber definiert Einschränkungen, unter welchen Umständen personenbezogene Daten verarbeitet werden dürfen.</td></tr>
<tr><td>Lösung für eine Loyality-Strategie<br><br>Ist es Teil der Unternehmensstrategie, den Kunden durch spezielle Kundenbindungsprogramme ganz genau zu kennen, müssen Wege gefunden werden, die Daten zu sammeln, ohne dabei Gesetze zu verletzen. Der Aufwand dafür kann sehr groß sein und birgt jederzeit das Risiko von Datenschutzverletzung.</td><td>Lösung für eine Diskont-Strategie<br><br>Möglicherweise ist es die Strategie des Supermarkts, durch den Verzicht auf die Datensammlung Kosten zu sparen und diese an die Kunden weiterzugegeben. In diesem Fall sollte jede zusätzliche Erfassung von personenbezogenen Daten gründlich hinterfragt und nur durchgeführt werden, wenn sie wirklich nötig ist.</td></tr>
<tr><td colspan="2">➔ Der beauftragte Business-Analyst muss die Strategie des Unternehmens kennen, um einschätzen zu können, ob die Erfassung von persönlichen Kundendaten nötig ist oder besser vermieden werden sollte.</td></tr>
</table>

Diese Beispiele sollen vor allem eines verdeutlichen: Optimale Entscheidungsgrundlagen können nur dann entstehen, wenn der Business-Analyst auch die dazugehörige Strategie kennt. Schnelligkeit, ein eigener Online-Shop oder komplizierte Regeln für die Verarbeitung von personenbezogenen Daten sind nicht immer die besten Lösungen!

In der Lösungsfindung treffen Business-Analysten über die gesamte Laufzeit des Vorhabens immer wieder wichtige Mikroentscheidungen. Dazu gehört es, nicht nur blind zu dokumentieren, sondern immer wieder auch zu hinterfragen, was die Stakeholder ihnen sagen und was die tatsächlichen Anforderungen sind. Zu den Aufgaben des Business-Analysten gehört es, zu erkennen, ob der angesprochene Bedarf zur Strategie passt oder ob es irgendwo einen Widerspruch gibt.

Am effizientesten ist es also, wenn der Business-Analyst die Strategie von Beginn seiner Arbeit an »mitdenkt«. Tut er das nicht, wird das Vorhaben wahrscheinlich früher oder später durch die Auftraggeber gestoppt oder im schlimmsten Fall durchgeführt werden. Erst (zu) spät erkennt man den Grund dafür: Strategie und Bedarf stehen in Konflikt miteinander.

## Woher nehmen, wenn nicht stehlen?

Nicht alle Unternehmen haben definierte, leicht auffindbare Dokumentationen über ihre Strategien, Geschäftsmodelle und Ziele. Natürlich ist das wünschenswert, die Praxis zeigt allerdings ein anderes Bild. Woher sollen Sie als Business-Analyst also eine Strategie nehmen, wenn sie nicht von vornherein existiert oder klar kommuniziert wird?

Zunächst ist es sinnvoll, **alle Beteiligten zu befragen**. Neben dem Geschäftsführer können das auch Abteilungsleiter, Auftraggeber der Business-Analyse-Maßnahme, Marketing-Chefs usw. sein. Fragen Sie gezielt nach der Strategie, die das Unternehmen verfolgt und worauf Sie dabei besonders achten sollen! Die jeweiligen Abteilungsleiter wissen meistens genau, wie die Strategie aussieht und welche Ziele in den nächsten Jahren erreicht werden sollen. Schließlich werden sie genau dafür bezahlt. Trotzdem ist es notwendig, sie bewusst danach zu fragen.

Manches Mal findet sich auch eine heiße Spur in offiziellen Unternehmensbroschüren, auf der Website oder im **Intranet**. Auch wenn sich dort nichtssagende Worthülsen aneinanderreihen – manchmal gibt es trotzdem erste Hinweise auf die Vision und Strategie des Unternehmens. Mit etwas Glück erscheint sogar ein strategisches Leitbild zu Motivationszwecken direkt als Erstes auf dem Bildschirm. Seien Sie aber nicht enttäuscht, wenn Sie im Intranet trotz allem nicht fündig werden: Viele Unternehmen pflegen ihr internes Netzwerk leider eher spärlich.

Oft können Sie die Strategie auch im **Branchen-Vergleich** ausfindig machen. Vergleichen Sie beispielsweise verschiedene Marken, erkennen Sie mit wenig Aufwand, welches Konzept das jeweilige Unternehmen verfolgt. Apple hat eine andere Zielgruppe und Ausrichtung als Android oder der Premiumfeinkostladen im Vergleich zum billigen Supermarkt. Auch wenn auf den ersten Blick ähnliche Waren oder Dienstleistungen verkauft werden, finden sich doch genauso schnell Differenzen.

Hat das Unternehmen, bei dem Sie die Business-Analyse durchführen, eventuell eine **Balanced Scorecard** oder **KPI?** Fragen Sie nach, denn aus diesen Zahlen erschließt sich für das geübte Auge relativ schnell die strategische Ausrichtung eines Unternehmens.

### Technik: PESTLE

Ein gutes Framework, um ein Unternehmen und dessen Umfeld zu beurteilen, ist die PESTLE-Technik (manchmal auch PESTEL oder einfach nur PEST-Analyse genannt). Mit dieser Technik lassen sich politische, wirtschaftliche, soziokulturelle, technologische, rechtliche und ökologische Fragen im externen Unternehmensumfeld beantworten.

- **Politische Einflüsse** können Handelsbestimmungen, Tarife oder Sozialpolitik sein.
- **Konjunkturelle Einflüsse** sind Geschäftszyklen, Geldfluss, Inflation, Arbeitslosigkeit, Verfügbarkeit und Kosten von Energie oder die Internationalisierung des Geschäftsfeldes. Diese wirtschaftlichen Faktoren bestimmen, wie leicht es ist, profitabel zu sein, weil sie direkt die Nachfrage beeinflussen.
- **Soziokulturelle Einflüsse** sind Faktoren wie Anspruch und Vorlieben bzw. die Veränderung dieser Faktoren im Laufe der Zeit. Spezielle demografische Werte (wie der Alterungsprozess der europäischen Bevölkerung) werden dabei beachtet. Aber auch soziale Bewegungen: Wird es mehr Arbeitslosigkeit geben und müssen sich deswegen die Menschen vermehrt staatliche Unterstützung holen? Wie ändert sich der Lebensstil? Gehen die Menschen früher in Rente? Auch die Sorge um die Umwelt, einschließlich der Frage nach Entsorgung, Recycling und Energieverbrauch, gehört dazu.

- **Technologische Themen** sind Staatsausgaben für Forschung und deren Qualität, der Fokus liegt auf Technologie und Unterstützung für Erfindungen und Innovationen. Es betrifft das Tempo des technologischen Wandels.
- **Rechtliche Fragen** behandeln Rechtsvorschriften über Handelspraktiken und Wettbewerb, aber auch Umweltschutzvorschriften wie beispielsweise neue Gesetze zum Recycling und zur Entsorgungsindustrie. Das Arbeitsrecht (vor allem in Bezug auf Arbeitsschutz und Diskriminierung) fällt ebenfalls in diese Kategorie.
- **Umweltthemen** drehen sich klassischerweise um die globale Erwärmung und den Klimawandel, aber auch Themen des Tierschutzes und der Verpackungsmaterialien zählen dazu.

Bitte beachten Sie, dass die PESTLE-Analyse nicht eine Reihe von Checklisten umfasst, sondern der Herstellung einer strategischen Bewertung gilt. Dazu werden die wichtigsten Aufgaben als Faktoren, die sich tatsächlich auf das Unternehmen auswirken, identifiziert und ein klares Verständnis gewonnen, in welche Richtung sie sich in Zukunft weiterentwickeln werden.

Woher nehmen Sie die Informationen dazu? In einigen Fällen werden Sie durch Probleme darauf hingewiesen, in anderen Fällen ist das Durcharbeiten von Gutachten aufschlussreich.

## 4.2 Durchblick im Unternehmensdschungel

Eine Besonderheit der Business-Analyse ist, dass sie ein Unternehmen nicht in seinen Einzelteilen, sondern ganzheitlich betrachtet. Deshalb bezieht der Business-Analyst das gesamte Unternehmenssystem mit ein, wenn er seine Schlüsselrolle wahrnimmt – nämlich das Management zu unterstützen, um die erwünschten und bereits erzielten Geschäftsvorteile effizient zu nutzen.

Ein Business-Analyst muss also *alle* Aspekte des operativen Unternehmens analysieren, wenn er *alle* Möglichkeiten für Verbesserungen im Unternehmen sichtbar machen möchte. Mit Aspekten des operativen Unternehmens sprechen wir folgende zentrale Bereiche an:

- **Prozesse**: Wie sieht die Ablauforganisation aus? Sind alle Informationen da, wenn sie benötigt werden? Gibt es unnötige Tätigkeiten? Werden Ergebnisse erzeugt, die nicht verwendet werden?
- **Organisation:** Wie sieht die Aufbauorganisation aus? Haben Mitarbeiter die benötigten Fähigkeiten? Welche Werte haben die Mitarbeiter, die Abteilungen bzw. das gesamte Unternehmen? Welche Management-Ansätze werden genutzt?
- **Technologien**: Welche Unterstützung gibt es für die Prozesse und die betroffenen Mitarbeiter? Unterstützt die Technik das Unternehmen? Werden die notwendigen Informationen bereitgestellt?

Die untenstehende Grafik zeigt die ganzheitliche Sicht auf das Unternehmen mit seinen drei zentralen Betrachtungsaspekten: Erst wenn der Business-Analyst die Strategie eines Unternehmens verstanden hat, kann er auf diese drei zentralen Bereiche bzw. Betrachtungsobjekte eingehen und deren Ist-Zustand verstehen.

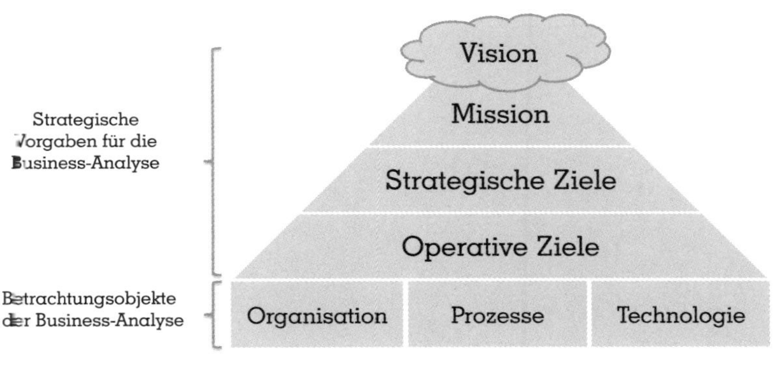


**Abbildung 9: Betrachtungsobjekte der Business-Analyse und die strategischen Vorgaben**

Das Hauptaugenmerk von Business-Analyse-Maßnahmen richtet sich oft nur auf die Prozesse und deren IT-Unterstützung. Dabei liegt jedoch eines auf der Hand: Selbst die beste IT-Unterstützung und die effizientesten Prozesse nützen nichts, wenn die Mitarbeiter nicht über die nötigen Fertigkeiten verfügen, um ihre Arbeit zu tun, oder nicht wissen, welche Unternehmensziele damit verfolgt werden sollen. Deshalb ist es unerlässlich, dass der Business-Analyst diese Aspekte im Zusammenhang mit der Unternehmenssituation, der Unternehmenskultur und deren Auswirkung auf die Menschen und deren Arbeitsmethoden betrachtet.

Business-Analyse erlebt IT lediglich als einen von mehreren Faktoren, die Verbesserungen der Geschäftsabläufe ermöglichen – es gibt aber auch noch ganz andere Ansätze. Eine kurzfristige Nicht-IT-Lösung kann sowohl die hilfreichste als auch kostengünstigste Option sein: Probleme können beispielsweise durch die Entwicklung von internen Standards oder Ausbildung der Mitarbeiter gelöst werden. Diese kurzfristigen Lösungen werden möglicherweise zu einem späteren Zeitpunkt durch längerfristige, unter gewissen Umständen vielleicht auch teurere ersetzt werden. Liegt der Fokus der Betrachtung auf dem Unternehmen, trägt das dazu bei, die unmittelbaren Bedürfnisse erfüllen zu können.

### Praxisbeispiel: Einführung eines Sales Force Management Systems

Ein Unternehmen möchte den Vertrieb optimieren und plant die Einführung eines »Sales Force Management Systems« (Vertriebsunterstützungssystem). Dieses Ziel ist bereits als Technologie-Ziel formuliert. Die Fragen dazu lauten u.a.: Welche Vertriebsprozesse können durch das System automatisiert werden? Wie können die Daten effizient eingegeben werden? Welche Daten müssen in Reports bereitgestellt werden?

Ein effektives SFM-System besteht aus mehr als nur der Entwicklung eines Informationssystems. Sehen wir uns dazu die einzelnen Bereiche genauer an:

**Organisation:** Wie ist die Vertriebsmannschaft organisiert? Wie funktioniert die Zusammenarbeit? Welche Verkaufsfähigkeiten haben die Mitarbeiter und wie sieht die Unterstützung im Innendienst aus? Welche Arbeit wird im Team als »wertvoll« betrachtet und ist diese überhaupt mit der Strategie vereinbar?

**Prozesse:** Wie sehen überhaupt die Vertriebsprozesse aus? Wie gehen die Vertriebsmitarbeiter tagtäglich vor? Gibt es unterschiedliche Wege, die zum Ziel führen?

**Technologie:** Welche Systeme existieren bereits? Wie werden diese eingesetzt? Sie sehen – hier geht es nicht darum, möglichst viele Prozesse durch IT zu automatisieren, sondern darum, den gesamten Vertrieb ganzheitlich zu optimieren!

## Die Organisation

Um zu verstehen, wie ein Unternehmen und die Menschen in diesem System funktionieren, betrachten und analysieren wir die folgenden verschiedenen Aspekte:

- Aufbauorganisation und Stellengestaltung,
- Führung und Management,
- Kultur und Werte.

## Aufbauorganisation und Stellengestaltung

Den hierarchischen Rahmen einer Organisation bildet die Aufbauorganisation. Unterschieden wird die Aufbauorganisation – sie legt die Rahmenbedingungen fest, wie welche Aufgaben von wem zu bewältigen sind – von der Ablauforganisation, die innerhalb dieses Rahmens die ablaufenden Arbeits- und Informationsprozesse regelt.

Eine Aufbauorganisation kann z. B. ein rein hierarchisches Liniensystem sein. Dabei sind häufig auf der ersten Ebene eine funktionale Gliederung (z. B. Entwicklung, Fertigung und Verkauf), aber auch eine divisionale Gliederung (etwa nach Sparte oder Absatzgebieten) zu finden. Darunter gegliedert sind wiederum einzelne Abteilungen, noch tiefer finden sich Gruppen wieder. Zur Entlastung von Leitungsfunktionen werden meistens Stabstellen eingesetzt.

**Abbildung 10: Vereinfachtes Beispiel einer Stablinienorganisation**

Die Grafik zeigt einen typischen Aufbau einer hierarchisch strukturierten Aufbauorganisation mit einer Stabstelle. Neben solchen Stabstellen kann es auch weitere Querschnittsfunktionen geben. Oder aber das Unternehmen ist nach einer Matrix organisiert.

Hauptbestandteil jedes strategischen Vorgehens ist es, Ziele festzulegen. Das ändert sich auch nicht bei der Planung einer Aufbauorganisation, auch diese definiert zunächst Gestaltungsziele. Dazu werden am Beginn die Interessengruppen und deren Ziele festgelegt. Erst danach lässt sich beurteilen werden, ob die Aufbauorganisation auch zielführend aufgebaut wurde.

In so gut wie jedem Unternehmen werden Sie ein Organigramm ausfindig machen können. Allerdings ist dieses mit Vorsicht zu genießen: Nicht immer bildet es die wahren Verbindungen ab, oft existieren informelle Beziehungen, die im offiziellen Organigramm nicht vorkommen.

### Stellengestaltung

Eine Stelle – oder ein Arbeitsplatz – ist die kleinste organisatorische Einheit im Unternehmen und wird von einem Mitarbeiter eingenommen. Bei einigen Business-Analyse-Vorhaben macht es durchaus Sinn, bereits auf dieser Ebene zu identifizieren, welche Stellen es in einem Unternehmen gibt, welche Aufgaben diese haben, welche Kompetenzen dafür erforderlich sind (bzw. welche tatsächlich vorhanden sind) und welche Verantwortung die einzelnen Personen haben.

### Führung und Management

Aus der Ablauforganisation ergeben sich oft auch schon Rückschlüsse über die Führungstechniken. Aber natürlich prägt das Management selbst zu einem großen Teil diese Techniken: Wie werden Anweisungen gegeben? Wie wird Kontrolle wahrgenommen? Wer entscheidet und wie werden Aufgaben delegiert? Wie werden Informationen weitergegeben?

### Kultur und Werte

Die Kultur und Werte eines Unternehmens ist für alle Bereiche des Managements (Entscheidungsfindung, Führung, Beziehungen zu Kollegen,

Kunden und Lieferanten, Kommunikation usw.) wichtig. Jede Aktivität in einem Unternehmen basiert im Grunde auf deren Kultur und Werten und beeinflusst diese wiederum. Das Verständnis über diese Werte ermöglicht es erst den Mitarbeitern, die Strategie, Vision und die Ziele zu verstehen und dadurch besser verwirklichen zu können. Außenstehende können durch diese Kenntnis die Abläufe und Dynamiken des Unternehmens besser verstehen.

### Organisationsanalyse

Veränderungen des Marktes und anderer Rahmenbedingungen, aber auch neue Unternehmensziele und -strategien zwingen Unternehmen dazu, sich immer wieder neu anzupassen. Um herauszufinden, wo und wie sich eine Organisation verbessern oder weiterentwickeln kann, sollte eine Organisationsanalyse durchgeführt werden. Diese kann sich über das gesamte Unternehmen erstrecken, aber auch nur einzelne Teilbereiche betreffen.

**Tipps**

- Schaffen Sie bei den Interviews eine vertrauliche Umgebung (s. Kapitel 3.3)
- Zeichnen Sie informelle Beziehungen zwischen Abteilungen oder Personen ein, die über das hierarchische Organigramm hinausgehen: Wo besteht eine intensive Zusammenarbeit?
- Erkennen Sie unterschiedliche Umgangsformen und Kulturen in den Abteilungen. Versuchen Sie diese zu benennen.
- Gibt es Spannungen zwischen Abteilungen oder zwischen den Führungskräften und den Mitarbeitern? Gibt es ein gemeinsames Verständnis über die Ziele der Organisation?

Die relevanten Informationen dazu werden auf verschiedene Weise erhoben: Meistens sind statische Aspekte der Organisation gut dokumentiert und finden sich in den entsprechenden Dokumenten, z. B. im Organigramm. Ganz wichtig sind allerdings auch die Dinge, die sich so meist nicht im geschriebenen Wort wiederfinden. Diese kann der Business-Analyst am besten durch Interviews (s. in Kapitel 4.2 und 5.3) und Gespräche mit Führungskräften und den Mitarbeitern in Erfahrung bringen.

## Prozesse

»Wer macht was, wann, wie und womit?« ist die zentrale Fragestellung, mit der sich Prozessmanagement beschäftigt. Das Ziel dabei ist zu verstehen, wie die Abläufe in einem Unternehmen aussehen. Im Mittelpunkt stehen Identifikation, Gestaltung, Dokumentation, Implementierung, Steuerung und Verbesserung von Geschäftsprozessen. Zur Verbesserung und Steuerung werden Kennzahlen wie z. B. die Balanced Scorecard verwendet. Dabei werden nicht nur technische Fragen behandelt, sondern vor allem auch organisatorische Aspekte wie die strategische Ausrichtung, die Organisationskultur oder die Einbindung und Führung von Prozessbeteiligten.

### Worum geht es?

»Ein Prozess ist eine Kette von zusammenhängenden Aktivitäten, die gemeinsam einen Kundennutzen schaffen.«[16] Laut dieser Definition umfasst ein Prozess also immer mehrere Aufgaben, in deren Mittelpunkt die Bedürfnisse des Kunden stehen.

Der Business Process Management Common Body of Knowledge (BPM CBOK v2.0.) geht noch einen Schritt weiter und beschreibt Prozessmanagement als einen systemischen Ansatz, mit dem sowohl automatisierte als auch nicht-automatisierte Prozesse erfasst, gestaltet, ausgeführt, dokumentiert, gemessen, überwacht und gesteuert werden, um damit nachhaltig die mit der Unternehmensstrategie abgestimmten Ziele zu erreichen.

---

[16] Barbara Brecht-Hadraschek & Rainer Feldbrügge (2005): *Prozessmanagement*, Redline, München, S.13

Beide Definitionen machen eines sehr deutlich: Prozesse sind ein wichtiger Aspekt und müssen in jedem Business-Analyse-Vorhaben mit eingegliedert werden! Jede neue Lösung eines Unternehmensbedarfs bedingt auch Änderungen in den Prozessen. Prozessmanagement ist demnach ein wesentlicher Teil, der nicht außer Acht gelassen werden darf!

### Woraus besteht ein Prozess?

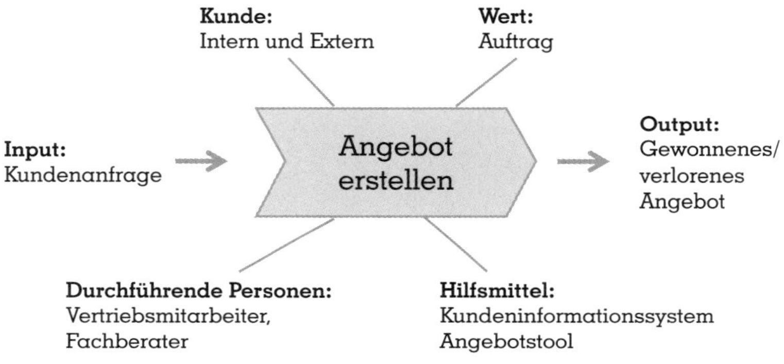


**Abbildung 11: Bestandteile eines Geschäftsprozesses**

Wie die Grafik verdeutlicht, besteht jeder Prozess aus zumindest fünf Faktoren:

- **Input/Output:** Ein Input ist ein Auslöser, in unserem Beispiel die Anfrage eines Kunden. Es ist das Startereignis, das den Prozessbeginn definiert. Am Ende des Prozesses steht als Ergebnis der Output, z. B. die Annahme oder Absage des gestellten Angebots.
- **Kunde:** Das sind Personen oder Organisationseinheiten, die die Leistungen empfangen. Unterschieden wird zwischen internen Kunden (im Unternehmen selbst) und externen Kunden (beispielsweise Lieferanten, Endkunden etc.).

- **Wert:** Darunter verstehen wir eine entstandene Leistung, für die der Kunde aufgrund seines Bedürfnisses bereit ist, Geld zu zahlen.
- **Elemente mit logischen Folgebeziehungen:** Die Aufgaben stehen im Mittelpunkt der Prozesse. Sie bestimmen den eigentlichen Leistungsumfang sowie die Besonderheiten. In unserer Grafik sind das die durchführenden Personen wie der Fachberater oder der Vertriebsmitarbeiter. Sie erhalten durch den Input eine besondere Aufforderung, etwas Bestimmtes zu tun.
- **Dimensionen:** Ein Prozess findet immer zu einer bestimmten Zeit an unterschiedlichen Orten statt. Der Raum kann allerdings auch ein Hilfsmittel wie ein Angebotstool sein oder eine Datenbank, in der die Kunden erfasst werden.

### Prozessmodellierung

Bei der Prozessmodellierung werden Geschäftsprozesse oder einzelne Ausschnitte abstrahiert und (meist) grafisch dargestellt. Nicht nur Abläufe können so modelliert werden, sondern auch Daten und Organisationseinheiten.

Ziele der Prozessmodellierung können sein:

- Dokumentation der Geschäftsprozesse des Unternehmens, um beispielsweise Kenntnis über die Geschäftsprozesse zu erlangen, Unternehmenseinheiten abzubilden oder um Geschäftsprozesse an andere Standorte zu übertragen, aber auch um gesetzlichen Vorschriften zu genügen, Mitarbeiter zu schulen oder Wissensverlust zu vermeiden;
- Festlegung von Prozesskennzahlen und Überwachung der Prozessleistung;
- Definition von Schnittstellen;
- Vorbereitung bzw. Durchführung von Prozessoptimierungen;
- Unterstützung von IT-Systemen;
- Modularisierung der Unternehmensabläufe;
- Best Practice eruieren;
- Veränderungen begleiten.

## Unterschiedliche Ebenen

Die Unterscheidung von Prozessen und Arbeitsabläufen bei der Prozessmodellierung führt zu unterschiedlichen Ebenen – so lässt sich die Komplexität verringern und Prozesse anschaulicher darstellen.

- **Höchste Ebene**: Prozesslandkarte oder Wertschöpfungsdiagramm – Übersicht über alle Prozesse eines Unternehmens. Meistens gibt es auch noch eine Unterscheidung zwischen Managementprozessen, Kernprozessen und Unterstützungsprozessen.
- **Niedrigste Ebene:** Stellt die einzelnen Prozesse dar.
- Oft existieren dazwischen auch noch Ebenen, die eine Aggregation sind, um bei sehr komplizierten Prozessen die Übersichtlichkeit zu gewährleisten.

## Prozesslandkarte

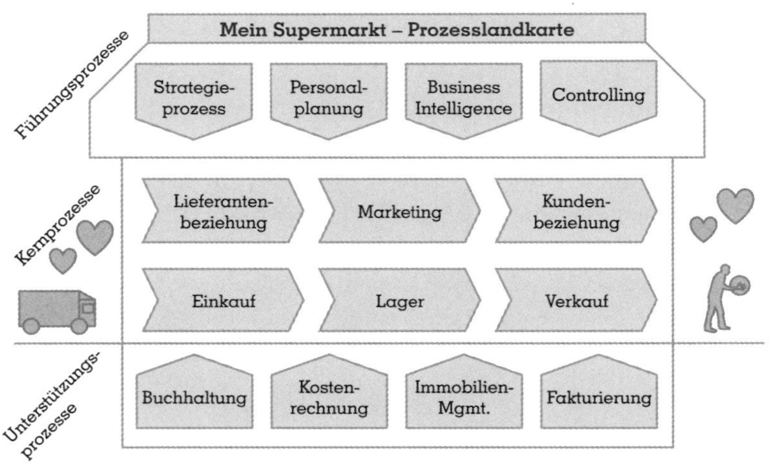


**Abbildung 12: Beispiel für eine Prozesslandkarte**

Bei einer Prozesslandkarte werden die einzelnen Geschäftsprozesse in ihren Wechselwirkungen und/oder zeitlichen Beziehungen grafisch dargestellt und die verantwortlichen Prozesseigner identifiziert. Die Prozesslandkarte eignet sich als Basis für weitere Optimierungen, Beschreibungen und Definitionen einer Prozessorganisation. In unserer oben abgebildeten Prozesslandkarte stellen wir Unterstützungs-, Kern- und Führungsprozesse innerhalb eines Unternehmens dar.

- Ein **Führungsprozess** umfasst die Steuerung der Kernprozesse in einem Unternehmen. Der Fokus liegt dabei auf der Strukturierung organisatorischer Rollen und deren Aufgaben.
- **Kernprozesse** leiten sich aus der Kernkompetenz des Unternehmens ab. Dabei werden alle Tätigkeiten umfasst, die der Wertschöpfung des Unternehmens dienen. Schnittstellen sind typischerweise Lieferanten und Kunden. Eingangs- und Ausgangspunkt des Kernprozesses ist der Kundenwunsch.
- Ein **Unterstützungsprozess** umfasst betriebliche Prozesse, die zwar den Kernprozess unterstützen, selbst aber keinen direkten Kundennutzen erzeugen.

### Prozessnotation

Ein Geschäftsprozess besteht aus mehreren, logisch miteinander verknüpften Einzeltätigkeiten wie Aufgaben oder Aktivitäten, die ausgeführt werden, um ein geschäftliches Ziel zu erreichen. Geschäftsprozesse gehen oft über Abteilungs- und Betriebsgrenzen hinweg und gehören zur Ablauforganisation eines Betriebs. Auch eine Aufteilung in verschiedene Teilprozesse ist durchaus gang und gäbe, vor allem, wenn der Geschäftsprozess komplex ist.

Es gibt unterschiedliche Notationen, um Geschäftsprozesse darzustellen. Häufige Notationen sind z. B:

- Ereignisgesteuerte Prozessketten (EPK),
- Aktivitätsdiagramme der Unified Modelling Language,
- Business Process Modeling Notation (BPMN).

Wir nutzen zur Veranschaulichung die vermutlich häufigste Form, die Ihnen in Ihrer Praxis begegnen wird, die EPK (ereignisgesteuerte Prozessketten). EPK sind im Vergleich zu den anderen Notationen relativ einfach zu verstehen. UML und BPMN haben mehr Ausdrucksmöglichkeit und führen so zu übersichtlicheren Modellen. Insbesondere BPMN eignet sich, um Prozesse in automatisierten Workflows abzubilden.

Die EPK bestehen aus verschiedenen Elementen:

- **Aktivitäten**: Ein Ereignis löst eine Reihe an Aktivitäten aus, die wiederum zu einem Ereignis führen. Ein Beispiel dafür: Ein Kunde gibt eine Bestellung auf, das führt zu einer Angebotsannahme und am Ende kommt es zu einer Auslieferung.
- **Ereignisse**: Ein Ereignis beschreibt einen Zustand, der objektiv dargestellt werden kann und der vor oder nach einer Tätigkeit eintritt (»Das Paket ist gelb.«). In einem Prozess kann ein Ereignis so lauten: Immer wenn Ereignis x eintritt, führt das zur Aktivität y.
- **Verzweigungen**: Prozesse sind meistens komplex und bestehen aus mehreren Ereignissen und Aktivitäten. Um diese darzustellen, werden Verzweigungen benötigt (und, oder bzw. entweder oder). Eine »Und«-Verzweigung gibt an, dass die Aktivitäten unabhängig voneinander erfolgen müssen. Eine »Oder«-Verzweigung sagt, dass mindestens ein Ereignis wahr sein muss, während die »Entweder oder«-Verzweigung genau eines aus mehreren möglichen Ereignissen als wahr beschreibt.
- **Zusammenführungen**: Besteht ein Prozess aus mehreren Aktivitäten, werden diese am Ende wieder zu einem Ergebnis führen. Ein Beispiel dafür: Eine Bestellung wird aufgegeben und egal, ob der Kunde sie abholt oder sie sich zusenden lässt, am Ende wird eine Rechnung gestellt. Eine Zusammenführung bedient sich immer der gleichen Logik wie die dazugehörige Verzweigung. Das bedeutet, dass Zusammenführungen auch in »und«, »oder« und »entweder oder« eingeteilt werden.
- **Schnittstellen**: Eine Schnittstelle dient der chronologischen Darstellung von Prozesszusammenhängen. Sie stellt dar, dass nach Beendigung eines Prozesses unmittelbar ein anderer folgt.

Ein Beispiel, wie so ein Prozess durch EPK visualisiert werden kann, findet sich im folgenden Beispiel:

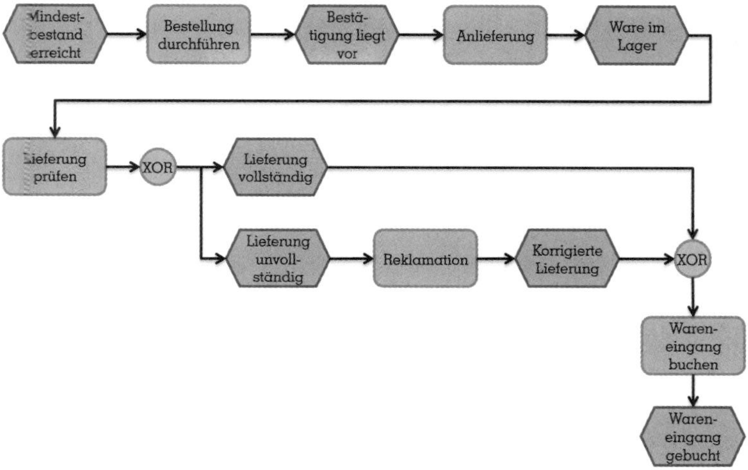


**Abbildung 13: Beispielprozess einer Lieferung**

Im Rahmen unseres Buches können wir leider nur sehr vereinfacht auf die Prozessmodellierung eingehen. Die Möglichkeiten, Prozesse zu visualisieren, sind schier unendlich.

## Prozessanalyse

Die Prozessanalyse bezeichnet die systematische Untersuchung von Prozessen bzw. deren Zerlegung in Einzelteile. Dadurch soll der Prozess verstanden werden und eventuelle Schwachstellen schneller erkannt bzw. Verbesserungspotenziale eruiert werden.

### Recherchemethoden

Um den Prozessen auf die Spur zu kommen, eignen sich unterschiedliche Recherchemethoden. Hier sind einige davon – wobei Sie nie mit nur einer Methode ans Ziel kommen werden; es wird immer der passende Mix sein, auf den es ankommt.

### Teilnehmende Beobachtung

Bei dieser Methode begleiten Sie die ausführenden Mitarbeiter in allen Prozessschritten, um den Prozess und seinen Ist-Zustand wirklich zu verstehen. Bevor Sie das tun, brauchen Sie allerdings ein Gesamtverständnis für den Prozess, sonst wird die Flut der neuen Informationen Sie schnell überfordern. Im Mittelpunkt steht die Frage: »Warum?« Fragen Sie nach jedem Schritt nach allem, was Sie beobachten können – die Mitarbeiter sind dank jahrelanger Übung meistens schon so routiniert, dass ihnen vieles selbstverständlich vorkommt.

Die Beobachtungen ergänzen hervorragend Ergebnisse aus Workshops und Interviews.

### Dokumentenanalyse

Vor allem quantitative Fragen wie Durchlaufzeiten, Gewichtung von Varianten, Kosten und Mengen können durch die Untersuchung abgeschlossener Prozesse hervorragend erarbeitet werden. Dafür suchen Sie nach Dokumentationen eines Prozesses und versuchen alles abzulesen, was möglich ist. Recherchieren Sie Start und Ende eines Prozesses, im Idealfall finden Sie sogar eine eigene Prozessausführung im Dokument. Auch im dokumentierten Beschwerdemanagement werden häufig Fehler in Prozessen sichtbar.

Die Dokumentenanalyse ist dann relativ schwierig, wenn Aktivitäten in einem Prozess isoliert gesehen werden, denn in dem Fall existiert häufig auch keine zusammenhängende Beschreibung. Rechnen Sie bei diesem

Ansatz eher mit einer Detektivarbeit, auch wenn er ein gutes Korrektiv für dargestellte Prozesse aus Workshops und Interviews bietet.

### Prozessworkshop

Der Prozessworkshop ist eine Methode der Prozesserhebung. Dabei werden Probleme in der prozessualen Zusammenarbeit transparent gemacht, um Verbesserungsmöglichkeiten gemeinsam erarbeiten zu können.

Der Vorteil eines Workshops gegenüber dem Einzelinterview ist, dass Sie dabei gleich verschiedene Sichtweisen integrieren, die Motivation stärken und ein gemeinsames Commitment ansteuern können. Dabei beschreiben alle Beteiligten ihre Informationen und Anforderungen. Dadurch sparen Sie einerseits Zeit, andererseits ergeben sich durch die gemeinsame Sicht häufig schon Verbesserungsvorschläge.

Allerdings darf bei einem Workshop der gruppendynamische Aspekt nicht vergessen werden: Wenn mehrere »Führer« sich auf eine Sicht oder Lösung einigen, wird es schwierig, irgendwelche Bedenken einzubringen. Auch ist es eine große Herausforderung, wenn Abteilungen, die sonst wenig bis schwierig miteinander kommunizieren, in einem solchen Workshop zusammentreffen. Häufig wird dabei nach einem Sündenbock für die aufgetretenen Probleme gesucht und schnell gefunden. Die Abteilungen agieren in solchen Situationen eher als Interessensvertreter und nicht mehr als Teilnehmer.

Ein erfahrener Moderator kann allerdings mit einem geschickten Griff in seinen Methodenkoffer gewisse Sackgassen umfahren.

Der Workshop erfordert meistens mindestens einen oder gar zwei ganze Arbeitstage aller Beteiligten. Für viele ist es schwierig, sich die entsprechende Zeit freizuschaufeln. Im Alltag wird der Prozessworkshop eher als Luxus gesehen und nicht so häufig eingesetzt werden können.

## Interview

Das Interview gehört neben der Beobachtung und der Dokumentenanalyse zu den wichtigsten Recherchetools in der Phase der Informationsbeschaffung. Gegenüber dem Workshop hat das Interview den Vorteil, dass der Beteiligte sich keinem Gruppendruck ausgeliefert fühlt. Auch ist der Informationsgehalt der Interviews eindeutig höher. Achten Sie aber darauf, dass gerade beim Interview die Wahrnehmung ein wesentlicher Einflussfaktor ist: Wird Wissen vorausgesetzt oder ist die Frage missverständlich gestellt worden? Versteht der Befragte das Ziel des Interviews?

Manches Mal gibt es auch taktische Antworten, wenn ein Befragter sich z. B. durch seine Antworten einen persönlichen Vorteil erhofft. Gerade in der Prozessanalyse geht es aber nicht um Schuldzuweisungen, sondern um eine neutrale Informationserhebung bzw. eine unbeeinflusste Einschätzung. Da aber immer irgendwo Probleme auftauchen, kann es schnell passieren, dass sich jemand taktischer Antworten bedient, um den Prozess ein wenig zu lenken. Auch wissen die interviewten Personen meistens nicht, was mit ihren Antworten passieren wird, deswegen können diese sehr spärlich ausfallen. Darum ist es wichtig, zunächst ein vertrauensvolles Klima zu schaffen, beispielsweise durch einen gemeinsamen, vorausgegangenen Workshop. Mehr zu Interviews finden Sie in Kapitel 4.2 und 5.3.

## Schwachstellen in Prozessen identifizieren

Oft ist das subjektive Gefühl vorhanden, dass ein Prozess nicht so läuft wie gewünscht. Aber es gibt auch andere Anzeichen, die auf einen kränkelnden Prozess hinweisen können:

- **Bitte warten**: Wenn sich bereits Akten stapeln und Aufgaben im Rückstand befinden, deutet das auf einen mangelhaften Prozess hin.
- **Sich wiederholende Informationen**: Stellen Sie fest, wo sich redundante Informationen in unterschiedlichen Listen wiederfinden. Auch immer wieder kopierte Excel-Dateien oder Listen bedeuten

nicht nur eine doppelte Arbeit in der Wartung, sondern weisen auf einen schlecht organisierten Prozess hin.

- **Veraltete Informationen**: Um Wissen zu retten, müssen manchmal Akten vernichtet werden, sonst schafft die Fülle an Informationen eine Blockade für die Recherche. Wenn Informationen über ein Jahr nicht verwendet wurden, fragen Sie besser nach, wie sinnvoll eine Aufbewahrung noch ist.
- **Informationsflut**: Weniger ist manchmal mehr, aber oft werden dennoch viele Berichte, Listen etc. erstellt, ohne dass ein Bedarf da ist; diese verschwinden dann ungelesen in einer Schublade. Schade, wenn man bedenkt, wie viel Arbeitszeit, Fleiß und Engagement dafür verschwendet wird.
- **Zu viele Vorgänge**: Wenn sich zu viel Personal um zu viele Vorgänge kümmert, kann das ein Anstoß sein, über effizienteres Prozessmanagement nachzudenken.

## Technologie

Technologien leisten einen wesentlichen Beitrag zur Unterstützung und Automatisierung von Abläufen im Unternehmen. Wir sprechen in diesem Zusammenhang hauptsächlich von Informationssystemen, aber in gewisser Weise natürlich auch von Produktionssystemen. Da diese aber ein eigenes Thema für sich sind, konzentrieren wir uns an dieser Stelle auf die Informationstechnologie, kurz IT.

### Modellierung der IT-Landschaft

In der Business-Analyse geht es immer auch darum, sich einen Überblick über die IT-Landschaft eines Unternehmens zu verschaffen. Dazu bedarf es einer High-Level-Betrachtung. Je nach Scope (Festlegung des Umfangs) der Business-Analyse kann es sich dabei um

- eine **Gesamtübersicht** über die IT-Landschaft der ganzen Firma
- oder um die Analyse von **Ausschnitten** handeln.

## Übersichtsgrafiken

Informationstechnologie trägt bereits das Wort »Information« im Namen. Es geht also darum, Informationen zu verarbeiten. Dieses kann in verschiedenen Varianten grafisch dargestellt werden:

- **Informationssystem-Bebauungsplan:** Dieser dient zur Darstellung der Informationssysteme in Bezug auf Prozesse und Organisationseinheiten, in denen sie genutzt werden.

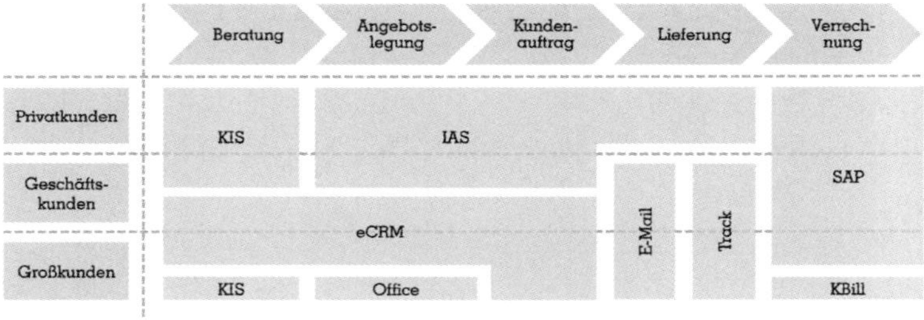


**Abbildung 14: Beispiel eines Informationssystem-Bebauungsplans**

- **Informationsfluss-Grafiken**: Diese Grafiken zeigen Schnittstellen und Datenflüsse zwischen den einzelnen Informationssystemen an.

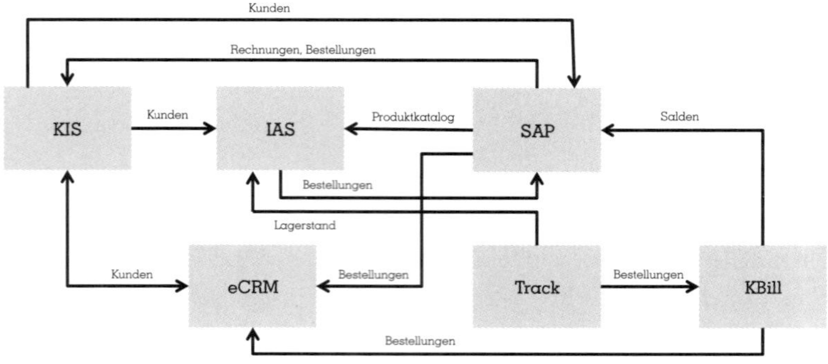


**Abbildung 15: Beispiel einer Informationsfluss-Grafik**

- **Concept Maps:** Um Informationen im Ist-Zustand darzustellen, können Concept Maps benutzt werden. Eine Concept Map visualisiert Begriffe (Concepts) und deren spezielle Zusammenhänge, um Wissen grafisch darzustellen und Gedanken zu ordnen und zu reflektieren. Dargestellt werden die Elemente meistens als Rechtecke oder Ovale (für Begriffe), Pfeile (zeigen Beziehungen an) und Pfeilbeschriftungen (spezifizieren die Art der Beziehung). Eine Beziehung kann statisch (entspricht, ähnelt, enthält etc.) oder dynamisch (führt zu, verändert, hat zum Ziel etc.) sein.

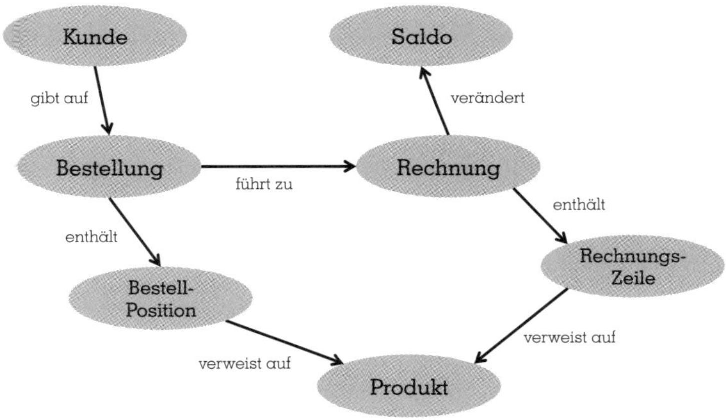


**Abbildung 16: Beispiel einer Concept Map**

## Detailgrafiken

Wenn Sie nicht nur darstellen wollen, wie Systeme der IT-Landschaft miteinander interagieren, sondern wie ein System aufgebaut ist und welche Funktionen es unterstützt, sollten Sie auf UML-Diagramme zurückgreifen. Sie haben etwas kompliziertere Notationen, dafür aber mehr »Ausdrucksstärke«. Wir unterscheiden folgende zwei Diagramme:

➤ **UML Komponentendiagramm**: Es zeigt Systeme, Komponenten und deren Schnittstellen im Detail. Im Rahmen der Business-Analyse werden diese vor allem dazu verwendet, um die relevanten und möglicherweise von einer Änderung betroffenen Systemkomponenten darzustellen. Erst nachdem die einzelnen Komponenten identifiziert und die Aufgaben definiert wurden, wird die Entwicklung aufgeteilt und die Implementierung eingeleitet.

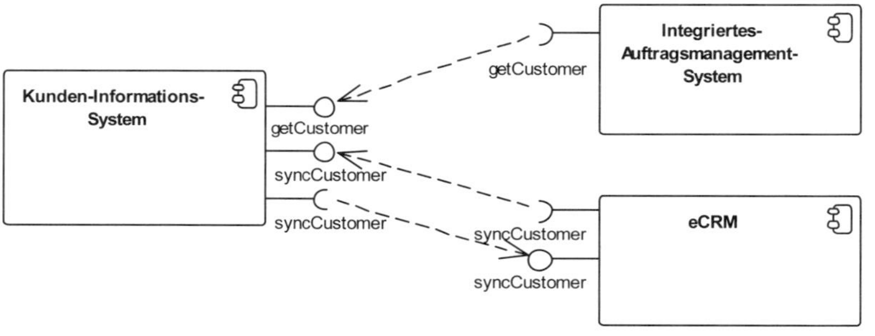


**Abbildung 17: Beispiel eines Komponentendiagramms**

➤ **UML-Anwendungsfalldiagramme:** Sie zeigen die Funktionalität eines Systems aus der Sicht von Akteuren (z. B. menschliche Akteure oder auch Maschinen). Die Modellierung beschreibt allerdings nur, welche Anwendungsfälle das System anbietet, aber nicht deren Realisierung. Der Fokus liegt auf den Erwartungen der Anwender an das System. Ausgehend von einem UML-Anwendungsfalldiagramm wird in einem Top-down-Verfahren das dynamische Verhalten verfeinert und präzisiert. Ein Beispiel eines Anwendungsfalldiagramms finden Sie in Kapitel 5.4.

## Analyse der IT-Landschaft

### Recherchemethoden

Auch für die Analyse der IT-Landschaften gibt es einige Möglichkeiten. So schön einheitliche Modelle im Sinne einer IT-Bebauung aber auch sein mögen, oft sind Problemstellungen in der Business-Analyse neu. Es geht also darum, diese neue Problemstellung situationsgerecht aufzubereiten. Das funktioniert aber nur, wenn ein relevanter Ausschnitt ausgewählt und dargestellt wird. So verlockend und vielversprechend einzelne Methoden auch sein mögen, in der Praxis geht oft kein Weg daran vorbei, selbst die Information zu sammeln und darzustellen.

- **Dokumentenanalyse:** Meistens liegt eine Dokumentation über die IT-Landschaft vor, selten jedoch in einem standardisierten Format, noch seltener im Sinne eines IT-Bebauungsplans. Studieren Sie diese Dokumente, um die bestehende IT-Landschaft besser zu verstehen.
- **IT-Bebauungsplan**: Im besten Fall haben Sie Zugriff auf einen strukturierten Bebauungsplan, der Ihnen Tool-unterstützt alle wesentlichen Fragen beantwortet. Sie erhalten so
  - Transparenz über die aktuelle IT-Landschaft,
  - zeitnahe und zielgruppenrelevante Informationen,
  - eine Basis für Kommunikation und Ausrichtung auf das Unternehmen,
  - die Grundlage für eine effiziente Weiterentwicklung, Planung und Steuerung der IT-Landschaft.
- **Kopfmonopole:** Oft gibt es eine Art Überblickswissen, das allerdings nur in wenigen Köpfen vorhanden ist. Finden Sie diese Personen (s. Kapitel 3.2 über die Stakeholder, insbesondere die IT-Architekten), befragen Sie sie ausführlich und schreiben Sie die Ergebnisse auf. Durch eine übergreifende Dokumentation wird dieses Wissen allgemein zugänglich gemacht.

## Schwachstellen identifizieren

Das Ziel der IT ist, das Unternehmen bestmöglich zu unterstützen. Es geht also darum, aktuelle Schwachstellen in der IT-Landschaft zu identifizieren und in Folge auch zu beheben. Die Fragestellungen der verschiedenen Stakeholder werden durch eine Analyse der Gesamtbebauung beantwortet. Diese Fragestellungen lassen sich grob in zwei Bereiche teilen:

- **Business Alignment**: Die Weiterentwicklung einer IT-Landschaft sollte sich sowohl an den Geschäftsanforderungen als auch an den Unternehmenszielen orientieren. Während die fachliche Bebauung die aktuellen Geschäftsanforderungen zeigt, werden zukünftige Geschäftsanforderungen durch fachliche Soll-Bebauungen dokumentiert. Fragestellungen fokussieren sich vor allem auf Aspekte der Verknüpfung zwischen IT und Unternehmen wie z. B. den Grad und die Qualität der Geschäftsprozess-Unterstützung oder auch die Beseitigung von fachlichen Redundanzen.
- **Strategisches IT-Management:** Entsprechend den Geschäftsanforderungen und der IT-Strategie müssen auch die technischen Standards, die Ziel-Landschaft und deren Umsetzungs-Roadmap gestaltet werden. Aber auch die Umsetzung diverser Vorgaben und Planungen muss beachtet werden. Der Fokus liegt deswegen auf Aspekten wie einem Überblick über die IT-Landschaft, den technischen Standards für die Informationssysteme und der Betriebsinfrastruktur, aber auch auf dem Handlungsbedarf und Optimierungspotenzial der technischen Standards. Das alles geschieht aus der IT-internen Sicht. So ist es manches Mal sinnvoll, z. B. Kosten zu senken, indem die Wartung einfacher oder flexibler wird, was Änderungen betrifft.

Bei beiden Fragestellungen sind die richtigen Quellen vor allem die Stakeholder aus der IT, aber auch aus dem Business (die fachlichen Ansprechpartner für einzelne Systeme).

## 4.3 Was braucht das Unternehmen?

Strategie und der aktuelle Ist-Zustand des Unternehmens sind nun bekannt. Damit wissen Sie als Business-Analyst schon viel – nämlich, wo das Unternehmen aktuell steht. Diese Erkenntnis gibt Ihnen aber leider noch keine Antwort auf die Frage, was denn eigentlich benötigt wird, um das Ergebnis zu erreichen.

Egal, ob ein Unternehmen öffentlich, privat oder gemeinnützig agiert, es bedient immer einen Markt, führt eine Mission aus und – vorausgesetzt, dass alles gut geht – erfüllt die Vision, die die Manager für dieses Unternehmen aufgestellt haben.

Im Laufe der Zeit werden also immer wieder Ziele für das Unternehmen gesetzt, an denen das ganze Team hart arbeitet und auf die es zusteuert. Diese Ziele werden auch Geschäftsanforderungen genannt: Sie sind das, was ein Unternehmen erreichen muss, um profitabel zu sein, effektiv zu agieren und erfolgreich seine Aufträge durchzuführen. Auf höchstem Niveau definierte Geschäftsanforderungen können auch den Ressourcenbedarf oder Optimierungsvorschläge enthalten.

Um das alles umzusetzen, braucht es in erster Linie eine gute Unternehmensanalyse, die die Identifizierung und das Verständnis über die Unternehmensziele, die Kommunikation über die strategische Ausrichtung, die Erfassung der Geschäftserfolge, Herausforderungen, Risiken, aber auch Probleme mit einschließt.

Wer Geschäftsanforderungen erfolgreich identifizieren will, muss sehr kritisch denken, gute analytische Fähigkeiten und den Mut haben, Dinge zu hinterfragen. Die Führungskräfte eines Unternehmens können oft nicht eindeutig sagen, was sie brauchen, aber sie schlagen meistens fertige Lösungen vor oder beschweren sich über Dinge, die sie nicht haben, und reden über Möglichkeiten, denen sie nachgehen könnten, wenn sie nur die neuesten Technologien hätten. Das heißt, es gibt eine Menge an Informationen, die erst durchgesiebt und interpretiert werden müssen. Meistens sind die Geschäftsanforderungen versteckt hinter Zielen wie Umsatzsteigerung, Kostensenkung oder Verbesserung des Services.

Die Frage lautet also: Was braucht das Unternehmen und woher bekommen Sie diese Informationen?

## Der Unternehmensbedarf

In Kapitel 2.1 haben wir bereits definiert, was der Unternehmensbedarf eigentlich ist: ein Problem, eine Chance oder eine Einschränkung, die unsere Stakeholder motiviert, etwas zu ändern. Dieser existiert im derzeitigen Zustand (Ist-Zustand).

Nun geht es darum, den neuen Soll-Zustand zu definieren, in dem der Unternehmensbedarf bereits erfüllt ist – ein Zustand, in dem das Problem gelöst, eine Chance genutzt oder eine Einschränkung entfernt oder sichergestellt wurde.

### Der erste Weg führt zu den Auftraggebern

**Projektauftrag:** Wenn es einen klar definierten schriftlichen Auftrag für die Business-Analyse gibt, sollte dieser bereits konkrete Aussagen zu dem zu erfüllenden Unternehmensbedarf enthalten – also beispielsweise als Ziel der Business-Analyse festzulegen, einen Weg zu finden, die Kundenzufriedenheit zu erhöhen.

**Interviews mit Auftraggebern:** Auch wenn es keinen schriftlich formulierten Auftrag für die Business-Analyse gibt (oder nur einen sehr vagen): Sprechen Sie immer mit den Auftraggebern, um hier Klärung zu bekommen! In Interviews treten die wichtigen und zahlreichen Details ans Licht, an denen in schriftlichen Aufträgen oft gespart wird.

## Unternehmensziele und Wert

Der Unternehmensbedarf sollte mit genauen Zielen konkretisiert werden und mit einem Nutzen hinterlegt sein: Nehmen wir als Beispiel, dass das Unternehmen die Durchlaufzeit des Bestellprozesses reduzieren möchte.

Zunächst sollte dazu eine möglichst konkrete Fragestellung formuliert werden. Am besten eignet sich dazu die SMART-Methode: Specific, Measurable, Achievable, Relevant, Time-bounded.

- **Specific:** Ist das Ziel spezifisch genug, z. B. durch Festlegung der Messpunkte im Prozess?
- **Measurable:** Ist das Ziel, also die Verbesserung der Durchlaufzeit, messbar? Wie sind die Zahlen jetzt?
- **Achievable:** Ist das Ziel realisierbar bzw. erreichbar? Eine Verkürzung um 50 Prozent ist eventuell nicht so leicht machbar, aber vielleicht um 20 Prozent.
- **Relevant:** Wie wichtig/relevant ist unser Ziel und wie passt es zu der Unternehmensstrategie? Siehe Kapitel 4.1 (Serviceführer vs. Diskont-Strategie)
- **Time-bounded:** Gibt es einen Zeitpunkt, bis zu dem das Ziel erreicht werden sollte? Beispielsweise bis Ende des Jahres?

## Achtung vor den KPI!

KPI bzw. Key Performance Indicators bezeichnen in der Betriebswirtschaftslehre Kennzahlen, die den Fortschritt bei der Erreichung der gesetzten Ziele innerhalb eines Unternehmens messen und/oder ermitteln. Diese Konkretisierung hilft dabei, genauer hinzuschauen und die Ziele nicht aus den Augen zu verlieren. Dabei darf allerdings nicht vergessen werden, dass Zahlen allein nichts bringen. Die Gefahr, die Zahlen dahingehend zu optimieren, dass sie nach außen hin »schöner« wirken, ist bei allen Beteiligten leider groß. Beispielsweise könnte man »komplizierte Bestellungen« bei der Berechnung herausnehmen und augenblicklich sinkt die Durchlaufzeit deutlich. Deswegen achten Sie nicht nur auf die nackten Zahlen, sondern vor allem auf den Nutzen, den Wert, den diese bringen!

**Wert**

Die Erfüllung der Unternehmensziele allein reicht nicht aus, sondern der Wert muss ebenfalls evaluiert werden. Wenn die Kosten einer Einführung oder Änderung höher sind, als der daraus resultierende Nutzen, ist diese Änderung nicht zu rechtfertigen.

Bei der Definition des zukünftigen Zustands identifizieren Sie als Business-Analyst den potenziellen Wert der Änderung. Das ist der Nettonutzen nach Berücksichtigung sämtlicher Kosten der Veränderungsmaßnahme.

Weitere Faktoren, die den Wert einer Veränderung beeinflussen können:

- Einschätzung der Stärken und Schwächen neuer Partner,
- neue Technologien,
- neues Wissen,
- Einführung einer Change-Maßnahme.

Der Business-Analyst identifiziert in diesem Fall die Chancen einer potenziellen Wertsteigerung sowie die Wahrscheinlichkeit, dass der Wert anderer Komponenten sich ebenfalls durch die Veränderung erhöhen wird. Das geschieht durch eine Schätzung des potenziellen Gesamtwertes aller Möglichkeiten.

Der potenzielle Wert, einschließlich der Details des zu erwartenden Nutzens und der Kosten, sind Schlüsselkomponenten bei der Erstellung eines Business Cases für die Veränderungsmaßnahme. Die Beschreibung des potenziellen Wertes ermöglicht es allen Beteiligten, die Maßnahmen und die zu erwartende Wertänderung zu verstehen.

Es zahlt sich also aus, konkrete Überlegungen anzustellen, was die Veränderung eigentlich bringen soll. So kann sie z. B. finanziell einen Nutzen bringen: Wenn die Durchlaufzeit kürzer wird – welche Erhöhung der Kundenzufriedenheit kann erwartet werden und welche Auswirkung hat das auf neuerliche Bestellungen?

In den folgenden Abschnitten beschreiben wir konkrete Vorgehensweisen je nach Art des Unternehmensbedarfs.

## Unternehmensbedarf: Problem

Bei dieser Art von Unternehmensbedarf geht es um ein Problem, dessen Lösung für Stakeholder einen Wert hat. In diesem Fall lässt sich bereits viel aus einer Ist-Analyse entnehmen.

### Erkenntnisse aus der Ist-Analyse

- Schwachstellen in der Organisation (fehlen Skills, gibt es Überlastung in bestimmten Teams, verhindern Aspekte der Unternehmenskultur eine Veränderung?),
- Schwachstellen in Prozessen (fehlende, veraltete Informationen, Medienbrüche),
- Schwachstellen in der Technologie (bestimmte automatisierbare Prozesse werden nicht durch IT unterstützt, redundante Systeme für vergleichbare Aufgabenstellungen etc.),
- Stakeholder-Interviews.

### Beim Umfang der Business-Analyse bleiben

Wichtig ist natürlich, dass der Business-Analyst im Scope bleibt! Oft werden bei der Ist-Analyse deutliche Schwachstellen sichtbar, die nichts mit dem untersuchten Problem zu tun haben. Die Versuchung, diese Dinge gleich mit zu bearbeiten, ist meist verlockend groß (das wird auch oft von den Auftraggebern gefordert, ohne die Konsequenzen zu beachten). Aber Achtung: Sie öffnen damit schnell die Büchse der Pandora! Denn es gibt möglicherweise bereits andere Initiativen, die sich um ein ähnliches Problem kümmern. Im besten Fall werden gewisse Dinge doppelt erledigt, im schlechtesten gibt es unterschiedliche Lösungsansätze, die alles nur verschlimmern.

### Technik: Ursachenanalyse

Wir haben in diesem Fall zwei Techniken ausgesucht, die schnell aufdecken, dass die ursprüngliche Beschreibung des Unternehmensbedarfs oft gar nicht das Problem beschreibt. Es kann in Wahrheit tiefer liegen oder auch höher.

**Beispiel**: Der Auftrag für die Business-Analyse lautet, Wege zu finden, wie die Durchlaufzeit des Bestellprozesses verkürzt werden kann.

### Ursachenergründung Teil 1 (»Tiefer gehen«):

- Gibt es Medienbrüche, und die Informationen zur Bestellung werden mehrmals erfasst, was wiederum Zeit kostet?
- Nicht alle Informationen werden vom Vertrieb übergeben, wodurch Details aufwendig vom Kunden erfragt und nacherfasst werden müssen?

### Ursachenergründung Teil 2 (»Höher gehen«)

Warum soll die Durchlaufzeit überhaupt verkürzt werden?

- Weil die Kunden unzufrieden sind?
- Weil damit Kosten gespart werden sollen?
- Weil es auf irgendeiner Zielvorgabe einer Führungskraft steht?

Erhoben werden können diese Ursachen mit zwei unterschiedlichen Techniken:

## Fischgrätendiagramm oder auch Ishikawa

Das Ursache-Wirkungs-Diagramm wird verwendet, um die möglichen Ursachen eines Problems herauszufinden bzw. um diese zu ordnen. Dabei wird auf die Ursache des Problems und nicht auf dessen Lösung geachtet und gleichzeitig eine Ordnung für weitere Analysen hergestellt. Folgende Schritte sollten Sie bei der Erstellung des Diagramms beachten:

- Stellen Sie die Fragestellung oder das Problem in einem Kästchen dar.
- Ähnlich der Wirbelsäule eines Fischs werden Linien vom Kästchen ausgehend aufgezeichnet, um Kategorien möglicher Ursachen der Probleme darzustellen (»Gräten«). Dabei stehen kürzere Linien für tiefer liegende Ursachen.
- Ein Brainstorming eignet sich, um verschiedene Ursachen zu kategorisieren und Problemursachen zu ermitteln. Tragen Sie diese in die Fischgräten ein.
- Analysieren Sie die Ergebnisse. Beachten Sie aber dabei, dass nur potenzielle Ursachen des Problems ermittelt wurden.
- Sobald Sie diese potenziellen Ursachen haben, machen Sie ein weiteres Brainstorming, um mögliche Lösungen zu finden.

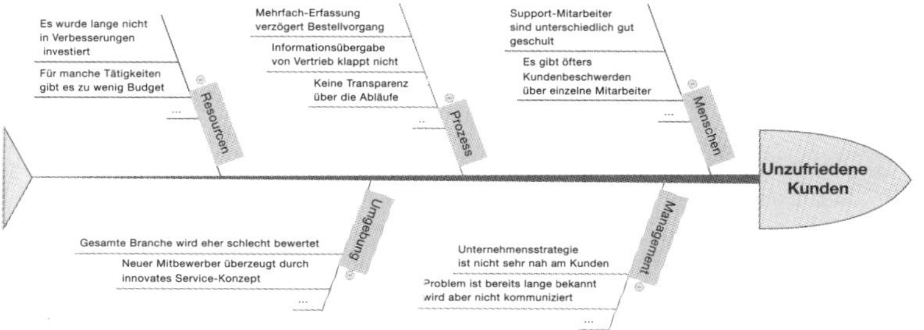


**Abbildung 18: Fischgrätendiagramm**

### Five Whys

Bei dem Five-Whys-Verfahren wiederholen Sie immer wieder Fragen, um zur Ursache eines Problems zu gelangen. Diese Technik ist eine der einfachsten Instrumente, um Probleme zu lösen. Sie kann eigenständig oder als Teil einer Ursachen-Wirkungs-Analyse eingesetzt werden.

- Schreiben Sie dazu das Problem in die Mitte eines Flipcharts oder Whiteboards.
- Fragen Sie anschließend: »Warum tritt das Problem auf?« Die Antworten auf diese Frage werden schriftlich erfasst.
- Danach wird die Antwort des vorherigen Schritts erneut mit »Warum?« infrage gestellt und die Antworten wiederum notiert.
- Der letzte Schritt wird so lange wiederholt (mindestens aber fünfmal), bis alle Teilnehmenden der Meinung sind, dass die eigentliche(n) Ursache(n) gefunden wurde(n).

## Unternehmensbedarf: Chance

Bei dieser Art Unternehmensbedarf geht es um eine Chance, die genutzt werden kann und die für Stakeholder einen Wert darstellt (siehe auch Beispiel aus 4.1: Produktinnovation mit der Chance, über einen Online-Vertrieb neue Absatzmärkte aufzubauen).

### Gap-Analyse oder Lückenanalyse

Das Ziel einer Gap-Analyse ist es, einen Ist-Zustand mit einem Soll-Zustand zu vergleichen, um daraus Maßnahmen abzuleiten. In unserem Beispiel können das z. B. unterschiedliche Fähigkeiten sein, die das Unternehmen braucht, um eine Chance nutzen zu können.

Gap-Analysen können aus ganz unterschiedlichen Perspektiven durchgeführt werden, z. B. aus der Sicht der

- Strategie,
- Organisation,
- Prozesse,
- Informationstechnologie,
- oder einer Mischung aus allen.

Bei der Perspektive aus Prozesssicht kann man z. B. in einer Tabelle für jeden Schritt eines Prozesses eine Zeile erstellen. Danach wird bewertet, inwiefern der Unternehmensbedarf derzeit erfüllt wird und welche Lücken sich daraus ergeben.

Eine Gap-Analyse in einer Misch-Sicht ist in der folgenden Tabelle aufgelistet:

| Thema | Fragestellung | GAP | Bewertung |
|---|---|---|---|
| Mitarbeiter | Haben wir Online-Vertriebs-Experten im Haus? | ○ | ... |
| Partner | Sind unsere Vertriebspartner auf die Veränderung vorbereitet? | ○ | ... |
| Prozesse | Unterstützen unsere Vertriebsprozesse einen Online-Vertrieb? | ○ | ... |
| Prozesse | Unterstützen unsere Logistikprozesse einen Online-Vertrieb? | ○ | ... |
| Prozesse | Unterstützen unsere Service-Prozesse einen Online-Vertrieb? | ○ | ... |
| Technologie | Ist das bestehende Web-Portal ausreichend? | ○ | ... |
| ... | ... | ... | ... |

**Abbildung 19: GAP-Analyse**

> **Tipp**
>
> Das Wort Gap (engl. Lücke) kann auch als Akronym GAP interpretiert werden und steht für »Good«, »Average« und »Poor«. Jede Frage kann in diesen drei Stufen klassifiziert werden, um Maßnahmen zu priorisieren.

## Scope und Big Picture

Ein wichtiges Ergebnis im Zusammenhang mit dem Unternehmensbedarf ist die Festlegung des Umfangs (Scope) der Veränderung. Generell ist es eine der wichtigsten Aufgaben des Business-Analysten, den genauen Umfang festzulegen. In diesem Zusammenhang möchten wir Sie an die Kernbegriffe Umgebung – Kontext – Veränderung aus Kapitel 2 erinnern: Der Umfang grenzt die Veränderung vom Kontext ab und wird bewusst durch den Business-Analysten gestaltet.

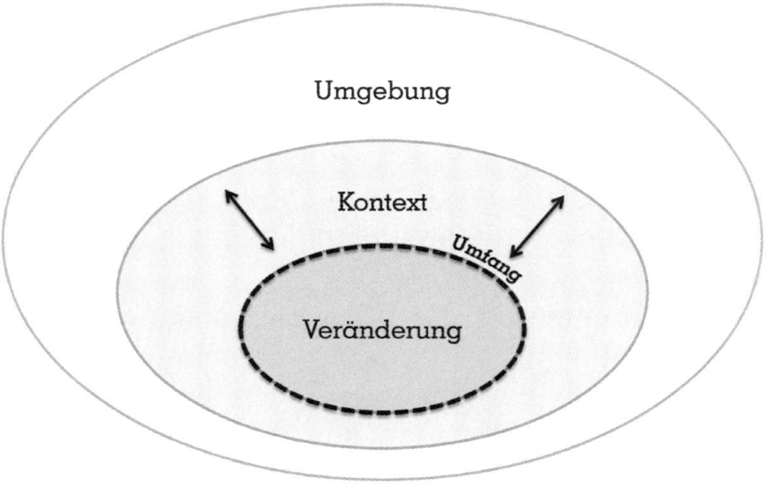


**Abbildung 20: Visuelle Darstellung des Umfangs einer Veränderung – der Scope**

Der Umfang einer Maßnahme muss allen Stakeholdern klar kommuniziert werden, da alle Stakeholder einen ganz persönlichen Kontext zur Veränderung haben.

Eine gute Möglichkeit, den Umfang einer Veränderung zu vermitteln, ist das sogenannte »Big Picture«. Die Technik des Big Pictures ist eine der wenigen, die einen Überblick über die gesamte Geschäftslage bietet. Wo Modellierungsansätze wie Daten- oder Prozessmodellierung bestimmte Aspekte eines Unternehmenssystems darstellen, zeigt das Big Picture alle Aspekte.

Viele Probleme, die im aktuellen System durch schlechtes Prozessdesign oder unzureichende IT-Systeme verursacht worden sind, können so visualisiert werden. Manchmal führen unterschiedliche Auffassungen, Missverständnisse, Stress durch zu viele Aufgaben, persönliche Differenzen mit Kollegen, Unzufriedenheit mit dem Management oder Frustration über unzureichende Ressourcen zu Problemen. Jeder dieser Faktoren kann die Erfüllung einer Aufgabe beeinträchtigen, aber traditionelle Analyse-Modelle können diese Umstände oft nicht ausreichend erfassen und aufzeichnen. Das Big Picture wiederum erlaubt dem Business-Analysten, alle menschlichen und kulturellen Aspekte sowie Prozessabläufe und Informationsnutzung zu dokumentieren. Die unstrukturierte Art der Technik ermöglicht es, Informationen bildlich und einfach darzustellen.

Ein Big Picture folgt keiner definierten Notation – es ist alles erlaubt, was ein besseres Bild über den Umfang einer Business-Analyse-Maßnahme ermöglicht. Wir erstellen Big Pictures häufig anhand von Prozessabläufen oder anhand der IT-Landschaft.

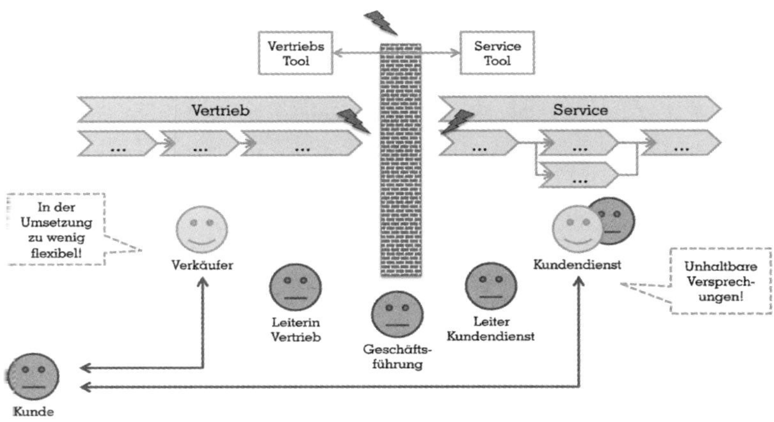


**Abbildung 21: Beispiel eines »Big Pictures«**

## 4.4 Lösungen definieren und bewerten

Früher wurde zunächst erhoben: »Was ist zu tun?« und entsprechend definiert und danach erst gefragt und festgelegt: »Wie wollen wir vorgehen?« Die meisten Unternehmen machen aber die Erfahrung, dass diese Vorgehensweise nicht funktioniert. Fragen nach dem, was überhaupt (z. B. technisch) machbar ist, was und wie sich etwas gemeinsam entwickelt, vor allem aber Fragen nach dem Bedarf, der letztlich den Prozess steuert, stehen nun im Mittelpunkt des Interesses.

Im letzten Kapitel haben wir besprochen, was der Unternehmensbedarf genau ist und wie er erhoben werden kann. Wir haben ihn in drei Kategorien eingeteilt und ein Big Picture erstellt, um den Umfang der Veränderung zu verdeutlichen. Nun geht es darum, Lösungen zu finden, die den Unternehmensbedarf erfüllen.

Jede Lösung kann eine oder eine Kombination unserer Betrachtungsobjekte enthalten: neue Prozesse, Veränderungen in der Organisation bzw. dem Managementsystem und neue oder veränderte IT-Unterstützung.

### Lösungsansätze identifizieren

Unser Fokus liegt bei dem Wort »Lösungen« eindeutig auf der Mehrzahl: Es geht darum, mehrere Lösungsansätze und nicht die vermeintlich richtige und einzige Lösung zu finden. Sehr oft wird bereits in dieser Phase sehr eingeschränkt gedacht und die Aufmerksamkeit ist nur auf die naheliegende Lösung gerichtet. Das Ziel dieser Phase ist es aber, möglichst viele Optionen zu finden.

Eines ist an dieser Stelle entscheidend: Es ist *nicht* Ihre Aufgabe als Business-Analyst, Lösungsansätze zu finden – sondern den Prozess zu moderieren, der dorthin führen soll. Das kann äußerst spannend und vielseitig sein und reicht vom einfachen Brainstorming über Benchmarking bis hin zu ganzheitlichen, neue Ideen generierenden Ansätzen wie Design Thinking.

Binden Sie dabei unbedingt die Umsetzungsexperten Ihrer Stakeholderanalyse aktiv mit ein:

- die Fachexperten aus den operativen Abteilungen und aus zentralen Prozessmanagement-Abteilungen, um Prozesse zu evaluieren;
- Experten aus Stabstellen, Governance oder HR, um Lösungen in der Organisation zu definieren;
- IT-Experten, um IT-Lösungen zu identifizieren.

Das Wichtigste dabei ist, dass alle Beteiligten am Ende des entsprechenden Workshops das gemeinsame und gleiche Bild vom Unternehmensbedarf und der identifizierten Lösungen haben.

## Modellierung und Analyse der einzelnen Lösungsansätze

In einem zweiten Schritt müssen die einzelnen Lösungsansätze analysiert werden. Es geht darum, das Wesentliche zu erkennen und die Ansätze zu konkreten Lösungen weiterzuentwickeln. Die genauen Modellierungstechniken dazu werden wir in Kapitel 5.4 beschreiben.

Bezogen auf die drei Bereiche Organisation, Prozesse und IT eignen sich folgende Fragestellungen:

### Organisation

- Welche Aufbauorganisation unterstützt den Unternehmensbedarf?
- Welche Führungsprinzipien führen zum Ziel?
- Wie viel Gestaltungsspielraum benötigen die Mitarbeiter, um ihre Fähigkeiten zu verbessern?
- Sind Veränderungen nur durch eine neue Unternehmenskultur möglich und welcher Level soll erreicht werden?

### Prozesse

- Welche Prozesse müssen vereinfacht werden, indem unnötige Teile entfernt werden?
- Wo blockiert ein »Flaschenhals« eine effiziente Verarbeitung? Wo besteht eine Diskrepanz zwischen Kapazitäten und den damit verbundenen Aufgaben?
- Gehören Abläufe verändert, weil beispielsweise nur alte papierbezogene Prozesse automatisiert, aber nicht ausgemistet wurden?
- Ist der einzige Ausweg ein Business Process Reengineering, also ein kompletter Neuentwurf eines Prozesses?
- Sollten benachbarte oder ähnliche Prozesse erweitert, reduziert, zusammengelegt oder vereint werden?

### IT

- Ist die IT am Unternehmensbedarf ausgerichtet?
- Können die Prozesse optimiert werden, indem Redundanzen abgebaut werden?
- Wie kann eine zukunftssichere IT sichergestellt werden?

## Shortlist evaluieren – Bewertung der Lösungsansätze

Wenn sinnvolle Lösungsansätze gefunden wurden, kann die Reise weitergehen:

- Nach einer Auswahl werden die aussichtsreichsten Lösungsansätze weiter behandelt. Das hat vor allem den Grund, dass Business-Analyse immer effizient bleiben muss – in den seltensten Fällen reicht das Geld oder die Zeit, um alle Lösungsansätze zu evaluieren.
- Bei dieser Auswertung sollten drei bis vier vielversprechende Lösungsansätze übrig bleiben. Eindeutig unterlegene Ansätze werden zuvor gestrichen. Vergessen Sie aber nicht, die Beibehaltung des Status quo ebenso als eine mögliche Lösung in Erwägung zu ziehen!

- Die verbleibenden Lösungsansätze werden auf Machbarkeit geprüft und bewertet.

**Machbarkeit**

Bei der Machbarkeit wird überprüft, ob die Lösungen den Unternehmenszielen und der Strategie entsprechen bzw. ob sie unter den aktuellen Marktbedingungen überhaupt erzielt und rechtzeitig geliefert werden können.

Auch andere Prozesse, die auf den ersten Blick vielleicht nichts damit zu tun haben, müssen trotzdem berücksichtigt werden. Zuständigkeiten sollten ebenso bedacht werden, da die vorgeschlagenen Lösungen im Einvernehmen mit der gesamten Organisation und den Aufsichtsbehörden implementiert werden und keinesfalls gegen Gesetze oder vertragliche Verpflichtungen verstoßen sollten.

- Bei der Beurteilung der **technischen Machbarkeit** wird in der Regel die IT-Lösung überprüft. Die Anforderungen werden in Hinblick auf die Systemleistung, Verfügbarkeit, Zuverlässigkeit, Wartbarkeit und Sicherheit kontrolliert. Das Unternehmen muss die technischen Fähigkeiten besitzen, um die Lösung zu implementieren oder sie mit Hilfe von außen ergänzen zu können. Nur wenige IT-Systeme sind völlig eigenständig.
- Die **finanzielle Machbarkeit** betrifft das zur Verfügung stehende Budget. Die Organisation muss entweder die erforderlichen Mittel zur Verfügung haben oder in der Lage sein, sich diese auszuleihen. Auch wenn ein Projekt sich am Ende auszahlen wird, können die Kosten, die auf dem Weg entstehen, sehr hoch und damit nicht finanzierbar sein. Der Cashflow muss ebenso berücksichtigt werden.
- Die **organisatorische Machbarkeit** beantwortet schließlich die Frage, ob das Unternehmen die vorgeschlagene Lösung überhaupt sinnvoll nutzen kann. Ist das Unternehmen bereit für die Lösung?

## Bewertung

Ein Business Case ist ein Schlüsseldokument in einem Business-Analyse-Projekt. Darin präsentieren die Business-Analysten ihre Ergebnisse und Vorgehensweisen der Geschäftsleitung. Mit einem Business Case weisen sie nach, dass der Nutzen aus einem Projekt größer ist als die Kosten für die Entwicklung und Umsetzung der ausgewählten Lösung. Auch qualitative und quantitative Nutzen, Break-Even-Analysen, Gewinnerwartungen sowie zukünftige Vorteile können darin enthalten sein. Ein Business Case bietet einen Rahmen, aus dem ersichtlich werden soll, was das geplante Vorhaben zur Erreichung des Unternehmenszieles beitragen wird. Zusätzlich werden in dem Business Case die Bedingungen wie das erforderliche Budget genannt.

Da ein Business Case im Grunde aber ein Sales-Dokument ist – weil es in erster Linie um den Wert und die Vorteile einer Veränderung geht, die Sie als Business-Analyst dem Unternehmen »verkaufen« –, haben wir uns dazu entschieden, lieber von einer Change-Strategie zu sprechen, die sich nicht auf reine Zahlen reduziert.

Im Verlauf einer Business-Analyse-Maßnahme, gibt es mehrere Zeitpunkte, zu denen eine Change-Strategie erstellt werden kann. Wenn zum Beispiel neue Informationen bekannt werden, können diese erfordern, dass eine bereits vorhandene Change-Strategie angepasst werden muss.

### Aufbau einer Change-Strategie

Folgende Details sollten in einer Change-Strategie aufgelistet sein:

- **Annahmen und Bedingungen:** Wie sehen die erzielbaren Erlöse, aber auch nicht-monetär bewertbare Optimierungen aus?
- **Unternehmensbedarf**: Was und wie trägt die Lösung zur Erreichung der Unternehmensziele bei?

- **Lösungsumfang**: Welche Fähigkeiten und Methoden bedarf es, um die Lösung umsetzen zu können? Welche Unternehmensbereiche sind davon betroffen?
- **Stakeholder:** Haben die Stakeholder spezielle Anliegen, die bedacht werden müssen?

**Nutzen:** Soweit möglich sollte die Lösung qualitativ und quantitativ messbar aufgelistet werden. Nutzen nicht-monetärer Art wie zum Beispiel die Steigerung der Mitarbeitermotivation und der Flexibilität oder auch der Kundenzufriedenheit, sind ebenfalls wichtig und stellen einen entscheidenden Wert für das Unternehmen dar. Der Nutzen sollte immer in Bezug zu den strategischen Zielen stehen.

**Kosten:** Die Gesamtkosten der Lösung werden geschätzt. Welche Investitionsausgaben für die Infrastruktur, Entwicklung und Umsetzung werden angenommen? Auch Opportunitätskosten für entgangene Gewinne und die Kosten für die Umstellung der Arbeitsprozesse in einem Unternehmen fallen darunter. Ergeben sich auch Folgekosten aus der vorgeschlagenen Lösung?

**Risikoeinschätzung**: Dabei wird geprüft, mit welchen Risiken zu rechnen ist und ob diese für das Unternehmen tragbar sind. Zu Beginn konzentriert sich die Einschätzung des Risikos auf die Machbarkeit der Lösung. Dabei sollten die technischen Risiken (Hat die gewählte Technologie die benötigte Funktionalität?), die finanzielle Risiken (Übersteigen die Kosten die Vorteile der Lösung?) sowie Risiken enthalten sein, die sich für das Unternehmen ergeben können, wenn die notwendigen Änderungen nicht umgesetzt werden.

**Bewertung:** Es werden aber nicht nur Kosten widergespiegelt, sondern auch eine Bewertung über die Ermittlung und Evaluation der Erträge und der Kosten.

Kapitel 5

# Operative Business-Analyse

Nach der strategischen folgt die operative Business-Analyse. Der Business-Analyst kann sich also nun – mit allen notwendigen Informationen, dem analysierten Unternehmensbedarf und passenden Lösungen ausgestattet – daran machen, die Anforderungen zu definieren und die Veränderungen umzusetzen. Das hört sich leichter an, als es ist, und tatsächlich ist die richtige und vollständige Erhebung von Anforderungen eine überaus komplexe Angelegenheit. Dafür sind vor allem drei Dinge wichtig: Zeit. Zeit. Und noch mal Zeit.

## 5.1 Projekt oder kein Projekt?

Veränderungen werden in Unternehmen üblicherweise im Rahmen von Projekten umgesetzt. Dabei stellt sich aber die Frage, was denn überhaupt ein Projekt ist bzw. ab wann es sich auszahlt, für ein Business-Analyse-Vorhaben ein Projekt aufzusetzen. In der Praxis gibt es oftmals für so gut wie alles ein Projekt, es herrscht geradezu eine »Projektitis«. Dabei scheint das Problem darin zu liegen, dass der Projektbegriff unscharf und vielfach falsch eingesetzt wird.

Laut Wikipedia ist ein Projekt

> »(...) ein zielgerichtetes, einmaliges Vorhaben, das aus einem Satz von abgestimmten, gelenkten Tätigkeiten mit Anfangs-

> und Endtermin besteht und durchgeführt wird, um unter Berücksichtigung von Zwängen bezüglich Zeit, Ressourcen und Qualität ein Ziel zu erreichen.«[17]

Unserer Erfahrung nach ist ein Projekt dann sinnvoll, wenn eine Aufgabe komplex ist und nur in Teamwork gelöst werden kann.

Es gibt aber auch Veränderungen, die außerhalb von expliziten Projekten stattfinden können, beispielsweise durch einen kontinuierlichen Veränderungsprozess (KVP). Dabei wird davon ausgegangen, dass der wirtschaftliche Erfolg durch Qualität und Kundenzufriedenheit gesteigert werden kann. Ein KVP kann sich auf die Produkt-, Prozess- oder Servicequalität beziehen. Dieser wird als stetige Verbesserung angestrebt wie z. B. durch

- Weiterbildung der Mitarbeiter,
- mitarbeiterorientierte Führung,
- Prozessorientierung,
- Erarbeitung von Verbesserungsvorschlägen.

Operative Business-Analyse unterstützt diesen Prozess der Veränderung. Hier wird im Detail analysiert, was genau zu tun ist, um die Situation zu verbessern und das Ergebnis umzusetzen. Dazu werden

- Anforderungen erhoben;
- Anforderungen analysiert und das Design definiert (das Was und das Wie);
- sichergestellt, dass beides zusammen-, vor allem aber zu den Ergebnissen aus der strategischen Business-Analyse passt;
- Ergebnisse der Business-Analyse kommuniziert;
- bei der Realisierung der Lösung unterstützt;
- die Ergebnisse evaluiert.

---

17 http://de.wikipedia.org/wiki/Projekt. Abgerufen im Oktober 2014.

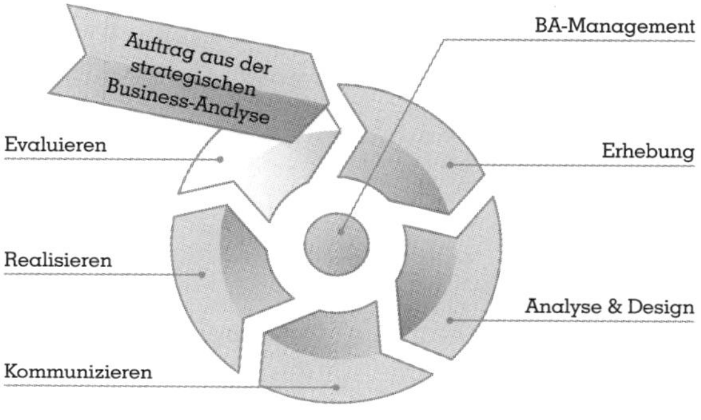


**Abbildung 22: Die operative Business-Analyse im Vorgehensmodell**

## Zusammenarbeit mit anderen Experten in der operativen Business-Analyse

Wie wir bereits im Kapitel 3.2 gezeigt haben, kann im Rahmen der Business-Analyse eine ganze Reihe an verschiedenen Personen mit Spezialkenntnissen involviert sein. Wie eine Zusammenarbeit mit anderen Fachexperten aussieht, hängt stark vom Ziel der Maßnahme und häufig auch vom Know-how des zuständigen Business-Analysten ab. So könnte eine einzelne Person alle Business-Analyse-Tätigkeiten wahrnehmen oder diese auf ein größeres Analyse-Team aufteilen. So eine Aufteilung könnte – abhängig von der Aufgabenstellung – wie folgt aussehen:

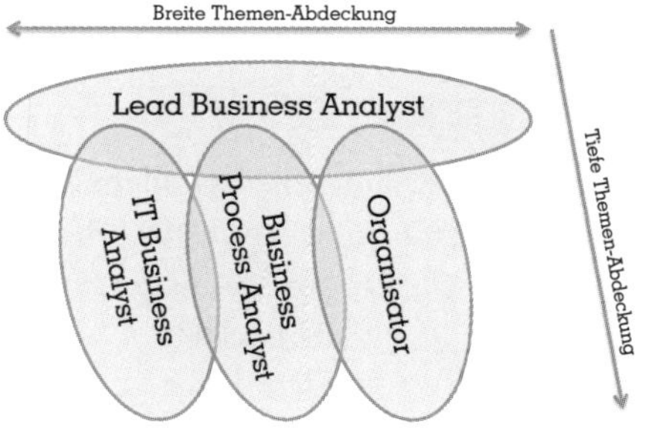


**Abbildung 23: Zusammenarbeit unter spezialisierten Business-Analysten**

- **Lead Business-Analyst**: Er überblickt den gesamten Anforderungs- und Realisierungsprozess, ist aber dafür oder gerade deswegen nicht bis ins letzte Detail involviert. Dafür stellt der Lead Business-Analyst sicher, dass der tatsächliche Bedarf auch erfüllt und der erhoffte Wert sichergestellt wird.
- **IT Business-Analyst/Requirements Engineer:** Hat ein Projekt einen starken IT-Bezug, ist es sinnvoll, einen Business-Analysten einzusetzen, der bereits viel Erfahrung in dem Bereich hat. Dieser kann dann auch detailliertes Requirements Engineering übernehmen.
- **Business Process Analyst**: Soll ein Prozess bis ins tiefste Detail analysiert, designt und eingeführt werden, kann der Prozess Analyst mit seinem Know-how und seiner Erfahrung weiterhelfen.
- **Organisator**: Der Business-Analyst kann sich aber mit seinen Fragen auch an einen Organisationsexperten wenden, der die Analyse und Diagnose der organisationsspezifischen Teile durchführt.

## 5.2 Das große Ganze sehen: Von Projektzielen und Visionen

In Kapitel 4 haben wir die strategische Business-Analyse besprochen – sie bildet die Grundlage für die Business-Analyse auf der operativen Ebene.

### Von der Idee zum Projekt

Die Initiierung eines Projekts beeinflusst dessen späteren Erfolg im erheblichen Maß. Fehler, die bereits in der Vorprojektphase begangen wurden, können später nur noch schwer oder gar nicht mehr korrigiert werden. Bevor aber überhaupt mit einem Projekt gestartet werden kann, muss es vorbereitet und definiert werden. Dazu wird meistens ein Projektauftrag erstellt.

In der Regel werden die Aufgaben der Initiierung vom späteren Projektmanager übernommen. Bei sehr komplexen oder riskanten Projekten können diese Planungsschritte auch im Rahmen eines sogenannten Vorprojekts (oder einer Machbarkeitsstudie) durchgeführt werden.

## Der Projektauftrag

Ein Projektauftrag (oder auch Project Charter) ist ein offizielles Dokument, das die Existenz eines Projekts formell bestätigt. Es gibt keine einheitlichen Normierungsregeln, aber im Unternehmensalltag wird der Projektauftrag von einer Managerin oder einem Manager einer höheren Ebene unterzeichnet. Inhalt des Projektauftrages ist die Nennung des Projektleiters, des Projektumfangs und des freigegebenen Projektbudgets. Bei externen Dienstleistern ist es Usus, den Projektauftrag durch einen formellen Vertrag zu ersetzen.

### Inhalt eines Projektauftrages[18]

- Name des Projekts,
- Projektkurzbeschreibung,
- Ausgangsituation,
- Zieldefinition,
- Grobanforderungen,
- definierte Projektergebnisse,
- Meilensteinplan,
- Projektbudget,
- Projektorganisation,
- Projektauftraggeber,
- Projektleitung,
- Projektteam,
- externe Unterstützung.

---

[18] Haunerdinger, Probst (2012): *Projektmanagement*; Redline, München, S. 70

Die Unterzeichnung des Projektauftrags ist der offizielle Startschuss für ein Projekt. Generell gilt: Kein Projekt ohne Projektauftrag! Dem Projektauftrag müssen bei größeren Projekten weitere Spezifikationen, das Pflichtenheft und andere Dokumentationen beigefügt werden.

Ein Projektauftrag ist zwar relativ schnell und einfach aufgesetzt, allerdings sind die Details zur Erstellung des Business Cases und die Erarbeitung aller Informationen, die in den Projektauftrag einfließen, außerhalb des Projekts definiert.

Im PMBOK 5 heißt es dazu:

> »Although the project management team may help write the project charter, this standard assumes that business case assessment, approval, and funding are handled externally to the project boundaries.«

Unserer Erfahrung nach liegt die Crux in der Beschreibung der Ausgangssituation, der Zieldefinition und der Grobanforderungen. Bei all diesen Punkten geben die Standards über Projektmanagement relativ wenig Hilfestellung.

Im Folgenden zeigen wir Ihnen die wesentlichen Stolpersteine, die dabei im Weg liegen können.

### Die Ausgangsituation ist ungenau beschrieben

Die Ausgangssituation (Problemstellung) ist meist Auslöser für ein Projekt. Es sollten aber nicht nur direkte, sondern auch indirekt relevante Kontexte miteinbezogen werden. Dazu eignen sich Fragen wie:

- Welche Auslöser gibt es für das Projekt?
- Wodurch ist die aktuelle Situation gekennzeichnet (z. B. Stärken, Schwächen, Chancen, Risiken)?
- In welchen Bereichen besteht Optimierungsbedarf?

- Wie steht die Unternehmensleitung zum Projekt?

Projekte stehen immer inmitten von sozialen Systemen, deren Kontext von großer Bedeutung für den Projekterfolg sein kann. Dieser sollte auch mitbedacht werden:

- Zeitlicher Kontext: Was ist vor dem Projekt passiert? Was soll danach passieren?
- Sachlicher Kontext: Welche Einflussfaktoren (z.B. übergeordnete Strategien, rechtlicher Rahmen, bestehende Konzepte etc.) sind zu beachten?
- Sozialer Kontext (Stakeholderanalyse): Welche Personen und Anspruchsgruppen sind von dem Projekt direkt und indirekt betroffen?

**Die Zieldefinition ist unklar formuliert**

Über jedem Projekt müsste eigentlich der Satz prangen: Ohne klare Ziele und Ergebnisse kein Projekt!

Für eine vollständige Zieldefinition sollten folgende Eckpfeiler bedacht und besprochen werden:

- Projektgesamtziel: Es muss eine komprimierte und unmissverständliche Zusammenfassung der Projektziele geben, um die Projektinhalte schnell kommunizieren zu können.
- Projektteilziele: Typischerweise wird ein Ziel in mehreren Teilzielen definiert, diese wiederum mit Meilensteinen verbunden, um deren Kontrollierbarkeit zu gewährleisten.
- Messbare Ergebnisse: Projektziele gehören konkretisiert und operationalisiert.
- Nutzen: Wie wirkt sich das Projekt mittel- bis langfristig aus?
- Zusammenhang und Beitrag zu übergeordneten Zielen und Strategien.

Die Projektziele sind möglichst messbar, verständlich und realistisch formuliert.

### Die erhobenen Anforderungen sind zu wenig konkret

Nachdem der Business-Analyst oftmals als Übersetzer agieren muss, ist es hilfreich, wenn bereits im Projektauftrag die Grobanforderungen für alle verständlich und nachvollziehbar konkretisiert wurden. Die Anforderungen grenzen das System ab und sollten auch die Stakeholder und ihre Ziele enthalten, aus denen sich die Lösungsanforderungen ableiten. Dazu erstellte Szenarien können helfen, ein besseres Verständnis zu gewinnen und somit weitere Anforderungen zu finden.

Jedes Projekt ist von Anfang an einem gewissen Risiko ausgesetzt: Oft stellt sich nämlich relativ schnell (im schlimmsten Fall zu spät!) heraus, dass das Problem nicht richtig verstanden wurde, die Ziele gar nicht erreicht werden können oder alles teurer oder länger dauern wird.

Gehen wir allerdings vom Idealzustand aus, so ist derselbe Business-Analyst sowohl mit der strategischen Business-Analyse betraut gewesen als auch im Anschluss direkt im Projekt dabei. Eine andere Variante kann aber sein, dass er im Projekt als Lead Business-Analyst agiert und spezialisierte Kollegen hat, die dann Details z. B. in den IT-Systemen checken.

## Die Change-Strategie als Leitfaden für das gesamte Projekt

Die Ergebnisse aus der strategischen Business-Analyse sollten während der gesamten Projektlaufzeit immer in den Köpfen jener Personen sein, die die Geschicke im Projekt lenken. Das ist auf jeden Fall immer der Projektmanager, aber auch alle Personen, die an der operativen Business-Analyse beteiligt sind – also der Lead Business-Analyst, die Requirements Engineers, die Software-Architekten, der Prozess-Analyst, die Organisationexperten etc.

Der wichtigste Schritt für ein erfolgreiches Projekt ist damit getan!

**Unser Tipp**

Erstellen Sie ein Poster, das die wichtigsten Eckpunkte der Veränderungsstrategie plakativ darstellt, und hängen es für alle sichtbar im Projektbüro auf. Hinterfragen Sie auch regelmäßig die aktuelle Richtung: Sind Sie noch immer auf dem richtigen Weg, den Sie bei der Erhebung der Detail-Anforderungen und beim Design der Lösung eingeschlagen haben?

## 5.3 Das Wesentliche entlocken: Anforderungen erheben

Anforderungserhebung ist eine zentrale Aufgabe in der Business-Analyse. Wir haben bereits im Kapitel 2.1 veranschaulicht, was wir unter Anforderungen verstehen und wie wir diese in der Praxis erheben. In diesem Kapitel geht es hauptsächlich um die Kategorie der Stakeholder- und Lösungsanforderungen.

Anforderungen richtig und vollständig zu erheben, wird zwar von den meisten Anwendern als wenig kompliziert und leicht machbar angesehen, dabei ist dies bei Weitem einer der komplexesten Aspekte, die es im Rahmen der Business-Analyse gibt. Und doch wird gerade dieser wichtigen Phase weit weniger Zeit als anderen Phasen zugeordnet. Enge Zeitpläne und knappe Budgets, beides strenge Vorgaben aus dem Management, erhöhen den Druck auf das Team, schnelle Ergebnisse vorzuweisen. Doch wenn nicht genügend Zeit vorhanden ist, die Anforderungen auch tatsächlich zu verstehen und sie richtig zu definieren, wird die Lösung nicht diejenige sein, die den erhofften Nutzen bringen soll.

### Probleme mit Anforderungen

Viele Studien über Software-Projekte aus den letzten Jahren kommen zu ähnlichen Ergebnissen:

- Ein Großteil der Fehler (über 80 Prozent) ist bei der Anforderungsanalyse eingetreten.
- Sehr wenige Fehler (weniger als 10 Prozent) sind in der Entwicklungsphase passiert. Die Softwareentwickler haben also durchaus die geforderten Dinge geliefert und ausgeführt, auch wenn diese letztendlich nicht den wirklichen Bedarf erfüllt haben.
- Die meiste Zeit des Projekts wird für die Entwicklung und Testphase verwendet.
- Weniger als zwölf Prozent der Projektzeit wird der Anforderungsanalyse zugeordnet.
- Die Ausrichtung des entwickelten IT-Systems auf die Geschäftsstrategie und Ziele ist falsch.

Diese Ergebnisse sind von besonderer Bedeutung, weil die Kosten für die Korrektur von Fehlern aus der Anforderungserhebung enorm sind, wie sich meist später im Verlauf des Entwicklungslebenszyklus zeigt. Auch bei Prozessreorganisationen können hohe Umsetzungskosten anfallen.

Bei Organisationsveränderungen kommt erschwerend hinzu: Hier hat man oft nur eine Chance, sonst werden die Mitarbeiter resistent gegen Veränderung. Die Kosten, die daraus entstehen können, übersteigen alles andere bei Weitem.

### Typische Probleme mit Anforderungen

- Mangel an Relevanz für die Ziele des Projekts;
- Mangel an Klarheit in der Formulierung;
- Mehrdeutigkeit;
- doppelte Anforderungen;
- Konflikte zwischen Anforderungen;
- Anforderungen, die nicht überprüft werden können;
- Anforderungen, die eine Lösung im Vorfeld annehmen;
- Unsicherheit bei den Anwendern, was sie von dem neuen System erwarten können;
- Anwender, die die Anforderungen nicht identifizieren können;

- Anwender und Business-Analysten, die bestimmte Vorkenntnisse für selbstverständlich halten und nicht auf ein gemeinsames Verständnis achten.

Der erste Punkt resultiert oft aus einem Mangel an Leistungsbeschreibungen für das Projekt. Ein klar definierter Projektauftrag ist wichtig, um sicherzustellen, dass jeder, der bei der Anforderungsanalyse beteiligt ist, die Ziele, den Umfang und die Rahmenbedingungen des Projekts versteht.

Die Schwierigkeit, dass vieles für selbstverständlich genommen wird, ist keineswegs trivial und in einer Geschäftswelt mit sich ständig ändernden Geschäftsprozessen und Technologien auch keine Seltenheit. Der Business-Analyst ist die Person, die dafür sorgen muss, dass die Mitarbeiter genau wissen, was der neue Prozess, das neue System, die neue Lösung alles machen und können muss, um das nachher für jedermann verständlich zu artikulieren.

## Vorbereitung der Anforderungserhebung

Die Anforderungserhebung muss gut vorbereitet werden, damit der Business-Analyst den Umfang dieser Aktivität bewerten kann und auch das Geschäftsumfeld, den Kontext und die Stakeholder versteht. In den Vorbereitungen bestimmt er auch, welche Ergebnisse bei der Anforderungserhebung überhaupt produziert werden. Der Business-Analyst sollte dabei identifizieren und festlegen, ob und welche Hilfsmaterialien und Ressourcen er unterstützend brauchen wird.

Damit der Business-Analyst die richtigen Erhebungstechniken und folgenden Analysetechniken auswählen kann, ist es hilfreich, wenn er vorab folgende Bereiche näher betrachtet:

- Geschäftsbereich,
- Unternehmenskultur und Umwelt,
- die beteiligten Stakeholder und ihre Gruppendynamik,

- erwünschte Erhebungsergebnisse,
- Strategie oder Lösungsansatz,
- andere Erhebungstechniken, die diese Erhebung ergänzen sollen
- Umfang der künftigen Lösung,
- mögliche Quellen bzw. Informationen für die Business-Analyse dieses Vorhabens.

Das Verständnis über den Umfang der Anforderungserhebung hilft dem Business-Analysten, rechtzeitig zu reagieren, wenn die Tätigkeiten vom geplanten Umfang abweichen bzw. zu erkennen, wann eingeplante Hilfsmittel und Ressourcen nicht für die Zeit verfügbar sind und wann die Anforderungserhebung abgeschlossen ist.

### Mögliche Quellen für Anforderungen

Der Business-Analyst muss in erster Linie die Quellen, die die Informationen für die Anforderungen liefern, ausfindig machen. Teilweise ist eine große Menge an Informationen notwendig, um eine Anforderungserhebung vollständig durchführen zu können. Diese erhält er u. a. von den Beteiligten, aber auch aus Anlagen, Materialien und Dokumenten wie relevanten Geschäftsregeln, Vorschriften und Verträgen.

Wir unterscheiden drei verschiedene Arten von Anforderungsquellen:

- **Stakeholder**: Wie wir im Kapitel 5.3 bereits definiert haben, ist ein Stakeholder eine Person, die entweder direkt oder auch indirekt Einfluss auf eine Anforderung hat (beispielsweise Fachexperten, Sponsoren, Projektmanager, andere Business-Analysten etc.). Wir wollen an dieser Stelle nochmals unterstreichen, wie sehr der Erfolg eines Business-Analyse-Vorhabens davon abhängt, die richtigen Stakeholder zu identifizieren! Schreiben Sie sich deshalb zu Beginn als Hilfsmittel eine Liste mit allen relevanten Stakeholdern, die Sie gezielt und systematisch ermitteln konnten. Eine inhaltlich unvollständige oder gar zeitlich zu spät erstellte Liste führt oft dazu, dass Anforderungen unentdeckt bleiben und so spätere Anpassungen durchgeführt werden müssen. In Kapitel 3.1 haben Sie dazu schon die wichtigsten Stakeholderanalysetechniken kennengelernt. Beginnen Sie bei der Suche nach den Stakeholdern immer mit den Vorschlägen anderer Projektbeteiligter.

- **Dokumente**: Wichtige Informationen finden Sie u. a. auch in allgemeingültigen Dokumenten wie Gesetzestexten oder organisationsspezifischen Dokumenten, Fehlerberichten etc.
- **Bestehende Lösungen**: Bereits bestehende Lösungen im Unternehmen können zum Beispiel in Vorgängersystemen oder Konkurrenzsystemen gefunden werden. Durch Ausprobieren ähnlicher Lösungsvarianten bekommen die Stakeholder bereits einen guten Eindruck, was möglich ist bzw. wie Erweiterungen und Veränderungen aussehen könnten. Dasselbe gilt natürlich nicht nur für IT-Systeme, sondern auch bei bestehenden Prozessen und bei Lösungen innerhalb der Organisation.

### Grundlegende Fragen

Bevor Anforderungen erhoben werden und beispielsweise Meetings geplant werden, sollten Sie einige grundsätzliche Fragen klären, damit Sie das passende Vorgehen und die richtigen Erhebungstechniken nutzen.

Dabei sollten Sie als Business-Analyst folgende Bereiche besonders beachten:

- Geografie und Standort der Stakeholder,
- Kommunikationskanäle,
- angewandte Technik und die Art der Kommunikation,
- Kommunizieren die Stakeholder schriftlich oder mündlich?,
- Ressourcensicherung und Interessengruppen.

Die Stakeholder können auf verschiedene Weise vorbereitet werden. Meistens verstehen sie nicht, wie eine Erhebungstechnik funktioniert bzw. warum sie eingesetzt wird oder welche Informationen der Business-Analyst überhaupt braucht. Deswegen kann es ganz hilfreich sein, den Stakeholdern zu Beginn die Relevanz der Informationen und die geplante Aktivität näher zu erläutern. Außerdem ist es ratsam und für alle Beteiligten hilfreich, bereits im Vorfeld über das geplante Vorgehen zu informieren, damit die Stakeholder sich entsprechend vorbereiten können und die notwendigen Informationen gleich parat haben.

## Erhebungstechniken

Ermittlungs- bzw. Erhebungstechniken werden dazu eingesetzt, das Wissen und die Anforderungen der Stakeholder effizient »herauszulocken«. Je nach Ausgangsbedingung setzt der Business-Analyst verschiedene Techniken ein. Dadurch kann er die Methoden an die Situationen und Rahmenbedingungen anpassen und so möglichst vollständige Anforderungen ermitteln.

Einige Techniken haben wir Ihnen bereits im Kapitel 4.2 vorgestellt. Weitere wichtige Techniken für die Ermittlung von Anforderungen wollen wir an dieser Stelle beschreiben.

Die Ermittlungstechniken können in drei Kategorien eingeteilt werden:

- **Kollaborative Techniken** erheben Anforderungen durch direkte Interaktion mit den Stakeholdern.
- **Forschungstechniken** erheben Anforderungen eher passiv von den Personen und Organisationen, die an der Veränderung beteiligt sind.
- **Experimentelle Techniken** identifizieren Anforderungen, die nur durch Ausprobieren und Testen ermittelt werden können.

Oft müssen mehrere Ermittlungstechniken kombiniert oder nacheinander ausgeführt werden, um das gewünschte Ergebnis zu erhalten. Anforderungserhebung ist eine iterative und kontinuierliche Aktivität, die die Informationen für die Business-Analyse Schritt für Schritt verfeinert. Dabei kooperieren die Beteiligten aktiv mit dem Business-Analysten, der wiederum die erhobenen Daten und Informationen sammelt, dokumentiert und analysiert, um sie in einer späteren Phase verwerten zu können.

## Kollaborative Techniken

- **Workshops:** Ein Anforderungsworkshop bietet einen strukturierten Ansatz, um Anforderungen effizient zu ermitteln. Unter anderem wird in einem Workshop der Rahmen für Anforderungen an eine spätere Lösung abgesteckt, Anforderungen ermittelt, definiert, priorisiert, aber auch Einigkeit über Anforderungen erzielt. Ein gut organisierter Workshop ist einer der besten Wege, schnell und gezielt hochwertige Anforderungen zu eruieren. Ein Workshop fördert auch das Vertrauen, das gegenseitige Verständnis und die effektive Kommunikation zwischen den Stakeholdern und dem Team.

- **Interviews:** Ein Interview dient zur formellen oder informellen Befragung einzelner Stakeholder, um daraus die Anforderungen zu ermitteln. Meistens werden dazu Einzelgespräche durchgeführt, seltener werden auch in Gruppengesprächen Antworten von allen Teilnehmern erhoben.

- **Brainstorming:** Brainstorming wird eingesetzt, wenn möglichst viele und unterschiedliche Themen zu einer Aufgabenstellung, zu einer Frage oder einem Thema erarbeitet werden sollen. Am besten wird diese Technik in einer Gruppe angewendet, um die Erfahrungen und die Kreativität aller Beteiligten zu nützen. Um kreative Antworten zu erhalten, werden die Teilnehmer ermutigt, den Sachverhalt möglichst neu zu betrachten und in alle Richtungen zu assoziieren. Richtig angewendet ist ein Brainstorming nicht nur inhaltlich produktiv, sondern auch spannend und unterhaltsam.

- **6-3-5-Methode:** Bei dieser Methode erhalten sechs Teilnehmer jeweils ein Blatt Papier, das mit drei Spalten und sechs Zeilen in 18 Kästchen aufgeteilt wird. Jeder Teilnehmer formuliert dann in der ersten Zeile drei Ideen, die er danach im Uhrzeigersinn weiterreicht. Der nächste Teilnehmer versucht, die bereits genannten Ideen aufzugreifen, zu ergänzen und weiterzuentwickeln. Dieser Schritt wird fünfmal wiederholt. Auf diese Weise erhalten Sie neue Ideen und

Sichtweisen auf ein Thema, und die Teilnehmer können auf den Ideen von anderen aufbauen, ohne sich zu stark beeinflussen zu lassen.

- **Walt-Disney-Methode:** Ähnlich der Sechs-Hüte-Methode von Edward de Bono ist die Walt-Disney-Methode eine Kreativitätsmethode auf Basis eines Rollenspiels, bei dem eine oder mehrere Personen ein Problem aus drei Blickwinkeln betrachten und diskutieren. Die Methode ist besonders hilfreich, um Ziele, Visionen, aber auch Anforderungen zu konkretisieren bzw. diese alltagstauglich zu gestalten. In der Rolle des *Träumers* darf die Person alle Ideen auf den Tisch bringen, ohne diese einem Urteil oder einer Analyse zu unterziehen. Der *Realist* nimmt einen praktischen Standpunkt ein und untersucht die notwendigen Arbeitsschritte und Voraussetzungen für die Umsetzung der Idee des Träumers. Der *Kritiker* wiederum überprüft die Vorgaben der anderen. Dabei gibt er konstruktives und positives Feedback und hilft, mögliche Fehlerquellen zu identifizieren.

- **Analogien/Metaphern:** Eigenschaften der Aufgabenstellung werden verwendet, um ähnliche Situationen und Ideen dazu aufzudecken. Das Ganze basiert auf Aufzeichnungen von vergleichbaren, bereits erhobenen Anforderungen. Es ist besonders geeignet, wenn ein neues System zum Großteil aus existierenden Anforderungen besteht und/oder Analogien hergestellt werden können. Aus einem neuen Blickwinkel werden Lösungen gesammelt und mit Lösungen ähnlicher Anforderungen verglichen. Die Analogietechnik ist sehr vielseitig und schnell einsetzbar.

### Forschungstechniken/Analyseverfahren

- **Benchmarking und Marktanalysen**: Benchmarkstudien dienen zum Vergleich von eigenen Leistungen und Geschäftsverfahren mit den besten Praktiken bei Wettbewerbern. Ziel einer solchen Analyse ist es, herauszufinden, wie Unternehmen ihre hohen Leistungsniveaus erreichen. Diese Informationen werden genutzt, um die Verfahren und Lösungen im eigenen Unternehmen zu verbessern.

- **Dokumentenanalyse:** Eine Dokumentenanalyse kann u. a. in folgenden Dokumenten stattfinden: in Businessplänen, Verträgen, Marktstudien, Ausschreibungen, Leistungsbeschreibungen, Aktennotizen, bestehenden Richtlinien, Gesetzen, Vorgehensweisen, diversen Handbüchern, Informationen von Konkurrenzprodukten, Fehlermeldungen, Protokollen über Anregungen von Kunden sowie bestehenden Systemspezifikationen. Um gute Ergebnisse zu erzielen, müssen die richtigen Quellen für mögliche Anforderungen identifiziert und ausgewertet werden.

- **Schnittstellenanalyse**: Eine Schnittstelle ist eine Verbindung zwischen zwei Komponenten, beispielsweise IT-Systemen oder auch in Geschäftsprozessen. Es können verschiedene Schnittstellen unterschieden werden:
  - Benutzerschnittstellen (menschliche Benutzer, die direkt mit einem System interagieren),
  - Schnittstellen externer Anwendungen,
  - Schnittstellen externer Hardware-Geräte,
  - mithilfe der Schnittstellenanalyse werden v. a. die Grenzen von IT-Systemen verdeutlicht, die über diese Schnittstellen miteinander verbunden sind. Auch spezielle Funktionen werden so sichtbar bzw. deren erforderliche Ein- und Ausgabedaten. Daraus werden die Anforderungen abgeleitet.

- **Beobachtung**: Diese Methode wird verwendet, wenn Einzelheiten von Prozessen dokumentiert oder ein bestehender Prozess verändert bzw. verbessert werden soll. Bei einer Beobachtung wird der Ablauf von Tätigkeiten einer Person dokumentiert. Vor allem, wenn der Arbeitsablauf eines Mitarbeiters bereits zur Routine geworden ist, hilft diese Technik, denn in diesem Fall ist es oft für die betroffenen Mitarbeiter schwer, die einzelnen Schritte ihrer Arbeit bzw. die Beweggründe für die einzelnen Schritte zu erklären. Der Beobachter sieht bei der Arbeit zu, um den Arbeitsablauf zu verstehen und nachvollziehen zu können. In bestimmten Projekten ist es wichtig, den aktuellen Prozess zu verstehen, um Prozessanpassungen zu bewerten. Eine spezielle Art der Beobachtung wird auch Job Shadowing genannt.

- **Umfrage:** Mit einer Umfrage werden Informationen von mehreren Personen in kurzer Zeit erhoben. Eine Umfrage kann u. a. Informationen zu Kunden, Produkten, Prozessen, Arbeitsmethoden und Einstellungen ermitteln und auch anonym durchgeführt werden. Dazu wird Stakeholdern eine Reihe von schriftlichen Fragen vorgelegt und die Antworten analysiert.

**Experimentelle Techniken**

- **Spiele oder Dilemmata** können in Form von experimentellen Nichtnullsummenspielen wie dem bekannten Gefangenendilemma eingesetzt werden. Mit ihnen werden soziale Konfliktsituationen modellhaft nachgestellt, um Erkenntnisse über das Kooperations- und Entscheidungsverhalten der beteiligten Personen zu gewinnen und so die Anforderungen von einem neuen Gesichtspunkt beurteilen zu können. Beim Nullsummenspiel zum Beispiel wird eine Vereinbarung getroffen, bei der sich die Interessen des einen Partners in dem Maße durchsetzen, wie die des anderen nicht verwirklicht werden, sodass sich die Interessen in der Summe letztlich aufheben, also in Summe null ergeben.

- **Prototyping:** Beim Prototyping werden Schnittstellenanforderungen des Benutzers detailliert beschrieben und mit Anforderungen wie Anwendungsfällen, Szenarien, Daten und Geschäftsregeln verbunden. Das Prototyping wird oft als ein wertvolles Verfahren empfunden, um die Anforderungen der späteren Nutzer an die Schnittstellen zu erkennen, zu beschreiben und zu bewerten.

Diese Liste ist natürlich nicht vollständig. Es gibt noch viele weitere Techniken, die in der Anforderungserhebung genutzt werden können, aber den Rahmen dieses Buches bei Weitem sprengen würden.

## Anforderungsergebnisse

Um zu gewährleisten, dass der Business-Analyst die Informationen auch tatsächlich richtig und vor allem auch vollständig verstanden und erfasst hat, müssen Anforderungen bewertet und bestätigt werden. Das Ziel einer erhobenen Anforderung ist ja, dass möglichst zügig sämtliche Probleme identifiziert und zur Zufriedenheit aller Stakeholder gelöst werden.

Durch eine Abnahme und vorherige Überprüfung bzw. Bewertung der Anforderungen mit dem »Vier-Augen-Prinzip« werden mögliche Fehler, Auslassungen, Konflikte und Mehrdeutigkeiten entdeckt. An dieser Stelle geht es allerdings noch nicht darum, die Anforderungen final zu dokumentieren!

Die Ergebnisse der Anforderungserhebung können mit ihrem Ursprung und auch mit anderen Erhebungsergebnissen verglichen werden, um eine gewisse Konsistenz zu gewährleisten. Dabei ist eine Zusammenarbeit mit den Stakeholdern erforderlich, um sicherzustellen, dass ihr Input korrekt erfasst wurde und dass sie mit den Ergebnissen der Anforderungserhebung zufrieden sind.

Fehler aufgrund von nicht bestätigten Anforderungsergebnissen können sehr teuer werden, wenn das daraus entstandene Produkt nicht mit den Erwartungen der verschiedenen Stakeholder übereinstimmt und diese nicht zufrieden damit sind. Um dies zu verhindern, ist es wichtig, von Anfang an Feedback von den betroffenen Personen einzuholen. Haben Sie aber keine Angst davor und fassen Sie Feedback als das auf, was es ist: Vorschläge zur Verbesserung – keine Kritik! Nehmen Sie auch den Stakeholdern die Angst davor, Feedback zu geben, in dem Sie es proaktiv einfordern.

### Eingesetzte Techniken

- **Protokoll**: Gerade bei der Anforderungserhebung ist es wichtig, ein Protokoll zu erstellen (Brainstorming, Fokusgruppen, Interviews,

Beobachtung, Prototyping, Anforderungsworkshop), das die behandelten Themen und die Ergebnisse der Erhebung beleuchtet.

- **Fotoprotokolle**: Fotos von Flipcharts, Whiteboards, Storyboards etc. erleichtern das gemeinsame Verständnis durch die Visualisierung.
- **Dokumentenanalyse** wird verwendet, um die Ergebnisse der Erhebung, verglichen mit vorhandenen Dokumenten, zu bestätigen.
- **Interviews** eignen sich in diesem Kontext, um die Korrektheit der Ergebnisse zu bestätigen.
- **Bewertungen** werden verwendet, um eine Reihe von Ergebnissen aus Anforderungserhebungen zu bestätigen.
- **Workshops**: Nachdem eine Agenda festgelegt wurde, können die Anforderungen gemeinsam besprochen und eventuell getestet werden, um in einem weiteren Schritt das Feedback der Teilnehmer einzuholen und zu dokumentieren.

Investieren Sie genügend Zeit in die Erhebung und die Bestätigung von Anforderungen. Sie sind der Schlüssel, damit am Ende ein zufriedenstellendes Ergebnis für alle Beteiligten herauskommt.

## 5.4 Den Zusammenhang sicherstellen: Analyse und Design

Die Anforderungen sind bereits im vorherigen Schritt erhoben und in Protokollen, Listen, Fotos, Notizen etc. dokumentiert worden. Nun geht es darum, diese Dokumentationen zu sichten, zu analysieren und die Anforderungen nach Gemeinsamkeiten und Widersprüchen zu durchforsten, um schlussendlich das Design der Lösung zu erarbeiten.

Dazu stellen wir einige der am häufigsten verwendeten Techniken für die Modellierung von Anforderungen vor. Diese Techniken eignen sich, um Anforderungen zu analysieren und dadurch den Zusammenhang zwischen einzelnen Anforderungen sicherzustellen.

Jede Veränderung wird als Reaktion auf eine neue Geschäftsanforderung in Angriff genommen. Oft finden wir uns in Situationen wieder, in denen trotz enormen Zeitaufwands und Ressourcenverbrauchs eine Diskrepanz zwischen dem, was entworfen worden ist, und dem, was tatsächlich benötigt wird, herrscht: Vielleicht hat ein Stakeholder sich darüber beschwert, dass das, was umgesetzt wurde, nicht dem entspricht, was vereinbart war. Oder jemand hat seine Meinung auf halber Strecke geändert. Oder neue Anforderungen kommen dazu, kurz vor Beendigung des Projekts.

Wie wir in den Kapiteln zuvor gesehen haben, ist eine gezielte und detaillierte Analyse der Geschäftsanforderungen das A und O, um Probleme wie dieses zu vermeiden. Denken Sie daran: Um zu bekommen, was das Unternehmen wirklich will und braucht, muss auch genau das definiert werden – und eine gute Analyse der Anforderungen hilft, dieses Ziel zu erreichen. Erst so können Sie Anforderungen besser verstehen und diese dann detaillieren, spezifizieren und modellieren. Eine Regel dazu lautet: Es ist viel schneller und billiger, ein Problem oder Missverständnis in der Analysephase auszuräumen, als zu einem späteren Zeitpunkt, wenn das »fertige Produkt« geliefert wird.

Modelle sind sehr nützlich, um ein gemeinsames Verständnis zu entwickeln und zu überprüfen, ob die Business-Analyse vollständig war. Ein Modell zeigt aber immer nur *eine* Sicht oder Perspektive eines Systems, diese dafür aber sehr deutlich. Dadurch eröffnet sich dem Business-Analysten eine neue Sicht, und weitere Fragen, die bisher einfach nicht bedacht oder übersehen wurden, treten an die Oberfläche.

## Anforderungen und Design

Oft – und gerade unter Verfechtern des Requirements Engineering – herrscht die Meinung, dass sich Business-Analysten nicht mit dem Design von Lösungen beschäftigen dürfen. Dabei sind Business-Analysten im Grunde alle ein Stück weit Designer: Denn das Ziel von Business-

Analyse ist es, Lösungen vorzuschlagen, die das Unternehmen weiterbringen – und das Konzipieren von Lösungen hat viel mit Design zu tun.

Üblicherweise lernt man, dass Anforderungen unbedingt vom Design getrennt gesehen werden müssen. Diese Forderung hat auch ihren berechtigten Kern: Es ist gut, wenn man in der Business-Analyse nicht sofort in Lösungen denkt, sondern versucht, erst das Problem genau zu verstehen. Auch Stakeholder denken oft in bestehenden Lösungen, weil sie das Einzige sind, was sie haben.

> »The main difference between requirements and designs is not in the representation but in how they are used and by whom. One person's design may be another's requirement as each stakeholder uses the representation to move toward the implementation of a solution.« (BABOK® 3, Kapitel 7)

Der BABOK Guide V3 spricht über Anforderungen als Darstellung der Notwendigkeit und Design als Darstellung einer Lösung:

- Analyse ist demnach das Verständnis der Bedürfnisse und Anforderungen. Diese muss an die Entwickler der Lösung vollständig kommuniziert werden.
- Design ist das Wie: Wie werden neue Features und Funktionen in eine Lösung integriert? Und wie werden bereits bestehende Anforderungen gepflegt, die in der neuen Lösung erhalten bleiben sollen?

Auch wenn diese Trennung von Anforderung und Design prinzipiell sehr sinnvoll erscheint, ist sie in der Praxis schwierig einzuhalten:

- Im Design einer Lösung erkennt man oft erst den Bedarf von neuen Anforderungen, die bisher nicht relevant waren.
- Die Unterscheidung ist kontextabhängig: Das, was für eine Person ein Design ist, ist für eine andere eine Anforderung.

Das zeigt folgendes Beispiel:

Ein wichtiger Geschäftskunde eines Unternehmens fordert zukünftig eine elektronische Rechnung, um in der Abrechnung Kosten zu sparen. Damit das Unternehmen den Kunden nicht verliert, definiert es folgende Geschäftsanforderung: »Elektronische Rechnungen müssen für den Kunden A unterstützt werden.« Es wird also bereits in Lösungen gedacht, bevor der eigentliche Bedarf oder andere Lösungen betrachtet werden. So wäre eine Alternative z. B. gewesen, dem Kunden einen Rabatt anzubieten, damit er auf die elektronische Rechnung verzichtet.

Enthält also die ursprüngliche Anforderung nicht bereits einen großen Anteil Lösungsdesign?

Das Unternehmen entscheidet sich, die internen Prozesse und die entsprechende IT-Unterstützung zu entwickeln, um den Wunsch des Kunden zu erfüllen. Weitere Anforderungen drehen sich also rund um das Thema: »Was müssen die Verrechnungssysteme und die Prozesse können, um elektronische Rechnungen verarbeiten zu können?« Aber eigentlich hätte sich das Unternehmen auch entscheiden können, einen externen Rechnungskonsolidator zu beauftragen.

Auch dieses Beispiel zeigt, dass in den Anforderungen bereits Lösungsdesign steckt.

Gehen wir eine Ebene tiefer, stoßen wir auf die Anforderungen des Kunden: Die erzeugte elektronische Rechnung muss dem Standard X genügen. Angenommen es wird bei der Analyse des Standards (durch Umsetzungsexperten aus der IT) schnell klar, dass dieser Standard zwei verschiedene technische Umsetzungsvarianten vorsieht. Welche davon soll genommen werden?

Haken wir an dieser Stelle ein: Ist das jetzt schon Design? Es behandelt ja auch schon das *Wie*! Man könnte sagen, dass es Sache der IT ist, welcher Weg gewählt wird, aber die Wege haben beide ihre Vor- und Nachteile: Der eine Standard ist günstiger in den Systemen zu implementieren, der andere sieht dafür auch Möglichkeiten vor, fehlerhafte Rechnungen über einen vereinbarten Weg zurückzusenden. Das hat Auswirkungen auf den Prozess. Also geht die Frage zurück an die Anforderer: Was ist wichtiger? Beim Design der Lösung haben wir also erkannt, dass wir neue Anforderungen brauchen – nämlich inwieweit der Rechnungsprozess automatisierbar sein soll.

Das Beispiel zeigt, wie effektive und effiziente Lösungen durch einen steten Wechsel zwischen Anforderungen und Design zustande kommen.

Die oft in der Literatur geforderte Trennung von Anforderung und Design ist genau deswegen häufig nicht umsetzbar. Es wäre auch viel zu teuer, alle möglichen Anforderungen bereits im Vorhinein zu definieren, um alle möglicherweise auftauchenden Fragen im Design ebenfalls im Voraus zu beantworten: Wenn es in unserem Beispiel keine zwei Varianten für elektronische Rechnungen gegeben hätte, wäre die ganze Fragestellung hinfällig und jeder Aufwand in zusätzliche Anforderungen umsonst gewesen.

Die Kombination aus Anforderungsanalyse und Design sorgt also für effektiv machbare Lösungen: Sind der Lösungsansatz und die Rahmenbedingungen geklärt, kann es sehr effektiv sein zu fragen: »Was lässt sich mit dem Prozess oder mit dem IT-System leicht und kostengünstig realisieren?«

Unserer Meinung nach ist es wirklich sinnvoll, in der Business-Analyse zu versuchen, möglichst lösungsneutrale Anforderungen zu formulieren. Aber: Haben Sie keine Angst davor, in das Design der Lösung zu tauchen! Die konkrete Lösungsfindung sollten Sie natürlich den Umsetzungsexperten überlassen, aber als Business-Analyst haben Sie sowohl mit Anforderungen als auch mit Design zu tun.

## Warum überhaupt Anforderungen analysieren?

Das Wort »Analyse« kommt aus dem Altgriechischen und bedeutet so viel wie »zerlegen« oder »Auflösung«. Bei der Analyse und beim Design werden Anforderungen fast wortwörtlich in ihre Einzelteile zerlegt, betrachtet und mit einem neuen Design wieder zusammengebaut.

Da Anforderungen extrem wichtig für den Erfolg eines Projekts sind und gut kommuniziert werden müssen, benötigen sie mehrere Iterationen, bis die gewünschte Qualität erreicht ist. Anforderungsanalyse stellt genau diese Qualität sicher: Die Anforderungen werden solange zerlegt und wieder zusammengebaut, bis alles wirklich passt und für alle Betroffenen stimmig ist.

Bei der Analyse sind zwei wichtige Aspekte zu beachten:

- **Priorität:** Wie wichtig sind bestimmte Anforderungen? Auf welche sollte man sich mehr konzentrieren – und auf welche weniger? Das Priorisieren der Anforderungen ist ein Entscheidungsprozess, bei dem die Wichtigkeit einer Anforderung im Vergleich zu den anderen Anforderungen festgelegt wird. Mögliche Kriterien sind z. B. die relative Bedeutung, Risiko oder Schwierigkeit der Umsetzung.
- **Struktur**: Welche Themen gehören zusammen und sollten auch gemeinsam behandelt werden? Gibt es Widersprüche zwischen unterschiedlichen Anforderungen? Anforderungen in Strukturen zu gliedern, fördert das Verständnis, welche Anforderungsmodelle für eine Domäne bzw. für eine Lösung geeignet sind. Dadurch können auch Beziehungen und Abhängigkeiten der Modelle identifiziert und sichtbar gemacht werden. Zwar sind einzelne Anforderungen per se nicht kompliziert, aber die Beziehungen und Abhängigkeiten untereinander machen sie vielschichtig.

## Spezifizieren und Modellieren in der Analyse

Das IREB liefert für die Spezifikation und Modellierung von Anforderungen folgende Definition: *Eine Anforderungsspezifikation ist ein Dokument, das spezifizierte Anforderungen enthält, d. h. Anforderungen, die definierten Spezifikationskriterien genügen.* (S. 43). Beispiele für eine vollständige und einheitlich dokumentierte Zusammenstellung aller Anforderungen an ein Produkt ist das Lastenheft oder auch ein Product backlog. *Ein Modell ist ein abstrahierendes Abbild einer existierenden Realität oder Vorbild für eine zu schaffende Realität.* (IREB, S. 70).

Der Zweck der Spezifikation und Modellierung von Anforderungen ist es, die erhobenen Anforderungen zu analysieren. Das hat prinzipiell nichts mit der Kommunikation von Anforderungen zu tun – diese findet erst zu einem späteren Zeitpunkt statt (siehe Kapitel 5.4). Vielmehr wird an dieser Stelle sichergestellt, dass die Qualität der Anforderungen überhaupt stimmt. Dazu werden die Erhebungsergebnisse analysiert und die Ergebnisse übersichtlich dargestellt.

Zusätzlich zu den Modellen, die Anforderungen repräsentieren, enthält die Spezifikation auch Informationen über Anforderungen (Metadaten) wie Versionierung, Stabilität und Quellen der Anforderungen.

## Modellierungsarten

Ein Modell ist also ein Abbild einer Realität und beschreibt Informationen, die an eine bestimmte Zielgruppe gehen, so, dass damit die Analyse, Kommunikation und Verständnis unterstützt werden. Modelle verifizieren aber auch vorhandenes Wissen und machen Informationslücken sichtbar, die bei der Business-Analyse entstehen können.

Je nach Zielgruppe und Inhalt können dazu verschiedene Modellierungsformate gewählt werden. Hier ein Überblick über die wichtigsten:

- **Text**: Eine textuelle Anforderung beschreibt den möglichen Umfang einer Lösung bzw. alle Bedingungen, die vorhanden sein müssen, damit die Anforderung bedient werden kann bzw. auch alle Einschränkungen, die eine Lösung erschweren oder gar verhindern könnten.
- **Matrizen:** Eine Matrix (oder auch Tabelle) wird dann verwendet, wenn der Business-Analyst eine größere Menge von Anforderun-

gen modelliert, die eine gleichförmige Struktur haben und in einzelne Elemente heruntergebrochen werden können. Eigenschaften von Anforderungen sind beispielsweise oft in einer Matrix ausgedrückt. Matrizen können auch zur Verfolgung einzelner Anforderungen oder für eine Gap-Analyse verwendet werden. Sie zeigen einen Zusammenhang zwischen Prozessen und Funktionsbereichen auf, fassen aber auch kritische Elemente zusammen. Auch zur Priorisierung von Anforderungen und zur Aufnahme von weiteren Eigenschaften und Metadaten werden Matrizen verwendet.

- **Diagramme:** Ein Diagramm ist eine visuelle Darstellung einer oder mehrerer Anforderungen. Es kann mehr Informationen als ein einfacher Text übermitteln, vor allem, wenn die Komplexität einer Anforderung nur schwer in Worte fassbar ist. Diagramme können auch verwendet werden, um Grenzen für Geschäftsbereiche zu definieren, Hierarchieebenen zu kategorisieren und zu erstellen sowie Beziehungen zwischen einzelnen Objekten darzustellen.

Mit der Auswahl von einem oder mehreren Modellierungsformaten bestimmen Business-Analysten die jeweiligen Kategorien bzw. einzelne Arten von Modellen, die verwendet werden.

Modellkategorien können u. a. sein:

- **Personen und Rollen**: Modelle stellen Menschen, Rollen und deren Beziehungen innerhalb eines Unternehmens und im Zusammenhang zu einer Lösung dar. Dazu können Techniken wie Organisationsmodellierung, Rollen- und Zuständigkeitsmatrix und Stakeholderliste oder Personas verwendet werden.
- **Abläufe und Fähigkeiten**: Modelle stellen eine Folge von Aktionen und Ereignissen dar oder konzentrieren sich auf Merkmale oder Funktionen von Lösungen. Techniken dazu sind Prozessmodellierung, Szenarien, Use Cases und Aktivitäts- und Sequenzdiagramme, Business Capability-Analyse, Funktionale Dekomposition, Prototypen.

- **Daten und Informationen**: Modelle stellen die Merkmale und den Austausch von Informationen innerhalb eines Unternehmens oder einer Lösung dar. Techniken, die verwendet werden, sind u. a. Daten-Wörterbuch, Datenflussdiagramme, Datenmodellierung, Glossar, Schnittstellenanalyse.

## Modellierungstechniken: Wie Sie es nicht machen sollten

### Anti-Technik: Anforderungslisten

Die Anforderungsliste ist leider eine sehr geläufige Technik: In einer Tabellenkalkulation werden einfach die Anforderungen aufgelistet – wie Sie es beispielhaft in der folgenden Tabelle sehen:

| ID | Prozess | Name | Kategorie | Priorität | Beschreibung | Fachbereich | Autor | Status | Datum | Abhängigkeiten (ID) | Kommentar |
|---|---|---|---|---|---|---|---|---|---|---|---|
| 1 | Controlling | Jahreserfassung | Funktionale Anforderung | Hoch | Die Budgetdaten des gesamten Jahres müssen ... | Controlling | Hans M. | abgestimmt | 23.02.15 | 3, 6, 7 | Unklar, ob ... |

Wir finden in unserer Praxis sehr häufig solche und ähnlich Listen. Meistens wird dabei ein langes Excel-Dokument erstellt, das fast breiter und höher als ein Bildschirm ist. Solche Anforderungslisten sind unübersichtlich und der Inhalt ist meistens redundant, widersprüchlich und erfüllt nicht die Kriterien von guten Anforderungen (siehe oben). Das ist auch kein Wunder, denn wie soll man die Übersicht über alle enthaltenen Anforderungen solch einer Liste bekommen, wenn man fünfmal nach rechts und zehnmal nach unten scrollen muss, um das gesamte Dokument zu überblicken?

Analyse und Modellierung beleuchten den Zusammenhang zwischen verschiedenen Anforderungen und dafür ist Übersichtlichkeit das Gebot der Stunde. Business-Analysten, die stolz eine Matrix mit 17 × 258 Zellen als Ergebnis ihrer Analyse präsentieren, sind möglicherweise eifrig, aber nicht besonders klug.

Die schiere Menge von Anforderungen sagt nichts über die Komplexität eines Themas aus. Außerdem sind Anforderungen nicht in Zahlen messbar, weil sie auf ganz unterschiedlichen Ebenen existieren können und immer vom Kontext abhängig sind. Die Erfahrung zeigt, dass solche Anforderungslisten sich nicht bewährt haben, weil sie eben diesen Kontext nicht übersichtlich berücksichtigen.

In diesem Sinne raten wir Ihnen, die Finger von Anforderungslisten zu lassen. Eine Ausnahme bildet jedoch die Abbildung solcher Anforderungen in spezialisierten Werkzeugen für das Anforderungsmanagement. Diese bringen jedoch spezielle Funktionen mit, damit Sie den Wald vor lauter Bäumen noch sehen.

## Modellierungstechniken: Menschen und Rollen

### RACI-Modell

Ein Beispiel für die Darstellung von Menschen und Beziehungen in Projekten haben wir bereits in Kapitel 3.2 beschrieben, als wir mittels der RACI-Technik die einzelnen Stakeholder identifiziert haben. Organisationen nutzen diese Art der Kategorisierung, um zu beschreiben, welche Rolle für welche Aktivitäten verantwortlich ist und welche Rollen zu beteiligen sind. So gelangt der Business-Analyst schnell zu einer klaren Beschreibung der Verantwortlichkeiten und Zuständigkeiten.

Die RACI-Methode eignet sich dann besonders gut, wenn bei einem Prozess die Rollenbeschreibungen festzulegen sind oder die Involvierung einzelner Personen nachvollzogen werden muss.

**Achtung:** Lassen Sie sich nicht vom Begriff »Rolle« verwirren – ein und dieselbe physische Person kann gleichzeitig mehrere Rollen einnehmen!

## Organisationsmodellierung

In Kapitel 4.2 sind wir bereits einem Beispiel der Organisationsmodellierung begegnet – dem Organigramm. Dieses stellt grafisch die Aufbauorganisation eines Unternehmens, dessen organisatorische Einheiten sowie Aufgabenverteilung und Kommunikationsbeziehungen dar. Damit werden die Beziehungen zwischen den einzelnen Organisationseinheiten in übersichtlicher Form abgebildet.

## Persona

Die Persona stellt einen Prototyp für eine Gruppe von Nutzern, deren Eigenschaften und konkretes Verhalten dar. Dazu wird zunächst analysiert, welcher Nutzerkreis eine Anwendung oder ein Produkt später verwenden wird. Anhand von Beobachtungen an realen Menschen werden darauf aufbauend einige fiktive Personen geschaffen, die stellvertretend für den größten Teil der späteren tatsächlichen Anwender stehen. Die Personas dienen dazu, unterschiedliche Bedienungsszenarien passgenau für den späteren Anwender oder Nutzer zu entwerfen und durchzuspielen. Das Umsetzungsteam kann dann bei der Realisierung der Lösung immer wieder nachdenken, ob die einzelne Persona diese oder jene Aufgabe erfolgreich ausführen können.

## Aufgabenanalyse

Bei der Aufgabenanalyse wird die Gesamtaufgabe in diverse Teilaufgaben aufgegliedert, um sie später im Zuge der Aufgabensynthese wieder zusammenzufügen und zu integrieren. Dabei werden die Aufgaben nach bestimmten Kriterien zusammengefasst, damit sie den Aufgabenträgern (Personen) zugewiesen werden können. Die Gesamtaufgabe wird anhand der Gliederungsmerkmale schrittweise in die einzelnen Bestandteile zerlegt.

## Modellierungstechniken: Abläufe und Fähigkeiten

Abläufe (im Rahmen von Prozessen) und Fähigkeiten (beispielsweise von IT-Systemen) bilden das Grundgerüst von Dienstleistungen und Produkten. Eine zentrale und wichtige Aufgabe ist es deswegen, diese Abläufe und Fähigkeiten genau zu beschreiben. Die Modellierung macht sie erst transparent und ermöglicht ein einheitliches Verständnis.

### Technik Use Case

Use Cases ist eine ganz zentrale Technik, die jeder Business-Analyst beherrschen sollte, der mit der Analyse von IT-Systemen zu tun hat. Aus diesem Grund widmen wir dieser Technik mehrere Seiten.

Ein Use Case, auch Anwendungsfall genannt, beschreibt die Interaktion zwischen einem Akteur (z. B. einer Person) und einem System (z. B. eine Webshop-Software), um ein fachliches Ziel zu erreichen.

**Ein Beispiel:** Ein Kunde (Akteur) möchte in einem Web-Shop (System) seine eingekauften Waren bezahlen (Use Case).

Ein Use Case beschreibt nicht nur die Abläufe, die dabei auftreten können, inklusive Fehler, Abbrüche und weiterer Parameter, sondern auch die Ziele der Benutzer. Daher eignen sie sich besonders gut, um relevante funktionale Anforderungen an ein System zu analysieren und zu beschreiben.

Use Cases werden aus der Sicht des Akteurs, also des Nutzers geschrieben. Sie beschreiben aber keine internen Abläufe der Lösung, sondern zeigen lediglich den Ablauf der Interaktion des Akteurs mit dem System.

Die Summe aller Use Cases bietet einen guten Überblick über die Gesamtheit aller Funktionen eines Systems. Für die bessere Verständlichkeit des Gesamtsystems können diese mithilfe von Use-Case-Diagrammen dargestellt werden.

## Beispiel

| | |
|---|---|
| **Name** | UC 2.01: Einkauf bezahlen |
| **Akteur** | Kunde, Zahlungsanbieter |
| **Auslöser** | Kunde möchte den Einkauf bezahlen und abschließen und wählt die Funktion »Einkauf bezahlen«. |
| **Vorbedingung** | Es müssen sich Artikel im Einkaufskorb befinden. |
| **Standard-Ablauf** | 1. System zeigt eine Übersicht der gewählten Produkte und der Gesamtsumme an.<br>2. Kunde bestätigt die Übersicht.<br>3. System zeigt die möglichen Zahlungswege an (Vorkasse, Kreditkarte, Nachnahme)<br>4. Kunde wählt einen Zahlungsweg aus.<br>5. ... |
| **Nachbedingung** | Einkauf ist bezahlt oder zur Zahlung vorgemerkt. |
| **Alternative Abläufe** | 2a. Kunde kann an dieser Stelle Produkte wieder aus dem Warenkorb entfernen.<br>... |

## Beschreibung des Aufbaus

- **Name:** Der Use Case muss das Ziel oder Ereignis klar definieren, mit dem er sich befasst. Grundsätzlich besteht er aus einer Handlung eines Akteurs und der Beschreibung des Vorhabens oder dem Ziel der Aktion. Er wird mit einem Namen versehen oder einer Gruppe zugeordnet, z. B. UC 2.01.
- **Akteur:** In einem Use Case werden alle Beteiligten als Akteure dargestellt. Das ist eine Rolle, die sich außerhalb des Systems befindet und mit dem System interagiert. Akteure können Personen sein, die das System bedienen, aber auch Fremdsysteme, die auf das System zugreifen. Im Beispiel oben ist das beispielsweise auch der »Zah-

lungsanbieter«, der im Falle einer Kreditkartenabrechnung die Daten prüft.

- **Vorbedingung:** Das sind alle Tatsachen, die im Vorfeld erfüllt sein müssen, damit dieser Anwendungsfall ausgeführt werden kann.
- **Ereignisablauf:** Der Ereignisablauf beschreibt, was der Akteur und das System machen, wenn der Use Case ausgeführt wird. Dazu wird das typische Szenario dargestellt, das leicht zu verstehen ist oder am häufigsten vorkommt. Ergebnis sollte die Zielerreichung des Primärakteurs sein. Die Ablaufschritte werden nummeriert und meist in strukturierter Sprache beschrieben.
- **Alternative Ablaufschritte:** Meistens werden neben dem Standardablauf mehrere alternative Ablaufschritte aufgezeigt, um seltenere Fälle oder Fehler zu beschreiben.
- **Nachbedingungen:** Das sind Zustände, die erwartet werden und die auch für alle Varianten erfüllt sein müssen, wenn der Use Case abgeschlossen ist.
- **Verbindungen:** Verbindungen sind Beziehungen, die zwischen den Akteuren und den Use Cases bestehen. Diese zeigen lediglich an, dass ein Akteur einen Zugang zu der Funktionalität hat, die der Anwendungsfall bietet. In unserem Beispiel hat der »Kunde« Zugang zum Anwendungsfall »Einkauf bezahlen«.

  Es gibt auch Verbindungen zwischen zwei Use Cases, die als Stereotypen bezeichnet werden. Vor allem zwei werden immer wieder verwendet:

  - **Extend-Verbindung**: Diese Art der Verbindung ermöglicht es, weitere Funktionalitäten einzubeziehen. Dazu muss der eigentliche Use Case in sich selbst funktional sein. Die hinzugefügte Funktionalität, die wiederum selbst ein Use Case ist, kann nur in dem zugrunde liegenden Use Case genutzt werden. Jede Erweiterung agiert wie ein alternativer Prozessablauf, wird aber der Einfachheit halber von einem separaten Use Case abgedeckt. In unserem Beispiel könnten das weitere Use Cases für die Zahlungsarten »Vorkasse«, »Kreditkarten« oder »Nachnahme« sein.
  - **Include-Verbindung:** Bei einer solchen Verbindung nutzt der zugrunde liegende Use Case die Funktionalität eines anderen Use

Cases. Dazu muss der eingeschlossene Use Case nicht eigenständig oder in sich vollständig sein. Diese Beziehung kommt häufig dann zum Einsatz, wenn bestimmte Funktionalitäten von mehreren Use Cases gemeinsam benötigt werden.

## Use-Case-Diagramme

Mehrere Use Cases können mit einem Use-Case-Diagramm, eine Diagrammart der Unified Modeling Language (UML), dargestellt werden. Hier sehen Sie ein Beispiel so eines Diagramms:

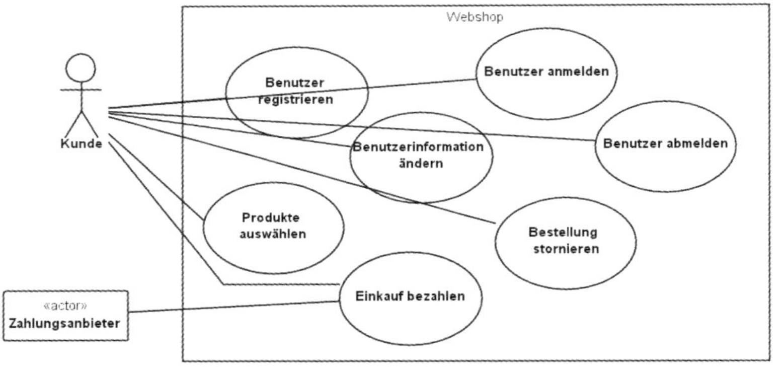


**Abbildung 24: Use Case Diagramm**

## Vorteile

- Nützlich bei der Klärung des Funktionsumfangs von Systemen.
- Bietet ein High-Level-Verständnis der Anforderungen aus der Sicht der Anwender.
- Anzeigen von Benutzerverhaltenszielen, normalen Situationen, Alternativen oder Ausnahmen, einer Tätigkeit oder eines Geschäftsprozesses.

- Stellt eine Außenansicht der von der Lösung erforderlichen Funktionalität dar. Dadurch erhält man eine Zusammenfassung der Anforderungen oder des Aufbaus einer Lösung.
- Strukturierte Vorgehensweise erleichtert das Auffinden von Inkonsistenzen und fehlenden Anforderungen.

**Nachteile**

- Entscheidungen und Rahmenbedingungen, die nicht direkt in Use Cases erfasst werden, können nur schwer bzw. gar nicht verknüpft werden.
- Anwendungsfälle werden oft mit zu vielen Details gebaut und alle möglichen Schritte oder Interaktionen angezeigt.
- Oft wird der Begriff Use Case falsch verstanden bzw. mit der Technik User Story verwechselt.

**Achtung**: Bei dieser Technik sollten Sie zwei Dinge unterscheiden:

- das UML-Use-Case-Diagramm,
- die Use-Case-Spezifikation.

Das Diagramm allein gibt einen guten Überblick und hilft dabei, Anforderungen übersichtlich zu strukturieren. Dennoch muss auch die Spezifikation geschrieben werden, sonst bleibt der Use Case zu ungenau. Erst dann erkennt man, ob man an alles gedacht hat.

**Prozessdiagramme**

Prozessdiagramme machen es leichter, Aktivitäten als Ganzes zu beurteilen. Sie bieten eine optische Darstellung von Ablauf und Abfolge, einschließlich der Ein- und Ausgaben, die für den Prozess notwendig sind, und deren Grenzen.

Ein Beispiel dafür haben wir bereits in Kapitel 4.2 vorgestellt.

## Sequenzdiagramme

Sequenzdiagramme zeigen Informationen, die zwischen Objekten in einem System durch die Ausführung eines Szenarios ausgetauscht werden und bilden so die Logik von Nutzungsszenarien ab.

So könnte beispielsweise für den Use Case »Einkauf bezahlen« der genaue Ablauf spezifiziert werden, wie das Web-Shop-System mit dem externen Zahlungsanbieter kommuniziert, um eine Kreditkarte zu prüfen.

Sequenzdiagramme werden häufig verwendet, um die Interaktion von Oberflächen- und oder Softwarekomponenten abzubilden.

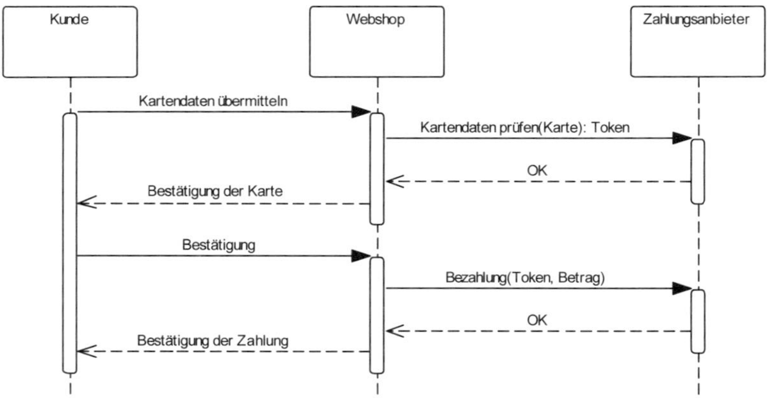


**Abbildung 25: Beispiel eines Sequenzdiagramms**

## Modellierungstechniken: Daten und Information

### Datenfluss-Diagramme

Ein Datenflussdiagramm (Data Flow Diagram – DFD) stellt die Datenbewegungen in einem IT-System oder auch in einem Unternehmen visuell dar. Dabei zeigt es folgende Daten an:

- Externe Entitäten, die entweder Daten an das System liefern oder von diesem erhalten;
- Funktionen, die die Daten umwandeln;
- Datenspeicher, in denen für einen bestimmten Zeitraum Daten gesammelt werden;
- Datenflüsse, in denen Datenbewegungen zwischen externen Entitäten, Prozessen und Datenspeichern stattfinden.

### Datenmodellierung (Klassendiagramme)

Ein Datenmodell beschreibt die für eine Domäne relevanten Konzepte, die Beziehungen zwischen diesen Konzepten und die damit verbundenen Informationen. Es hat normalerweise die Form eines Diagramms, das durch zusätzlichen Text ergänzt wird. Rollen, Orte, Dinge und Konzepte, die für das Unternehmen wichtig sind, und die damit verbundenen Eigenschaften und Beziehungen untereinander, werden so abgebildet.

Die zwei am häufigsten verwendeten Datenmodelle sind das Entity-Relationship-Diagramm (ERD – Gegenstands-Beziehungs-Diagramm) und das Klassendiagramm (eine Diagrammart aus UML). Ist die Basis für ein Modell eine relationale Datenbank, werden meistens ERD verwendet. Klassendiagramme werden häufig zur Unterstützung von objektorientierten Softwaresystemen genutzt.

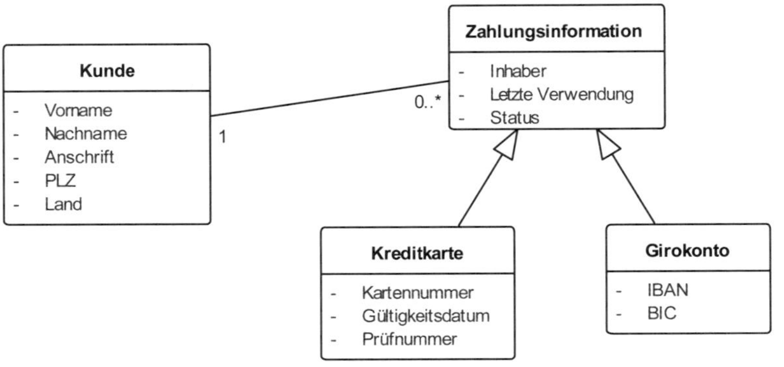


**Abbildung 26: Beispiel eines Klassendiagramms**

## Zustandsdiagramme

Ein Zustandsdiagramm bildet eine Abfolge von Zuständen ab, die ein Objekt während seiner Lebenszeit durchläuft, und beschreibt, welche Ereignisse einen Übergang zwischen diesen Zuständen auslösen. Das zulässige Verhalten des Objekts ist von dem aktuellen Zustand abhängig. Das Zustandsdiagramm heißt auch Zustandsautomatendiagramm, Zustandsübergangsdiagramm und Entity-Life-Cycle-Diagramm.

In unserem Webshop-Beispiel können wir den Lebenszyklus einer Bestellung durch ein Zustandsdiagramm darstellen. Dadurch lassen sich häufig auch Fehler und Inkonsistenzen in den anderen Modellen aufspüren (Beispielsweise im Use-Case-Diagramm).

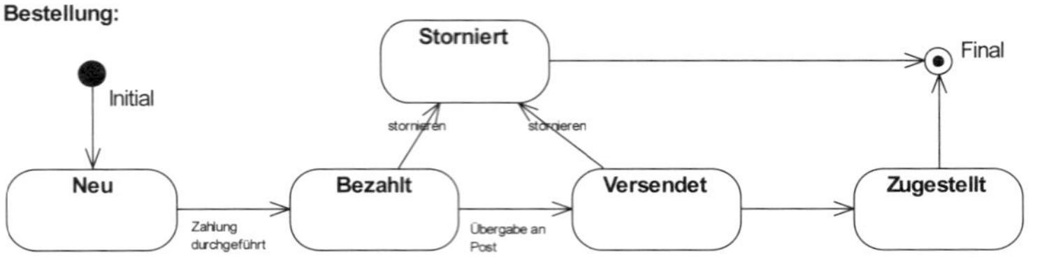


**Abbildung 27: Beispiel eines Zustandsdiagramms**

### Schnittstellenanalyse

Eine Schnittstelle ist eine Verbindung zwischen zwei Komponenten, beispielsweise IT-Systemen oder auch in Geschäftsprozessen. Es können verschiedene Schnittstellen unterschieden werden:

- Benutzerschnittstellen (menschliche Benutzer, die direkt mit einem System interagieren),
- Schnittstellen zu und von externen Anwendungen oder Geräten.

Eine Schnittstellenanalyse verdeutlicht die Grenzen solcher Anwendungen, die über Schnittstellen miteinander verknüpft sind. Es wird dabei auch sichtbar, welche speziellen Funktionalitäten eine Komponente bietet und welche Ein- und Ausgabedaten dazu notwendig sind. Eine sorgfältige Ermittlung der Schnittstellen ist Voraussetzung für die Ermittlung der Anforderungen an diese. Eine Schnittstellenanalyse kann bei der Analyse von Software verwendet werden, ist aber auch hilfreich bei anderen Lösungen, z. B. wenn Leistungen oder Ergebnisse von Lieferanten analysiert werden.

## Verifikation und Validierung

### Verifikation

Bei der Verifikation von Anforderungen wird bestätigt, dass alle erhobenen Anforderungsspezifikationen und -modelle – aber auch das Design – den Ansprüchen genügen, damit sie umgesetzt werden können. Anforderungen, die diesen Ansprüchen nicht genügen oder fehlerhaft sind, müssen neu bearbeitet werden.

### Qualitätskriterien guter Anforderungen

Der Business-Analyst überprüft nach folgenden Kriterien die Qualität der Anforderungen:

- **Zusammengehörig**: Anforderungen, die zusammengehören, beziehen sich nur auf eine einzige Sache wie z. B. einen bestimmten Geschäftsprozess oder eine bestimmte Geschäftsregel. Dabei unterstützen diese Anforderungen ein gemeinsames Ziel und den Gesamtumfang.
- **Vollständig**: Die Anforderungen müssen alle vollständig und in sich geschlossen sein. Es dürfen keine relevanten Informationen fehlen.
- **Konsistent**: Die Anforderungen dürfen sich auch nicht widersprechen oder in unterschiedlichen Worten beschrieben werden und daher verdeckte Redundanzen enthalten. Auch sollte die Detaillierungstiefe überall ungefähr gleich sein.
- **Korrekt**: Sind Fehler in den Anforderungen vorhanden, führt das zu fehlerhaften Lösungen.
- **Machbar:** Jede Anforderung muss innerhalb des verfügbaren Budgets, des vorgegebenen Zeitrahmens und mit den vorhandenen Ressourcen umgesetzt werden können.
- **Modifizierbar**: Die Anforderungen müssen übersichtlich aufgebaut sein, damit sie, wenn nötig, nachträglich auch verändert oder ausgebaut werden können.
- **Eindeutig**: Einzelne Anforderungen dürfen keine Interpretation zulassen, sondern müssen klar definiert sein.
- **Testbar**: Jede Anforderung muss über einen Test oder einen sonstigen Weg dahingehend geprüft werden, ob eine Lösung die Anforderungen erfüllt und somit akzeptiert werden kann.

In der Analyse können diese Qualitätskriterien genutzt werden, um Schwachstellen zu identifizieren, vor allem die inhaltlichen sind dabei wichtig. Die Qualitätskriterien sind eine gute Richtschnur, an der man sich orientieren kann, aber sie sollten nicht als alleiniger Maßstab gesehen werden. Auch hier gilt die 80-20-Regel: Mit meist bereits 20 Prozent Einsatz können 80 Prozent des angepeilten Ergebnisses erreicht werden (s. Kapitel 6.4).

### Validierung

Die Validierung ist ein kontinuierlicher Prozess, bei dem sichergestellt werden soll, dass die Anforderungen und das Design mit dem Unternehmensbedarf übereinstimmt (s. Kapitel 5.4). Unterstützend sind dabei die Abschätzungen der Ergebnisse der Stakeholder. Dabei werden vor allem unterschiedliche und widersprüchliche Erwartungen oder Bedürfnisse der verschiedenen Stakeholder sichtbar.

- **Ermittlung der Annahmen:** Oft ist es schwierig zu beweisen, dass eine Lösung wirklich den gewünschten Nutzen erbringt: Über Annahmen oder Reaktionen von Stakeholdern kann manches Mal ein Problem auf eine bestimmte Ursache zurückzuführen sein. Oder vielleicht vermuten die Stakeholder, dass durch eine Umsetzung der Anforderung dieser Nutzen entsteht. Solche Annahmen müssen ermittelt und dokumentiert werden, um möglichen Risiken vorbeugen zu können.
- **Festlegung messbarer Evaluationskriterien:** Erst wenn der Nutzen bestimmt und der Evaluationsprozess beschrieben wurde, können messbare Evaluationskriterien erstellt werden.
- **Festlegung des Unternehmensnutzens:** Eine Möglichkeit neben dem Business Case, den Nutzen einer Lösung zu bewerten, ist die Bewertung individueller Anforderungen oder Funktionen. Wird eine Anforderung gefunden, die keinen direkten oder indirekten Nutzen bietet, kann diese getrost gestrichen werden. Aber Achtung: Der Nutzen muss nicht nur monetärer Natur sein!
- **Bestimmung der Abhängigkeiten bei der Nutzenrealisierung:** Es tragen nicht immer alle Anforderungen direkt zu dem gewünschten Ergebnis bei.
- **Evaluierung der Übereinstimmung mit dem Business Case und den Opportunitätskosten:** Auch wenn eine Anforderung für einen Stakeholder wertvoll ist, heißt das noch lange nicht, dass sie auch in eine Lösung umgesetzt werden kann. Manches Mal müssen solche Anforderungen separat beschrieben oder gestrichen werden.

## 5.5 Die richtige Verpackung: Ergebnisse der Business-Analyse kommunizieren

Im vorherigen Kapitel konnten Sie lesen, wie aus unstrukturierten und wirren Ideen ein in sich konsistentes Bild der Anforderungen erzeugt wird. Der Analyse- und Design-Prozess stellt sicher, dass Anforderungen und Design zusammenpassen, dass die Qualität passt (Verifikation) und dass die Anforderungen dem Ziel entsprechen (Validierung). Der Weg dorthin führt über Spezifikation und Modellierung. Die Durchführung erfordert viel Erfahrung in der Anwendung dieser Techniken, die der Business-Analyst mitbringt.

Damit ist die Aufgabe allerdings noch nicht erledigt. Die Ergebnisse (z. B. Spezifikationen oder Modelle) sind häufig eher der Weg zu Anforderung und Design, aber nicht das Ziel. Dies besteht vielmehr darin, dass alle Personen,

- die im weiteren Verlauf an der Lösung arbeiten (z. B. Softwareentwickler oder Prozess-Experten, allgemein: Umsetzungsexperten),
- die die Lösung letzten Endes verwenden (z. B. die betroffenen Mitarbeiter)
- oder bezahlen müssen (Auftraggeber),

ein gemeinsames und klares Bild vom Endergebnis haben. Ziel ist es also, die Ergebnisse der Business-Analyse zielgruppengerecht zu kommunizieren.

Die Spezifikationen und Modelle aus dem vorherigen Kapitel können hier passend sein, müssen es aber nicht – gerade Modelle mit komplizierteren Notationen sind nicht immer selbsterklärend. Sie mögen z. B. für Programmierer gut geeignet sein, für den Fachexperten jedoch völlig untauglich.

Oft wird gesagt: Die Ergebnisse der Business-Analyse sind irgendwelche Spezifikationen, also Dokumente. Das ist jedoch nur die halbe Wahrheit.

Das eigentliche Ergebnis muss es sein, Klarheit bei allen Beteiligten zu schaffen – und zwar über folgende Punkte:

- Was ist zu tun, um die Lösung zu entwickeln (für die Umsetzungsexperten)?
- Was bedeutet das genau in der Praxis (für die betroffenen Mitarbeiter)?
- Was bringt und kostet das (für die Auftraggeber)?

Diese Klarheit kann durch Dokumente geschaffen werden, aber es gibt auch andere Wege. Die Hauptsache ist, dass alle informiert und »abgeholt« wurden.

Es gibt eine Reihe von guten Gründen, warum die Ergebnisse aus der Business-Analyse an die diversen Stakeholder kommuniziert werden müssen.

Neben der frühen Beurteilung der Qualität oder der Bewertung möglicher Alternativen kann es sich dabei auch um formale Prüfungen und Genehmigungen, Vorschläge für das Lösungsdesign oder um Reglementierungen handeln.

## Möglichkeiten der Kommunikation

Es gibt also viele verschiedene Möglichkeiten, die Ergebnisse der Business-Analyse zu kommunizieren. Das Wichtigste ist dabei immer, dass die ausgewählte Kommunikation zum Kontext und zu den Stakeholdern passt.

Generell verläuft die Kommunikation der Ergebnisse bidirektional und iterativ. Das heißt, es muss zunächst darauf geachtet werden, dass der Empfänger Inhalt, Zweck, Kontext der Ergebnisse in einer für ihn verständlichen Form und zum richtigen Zeitpunkt erhält. Der Business-Analyst ist dafür zuständig, einen entsprechenden Kommunikationsplan zu schreiben, auszuführen und immer wieder anzupassen.

Informationen einfach auszusenden und darauf zu vertrauen, dass die Empfänger auch alles verstehen – davon kann ein Business-Analyst nicht automatisch ausgehen. Vielmehr muss er die Stakeholder aktiv ansprechen und sicherstellen, dass auch wirklich alle die Informationen und die Vereinbarungen verstanden haben. Dabei sollte der Business-Analyst vor allem auf Unstimmigkeiten achten. Möglicherweise muss er auch die Form der Bereitstellung der Informationen ändern, wenn die Beteiligten sie nicht bekommen oder verstanden haben. Es können auch verschiedene Kommunikationswege gleichzeitig eingesetzt werden. Manches Mal, z. B. wenn Stakeholder die Informationen nicht annehmen wollen, erfordert die Umsetzung des Kommunikationsplans ein wenig Kreativität.

## Mögliche Kommunikationsmittel

Das primäre Ziel der Entscheidung für oder gegen ein Kommunikationsmittel ist es, Informationen klar und brauchbar zu übermitteln. Um zu entscheiden, wie Sie als Business-Analyst die Anforderungen präsentieren, stellen Sie sich folgende Fragen:

- Welche Informationen müssen kommuniziert werden?
- Was wird der spezielle Stakeholder von dieser Information für sich mitnehmen können, was wird er an andere weitergeben?
- Sind die Informationen richtig angeordnet und verpackt, sodass die Zielgruppe sie verstehen kann?
- Unterstützt das Kommunikationsmittel andere Kommunikationswege?

Mögliche Formen für Kommunikation können sein:

- **Formale Dokumentation**: Dies sind in der Regel Spezifikationen, die einer im Unternehmen vorgegebenen Vorlage entsprechen. Sie eignen sich für Informationen, die eine langfristige Gültigkeit haben (z. B. ein Fachkonzept).
- **Informelle Kommunikation**: Das sind beispielsweise Gespräche zwischen Tür und Angel, ad-hoc entstehende Diskussionen oder No-

tizen, auf der »berühmten« Serviette erklärt. Das gehört zwar nicht zum bewusst gesteuerten Informationsaustausch im Unternehmen – hat aber trotzdem einen hohen Stellenwert.

- **Präsentationen**: Sie liefern eine grobe Übersicht über beispielsweise das Verständnis der Ziele einer Änderung, Funktionen einer Lösung oder Informationen bei der Entscheidungsfindung.

## Basis für die Kommunikation: Die Struktur

Egal, ob die Ergebnisse in formaler Dokumentation aufgeschrieben oder im Rahmen einer Präsentation weitergegeben werden: Wichtig ist eine Struktur, die dem Adressaten hilft, den Überblick zu bewahren. Investieren Sie also genügend Zeit hierfür – es wird sich lohnen! Denn nur so kann sichergestellt werden, dass der Adressat alles versteht und die Botschaft klar vermittelt wird.

Basis für die Kommunikation sind auch hier wieder die erhobenen Ergebnisse aus der Analyse und dem Design. Die Strukturen, die dabei entstanden sind, können jetzt genutzt werden.

### Beispiele

- Durch die Anwendung der Use-Case-Methode können Anforderungen an IT-Systeme sehr gut strukturiert werden. Richtig angewendet, stellt der Use Case sicher, dass nichts vergessen und nichts doppelt beschrieben wurde. Die einzelnen Use Cases sind also die beste Vorlage für die Strukturierung der Anforderungen.
- Bei Prozessen liegt es oft auf der Hand, die Struktur anhand der entworfenen Prozessebenen oder der Schritte im Prozess zu gliedern.

### Formale Dokumentation

Es gibt viele Gründe, die formale Dokumentation zur Kommunikation der Business-Analyse-Ergebnisse einzusetzen.

- Sie erleichtert die Kommunikation innerhalb eines Projektteams und bietet eine Grundlage dafür, dass alle Anforderungen im Einklang miteinander stehen.
- Die Dokumentation bietet den Managern und Mitarbeitern, die ja die eigentliche Quelle, aber auch die Benutzer der Anforderungen sind, eine wichtige Grundlage für die Validierung. Die Dokumentation zeichnet schließlich genau das auf, was sie für die Lösung zur Verfügung stellen müssen.
- Sie liefert einen wertvollen Beitrag für die Entwicklung und den Test von weiterführenden Lösungsmöglichkeiten.

Die Anforderungsdokumentation definiert also, was für die Lösung alles zu tun ist, aber auch welche Akzeptanzkriterien erforderlich sind, um die Lösungen testen zu können. Die Dokumentation kann nach der Umsetzung der Business-Lösung u. a. auch für die Wartung von IT-Systemen und für die Realisierung des Nutzens verwendet werden.

**Informelle Kommunikation**

»Hast du schon gehört?« ist oft der Beginn eines typischen Flurfunkgesprächs in Unternehmen. Diese Gespräche werden in der Psychologie als informelle Kommunikation bezeichnet und bedeuten einen nicht gesteuerten Informationsaustausch innerhalb von Unternehmen. Wichtige Informationen werden also nicht immer in Meetings oder offiziellen E-Mails weitergegeben und ausgetauscht, sondern oft bei zufälligen Begegnungen in der Kaffeeküche oder beim Mittagessen in der Kantine besprochen.

Kommunikation ist, wie wir bereits geschrieben haben, eine, wenn nicht sogar *die* wesentliche Kernkompetenz eines Business-Analysten. Suchen Sie also gezielt immer wieder Orte auf, an denen sich Ihre Stakeholder befinden und an denen Sie in einer lockeren Atmosphäre die Einstellung, Meinung oder auch Informationen erfahren, die vielleicht für ein Meeting als zu unwichtig abgetan wurden. Seien Sie offen für Neues und gespannt, was Sie dabei alles herausfinden werden!

**Aber Achtung**: Nehmen Sie nicht alles für bare Münze, was Sie im Flurfunk hören. Nicht jedes Gerücht wird sich bestätigen. Filtern Sie die Aussagen nach Nachvollziehbarkeit, Klarheit und Eindeutigkeit. Sind diese Eigenschaften gegeben, wird eine offizielle Bestätigung nicht lange auf sich warten lassen, aber Sie haben die Informationen vielleicht bereits nutzen können.

### Präsentationen

Zielgruppengerechte Kommunikation muss nicht immer in Dokumenten zu finden sein. Auch Präsentationen eignen sich hervorragend, um die Ergebnisse gekonnt zu verpacken und zu übermitteln. Edward Tufte, ein bekannter Grafikdesigner, beschreibt das in seiner Einleitung sehr treffend:

> »The world is complex, dynamic, multidimensional; the paper is static, flat. How are we to represent the rich visual world of experience and measurement on mere flatland?«

Es geht also darum, komplexe Inhalte möglichst kondensiert darzustellen. Auch das ist Kernkompetenz eines guten Business-Analysten!

### Hier ein paar Tipps

- **Setzen Sie Storytelling ein**: Präsentationen sollten immer so aufgebaut werden, dass die Stakeholder die Botschaft, die Sie mitteilen wollen, verstehen und bereit sind, bei Veränderungsmaßnahmen aktiv ihren Beitrag zu leisten. Dabei können durchaus Stilmittel wie Metaphern oder Anekdoten aus dem Storytelling-Bereich aushelfen. Explizites, aber vor allem implizites Wissen wird so transportiert, dass der Zuhörer in die erzählte Geschichte eingebunden wird und den Kern der Geschichte leichter verstehen kann. Das zu vermittelnde Wissen wird dadurch besser erfasst und angenommen.
- **Entwickeln Sie Ideen anstatt Folien**: Dienstleistungen, Software, Gedankenführerschaft, Change Management, Unternehmensvision – das sind alles sehr komplexe und wenig greifbare Begriffe. Versu-

chen Sie also nicht krampfhaft, diese Begriffe zu beschreiben, sondern kommunizieren Sie lieber die Ideen, die dahinterstehen.

- **Erstellen Sie eine Mischung aus Dokument und Präsentation**: Nancy Duarte, die für legendäre Präsentationen bekannt ist, empfiehlt für spezielle Anwendungsfälle Slidedocs. Getreu ihrem Motto »*Communication has changed, shorter communication is the new norm*«, rät sie zu einer Mischung aus Symbolen und Worten, um Botschaften konkreter und verständlicher zu überbringen.

## IT-Systeme

Wenn bei der Entwicklung von IT-Systemen auf formale Dokumentation zurückgegriffen wird, dann sollte ein Anforderungsdokument erstellt werden, das wir im Folgenden beispielhaft vorstellen.

### Das Anforderungsdokument

Das Anforderungsdokument besteht aus der Menge aller beschriebenen Anforderungen. Darin sind alle Anforderungen beschrieben, die zwischen Auftraggeber und Auftragnehmer zu vereinbaren sind. Sie müssen daher von beiden möglichst vollständig und widerspruchsfrei angenommen werden. Das Anforderungsdokument kann in Bereiche oder für bestimmte Gruppen von Beteiligten eingeteilt werden. Wie auch immer Sie das Dokument letzten Endes strukturieren werden, es wird viel dazu beitragen, dass das Anforderungsdokument organisiert ist und auf diese Weise sichergestellt werden kann, dass die vereinbarten Anforderungen genau sind.

### Inhaltsverzeichnis eines Anforderungsdokuments für eine Softwarelösung

**1. Management Summary:** Ein Management Summary ist eine Zusammenfassung eines an Führungskräfte gerichteten Anforderungsdokuments und hat ungefähr einen Umfang von einer Seite. Da Manager dafür sorgen müssen, dass andere arbeiten können, ist es ihre Hauptaufgabe, Entscheidungen zu treffen. Diese Aufgabe können Manager umso effizienter erfüllen, je schneller und vollständiger sie die dafür notwendigen Informationen erhalten und aufnehmen. Die verschiedenen Stakeholder sorgen mit ihrem Spezialwissen dafür, dass alle relevanten Fakten zusammengetragen werden und auf die wesentlichen Punkte verdichtet sind, sodass der jeweilige Manager unter Berücksichtigung der Unternehmensstrategie und aller anderen Randbedingungen möglichst schnell die richtige Entscheidung treffen kann.

**2. Einführung** (Ausgangslage, Ziele und Abgrenzung, Annahmen, Stakeholder, Glossar, Referenzen auf weitere Dokumente): Dieser Abschnitt beschreibt die Ausgangslage und die Projektauftraggeber. Er dient zur Klarstellung der Ziele und dem Umfang der Arbeit und sorgt dafür, dass alle Beteiligten den Gesamtkontext verstehen.

**3. Geschäftsprozesse:** Typischerweise beinhalten die Anforderungen Änderungsmaßnahmen bei den Geschäftsprozessen. Darüber hinaus muss jede Softwarelösung die Geschäftsprozesse unterstützen. In diesem Abschnitt wird festgelegt, wie die neuen Prozessmodelle aussehen sollten und wo noch etwas überarbeitet werden muss.

**4. Systemumfang und -funktionalität**: Diagramme, die die Funktionalität der Softwarelösung vorschlagen, sollten an dieser Stelle mit einbezogen werden. Dazu werden häufig Kontextdiagramme und Anwendungsfalldiagramme verwendet. Diese Modelle bieten eine hervorragende Einführung in die Funktionalität der gewünschten Lösung, weil sie einen kompletten Überblick auch über die Struktur geben.

**5. Funktionale Anforderungen (Use Cases, Datenmodell):** Dies sind die Eigenschaften, die aufschlüsseln, was eine Anforderung können muss oder wie eine solche Aktion aussehen kann. Use Cases oder Datenmodelle beschreiben funktionale Anforderungen. Ein Datenmodell beispielsweise ist dann relevant, wenn das Anforderungsdokument so viele Details hat, dass bereits eine Softwarelösung erstellt werden kann. Wenn der

Anforderungskatalog Listen von Daten innerhalb der einzelnen Anforderungen enthält, sind diese Dinge extrem schwierig zu überprüfen und zu bewerten. Auch die Struktur der Daten und die Art, in der verschiedene Datengruppen miteinander in Beziehung stehen, kann nicht leicht in einem Text aufgeschlüsselt werden. Ein Datenmodell bietet eine bessere Sicht auf die Daten und ermöglicht es dem Business-Analysten, zu überprüfen, ob die genauen Geschäftsregeln und Anforderungen an die Lösung erfüllt werden.

**Wichtig**: Die Gliederung der funktionalen Anforderungen muss je nach Projektart vorgenommen werden! Es existiert keine Standardlösung.

**6. Nichtfunktionale Anforderungen**: Damit sind Eigenschaften gemeint, die eine Anforderung haben muss wie z. B. Leistung oder Benutzerfreundlichkeit. Ihre Bedeutung wird meist erst dann erkannt, wenn die Auswirkungen sichtbar werden. Während die funktionalen Anforderungen zeigen, was ein System leisten soll, geben nichtfunktionale Anforderungen an, wie gut (qualitativ) ein System etwas leisten soll. Diese Anforderungen können unterschiedlichster Art sein. So unterscheidet die ISO Standards 9126 unter anderem folgende Typen von nichtfunktionalen Anforderungen (Qualitätsattribute): Performanz, Funktionalität, Usability, Portabilität, Sicherheit. Diese abstrakten Attribute müssen aber noch in detaillierte Qualitätsattribute verfeinert werden.

**7. Offene Punkte**: Diese Liste dient der Unterstützung in der Erstellungsphase. Sie listet alle offenen Punkte auf, die während der Erstellung des Anforderungsdokuments aufkommen. Bei der Abnahme sollte diese Liste leer sein.

**8. Glossar**: Eine Zusammenstellung und Erläuterung von Fachbegriffen soll Mitgliedern außerhalb einer Gruppe den jeweiligen Fachjargon erläutern. Außerdem dient das Glossar dazu, innerhalb der jeweiligen Gruppe Begriffe zu vereinheitlichen. Das ist vor allem dann notwendig, wenn neue Bedeutungen belegt oder neue Begriffe geschaffen (z. B. Typbezeichnungen von Produkten) werden. Da in Projekten vielfach interdisziplinär gearbeitet wird, ist es ratsam, spezielle Begriffe in einem eigenen Glossar festzuhalten und zu dokumentieren. Dies kann auf einem einfachen Blatt Papier oder im virtuellen Projektraum erfolgen – wichtig ist, dass es allen Stakeholdern zur Verfügung steht.

### Informelle Kommunikation in der Softwareentwicklung

Gerade in der Softwareentwicklung hat die informelle Kommunikation durch agile Softwareentwicklungsmethoden eine neue Renaissance erhalten. Durch leichtgewichtige Techniken wie User Stories wird dem agilen Manifest Rechnung getragen, wenn es heißt: »Funktionierende Software wird mehr geschätzt als umfassende Dokumentation.« Der Erfolg dieser Entwicklungsmethoden zeigt, dass es nicht immer einer umfangreichen formalen Spezifikation bedarf, um Anforderungen zu kommunizieren.

## Prozesse und Organisation

### Prozessmodelle

Bei Prozessen werden meist direkt die Prozessmodelle zur Kommunikation verwendet. Analog zum Begriff Prozessmodell wird ein Geschäftsmodell als eine zweckorientierte, nach einer bestimmten Systematik erstellte Abbildung von Geschäftsprozessen definiert. Dabei wird die zeitliche und sachlogische Abfolge der betrachteten Funktionen dargestellt. Diese Modelle dienen der Dokumentation, Analyse, Gestaltung und Kommunikation von Prozessen. Sie können in Soll-, Ist- und Referenzprozessmodelle unterschieden werden und liefern eine Grundlage für eine Vielzahl an Einsatzzwecken (z. B. Prozessbenchmarking, Einführung von ERP-Systemen etc.). Das primäre Ziel eines Prozessmodells ist es, die Komplexität zu verringern.

### Merkmale von Prozessmodellen

- **Abbildungsmerkmal**: Die Prozessstruktur einer Organisation wird in der Regel in Form von Symbolen grafisch dargestellt.
- **Verkürzungsmerkmal**: Je nach Verwendungszweck beinhaltet das Modell nur die notwendigen Elemente, um die Komplexität zu reduzieren.
- **Pragmatisches Merkmal**: Modelle dienen jeweils einem bestimmten Zweck, der ihre Form determiniert und zeitlich begrenzt. Aufgrund der schnellen Veränderungen sind Prozessmodelle in Unternehmen schnell überholt.

Die genannten Merkmale bestimmen die genaue Ausgestaltung von Prozessmodellen, die aber dennoch auf ihren Verwendungszweck hin überprüft werden müssen. Dementsprechend gibt es keine allgemeingültige, ideale Ausgestaltung von Prozessmodellen.

## Organisatorische Maßnahmen

Hier stellen wir Ihnen eine mögliche grafische Abbildung von organisatorischen Maßnahmen vor. Da eine genaue Auseinandersetzung mit diesem Thema sehr komplex ist, haben wir einige exemplarische Maßnahmen ausgewählt. Generell gilt, dass die passende Kommunikation stark vom Ziel der organisatorischen Maßnahme abhängt.

### Beispiele

- **Darstellung einer neuen Aufbauorganisation**
  Unter Aufbauorganisation wird die Aufteilung des Unternehmens in aufgabenteilige Subeinheiten (Stellen, Instanzen, Abteilungen, Projekte) verstanden. Ausgehend von der gegebenen Gesamtaufgabe des Unternehmens erfolgt eine Aufspaltung in viele Teilaufgaben, sodass durch eine anschließende Kombination dieser Teilaufgaben eine sinnvolle arbeitsteilige Gliederung der Handlungsprozesse entsteht.

Grafisch werden diese klassischerweise in Organigrammen abgebildet.

- **Darstellung der Zuständigkeiten**
  Zuständigkeiten helfen dem Unternehmen generell zu ordnen und zu strukturieren. Die grundlegende Strukturierung wird dabei in den unterschiedlichsten fachlichen Kontexten genutzt und je nach Verwendungsart auch verschieden detailliert aufgegliedert. Hauptelement ist das Unternehmen samt seinen Kommunikationskanälen.
- **Verknüpfungen zum Prozess**
  Prozessnotationen werden zur Darstellung der Geschäftsprozesse eines Unternehmens genutzt. Betriebliche Vorgänge sollen auf diese Art systematisiert werden, um Zeit und Geld einzusparen. Da innerhalb des Prozesses Entscheidungen auf Basis von Bedingungen und Regeln getroffen werden müssen, gibt es in der EPK (Ereignisgesteuerte Prozessketten) Verknüpfungsoperatoren wie »und« und »oder«.

## 5.6 Den Überblick behalten: Lebenszyklus der Anforderungen steuern

Mit Schritt 1 (Erhebung), Schritt 2 (Analyse & Design), Schritt 3 (Kommunizieren) sind die wichtigsten Aktivitäten in der operativen Business-Analyse bereits beschrieben.

Wenn es bei Projekten zu Problemen kommt, sind meist die Anforderungen nicht korrekt verstanden, verwaltet oder dokumentiert worden. Strukturierte, gut definierte Anforderungen bilden eine hervorragende Grundlage für Business-Analyse-Maßnahmen – aber trotz dieser hervorragenden Grundlage kann es immer noch Probleme geben. Noch schwieriger wird es, wenn die Anforderungen nicht rückverfolgbar sind. Die Rückverfolgbarkeit (engl. traceability) von Anforderungen ist daher auch ein kritisches Qualitätsmerkmal.

Um Anforderungen wirklich nachvollziehbar machen zu können, ist gutes Anforderungsmanagement unerlässlich. Wir teilen Anforderungsmanagement in folgende Schritte ein:

- Anforderungen nachverfolgen,
- Anforderungen warten,
- Anforderungen priorisieren,
- Änderungen bewerten,
- Konsens erlangen.

Diese Schritte bzw. Techniken sind sehr hilfreich, um den Überblick zu bewahren. Sie sind allerdings auch sehr aufwendig (insbesondere die Nachverfolgung). Deswegen sollten sie bewusst eingesetzt werden und nur dann, wenn sie auch nachweislich einen Nutzen bringen.

## Anforderungen nachverfolgen

Anforderungen nachzuverfolgen bedeutet, die Abstammung jeder Anforderung und die Beziehung zwischen Unternehmenszielen, Anforderungen und Lösungskomponenten zu identifizieren. Nachverfolgbarkeit stellt sicher, dass die Lösung den Anforderungen und ihrem Umfang entspricht, um Risiko, Zeit, Kosten und Kommunikationsmanagement zu unterstützen. Die Nachverfolgbarkeit wird auch verwendet, um fehlende Funktionen zu erkennen oder zu identifizieren, wenn implementierte Funktionalitäten nicht von spezifischen Anforderungen unterstützt werden.

Die Nachverfolgbarkeit ermöglicht

- schnellere und einfachere Analyse der Auswirkungen von Änderungen;
- klarere Einblicke in den Umfang und die Komplexität einer Veränderung;
- zuverlässige Identifizierung von Widersprüchen und Lücken in Anforderungen;

- zuverlässige Beurteilung, welche Anforderungen untersucht wurden und welche nicht;
- Beziehung von Anforderungen zueinander zu erkennen.

Es ist schwierig, Anforderungen und Lösungen darzustellen, ohne deren Beziehung untereinander genauer anzusehen. Idealerweise unterstützen alle einzelnen Lösungsanforderungen ein oder mehrere Anforderungen in einer höheren Ebene.

Die Grafik stellt typische Beziehungen von Anforderungen dar.

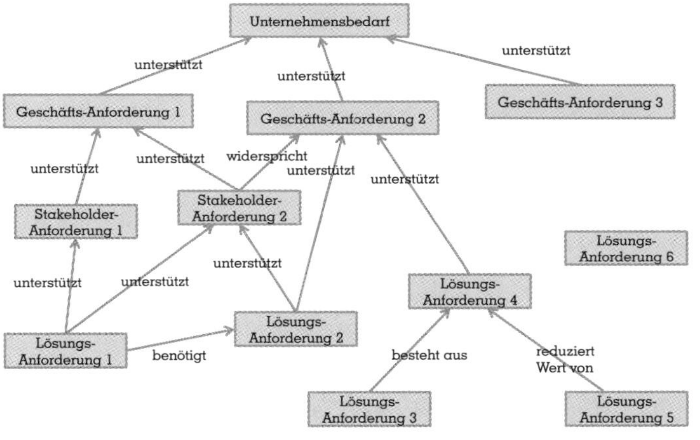


**Abbildung 28: Nachverfolgung von Anforderungen**

In dieser Abbildung beispielsweise unterstützt die Lösungsanforderung 1 die Stakeholderanforderung 1 und diese wiederum die Geschäftsanforderung 1, usw.

Es wird aber auch sichtbar, dass sich

- Anforderungen auch widersprechen können (SA-2 mit GA-2) oder
- nur dann Sinn ergeben, wenn eine andere auch umgesetzt wird (LA-1 zu LA-2).

- Eine Anforderung reduziert vielleicht auch den Wert einer anderen (LA-5 zu LA-4) oder
- eine Anforderung ist eigentlich eine Aufgliederung einer anderen (LA-4 besteht aus LA-5).
- Es kann natürlich auch passieren, dass eine Lösungsanforderung eigentlich keine Geschäftsanforderung unterstützt (LA-6) oder
- eine Geschäftsanforderung von keiner Lösungsanforderung unterstützt wird (GA-3).

Das ist nur ein kleiner Ausschnitt der Möglichkeiten. Es wird aber bereits deutlich, dass die Nachverfolgung sehr aufwendig werden kann und es nicht immer Sinn macht, alle diese Abhängigkeiten wirklich zu verfolgen.

## Anforderungen warten

Die Wartbarkeit ist ein wichtiges Kriterium bei der Entwicklung von Software. Sie zeigt an, mit welcher Energie bzw. welchem Erfolg Änderungen in einem Systemzusammenhang von Applikationen durchgeführt werden können. Anforderungen zu warten, ist deswegen wichtig, weil dadurch auf die Genauigkeit und Vollständigkeit der Anforderungen über den gesamten Lebenszyklus hinweg geachtet werden kann. Business-Analysten führen Anforderungen zu Beginn eines Business-Analyse-Vorhabens ein und erhalten sie den ganzen Lebenszyklus hindurch aufrecht. Manchmal verwenden sie jedoch die zuvor bereits erhobenen Anforderungen nach der Umsetzung erneut. Um die Vorteile der Aufrechterhaltung und Wiederverwendung von Anforderungen zu maximieren, sollten die Anforderungen

- konsistent über alle Änderungen hinweg sein und alle Architektur-Standpunkte vertreten,
- überprüft und für die Wartung mit einem standardisierten Prozess, der die richtigen Zugriffsrechte definiert und Qualität sichert, genehmigt werden und
- leicht zugänglich und verständlich sein.

### Welche Anforderungen können von der Wartbarkeit betroffen sein?

Das sind vor allem Anforderungen zu Themen, die das Unternehmen laufend erfüllen muss, wie

- zu gesetzlichen Rahmenbedingungen,
- zu zentralen Geschäftsfunktionen, die sich selten ändern,
- sowie Anforderungen, deren Umsetzung sich über unterschiedliche Abteilungen und Funktionen erstreckt.

Häufig ist es sinnvoll, Anforderungen bei Geschäftsregeln (Business Rules), regulatorischen Vorgaben, Verrechnungen, Reporting, zentralen Regeln zum Datenschutz und Geschäftsobjekten (Entitäten) aufrechtzuerhalten bzw. wiederzuverwenden.

## Anforderungen priorisieren

Ein Unternehmen braucht immer unglaublich viele Dinge – deswegen ist es gerade in der Business-Analyse entscheidend, sich auf die wichtigsten Sachen zu konzentrieren. Die Schwierigkeit liegt aber darin, diese als solche auch zu erkennen. Wie sorgen Sie als Business-Analyst dafür, dass Sie möglichst viel Zeit mit dem Wichtigen verbringen und sich wenig mit dem Unwichtigen herumschlagen müssen? Ein Weg ist, dass Sie in die Breite gehen, um nichts zu übersehen. Oder Sie gehen in die Tiefe und sehen sich ein paar wenige Themen umso genauer an. Priorisierung hilft dabei.

Anforderungen zu priorisieren bedeutet, diese nach der Wichtigkeit, die sie für den Stakeholder haben, zu bestimmen. Wenn eine Anforderung priorisiert wird, steht sie im Vordergrund. Die Priorität kann sich auf den Relativwert einer Anforderung oder die Reihenfolge beziehen, in der sie umgesetzt werden. Die Priorisierung ist ein kontinuierlicher Prozess: Dabei werden die Abhängigkeiten zwischen den Anforderungen identifiziert. Diese dienen als Grundlage für die Priorisierung.

Zusammengefasst kann man sagen, dass eine Priorisierung deswegen so wichtig ist, weil so sichergestellt werden kann, dass der maximale Wert erzielt wurde und Zeit und Ressourcen optimal ausgenutzt wurden.

### Die Frage nach dem Wie

Entscheidend für den Priorisierungsprozess sind die Stakeholder. Diese bestimmen mithilfe des Business-Analysten die Prioritäten. Priorisiert werden kann alles, was in dem speziellen Kontext und aufgrund der Fragestellung Sinn ergibt, z. B. Nutzen, Schaden, Kosten, Risiko etc.

**Gruppierungstechniken**: Eine Technik, die sich für die Priorisierung von Anforderungen anbietet, ist die MoSCoW-Methode, nach der ganz einfach nach Must/Should/Could/Won't klassifiziert wird, oder nach dem A/B/C-Modell, bei dem Sie die wichtigsten Anforderungen in die Kategorie A einteilen, die nächste in B usw. Das Problem dabei ist, dass sich am Ende meistens fast alle Anforderungen in der Kategorie A wiederfinden, weil es durchaus bekannt ist, dass für die Kategorie B und C kein Budget mehr vorhanden ist.

**Reihungen**: Sinnvoller kann es deswegen sein, überhaupt keine Klassifizierung durchzuführen, sondern die Anforderungen zu reihen (1, 2, 3, 4, 5, 6, ..., 99 usw.). Aber Achtung: Übertreiben Sie nicht, sonst wird es schnell aufwendig und vor allem unübersichtlich. Reihen Sie lieber ab der 10. Anforderung nur mehr in 10er-Schritten, also Anforderungen 1–9 und dann 10, 20, 30 usw. Ob eine Anforderung nun auf Platz 62 oder 63 steht, ist letzten Endes egal. Der Vorteil dieser Methode ist, dass es nicht nur »wichtigste« Anforderungen gibt. Der Nachteil ist, dass die Reihung zeitaufwendig ist und oft auch schnell sinnlos wird, wenn die Themen sich nicht vergleichen lassen.

### Allocation

Wenn die Priorisierung gemacht ist, können Anforderungen auch besser in die einzelnen Releases oder auch in verschiedene Lösungskomponenten im Projekt aufgeteilt werden. Insofern ist es gut, wenn bei der Priorisierung zunächst wirklich die wichtigsten Anforderungen umgesetzt werden und erst anschließend weiter priorisiert wird.

## Änderungen bewerten

Es kommt mitunter vor, dass bereits abgenommene Anforderungen nochmals geändert werden müssen, weil sich zum Beispiel Rahmenbedingungen geändert haben oder sich gezeigt hat, dass gewisse Vorbedingungen übersehen wurden. Dann muss der Business-Analyst im Projekt weiterführend analysieren. Dafür muss er die Lösung und die Change-Strategie verstehen. Werden vorgeschlagene Änderungen angepasst, weil fehlende Komponenten identifiziert werden konnten, wird sich das auch auf den Umfang einer Lösung auswirken.

Bei der Beurteilung der Anpassungen von Anforderungen betrachtet der Business-Analyst, ob die vorgeschlagene Änderung

- sich mit der Gesamtstrategie vereinbaren lässt;
- der Wert für das Unternehmen oder die Stakeholder sich ändert;
- Auswirkungen auf die Lieferzeit oder die geplanten Ressourcen hat, um den Nutzen zu erreichen;
- Risiken, Chancen oder Einschränkungen ändert, die mit der Gesamtinitiative verbunden sind.

Dabei werden auch Auswirkungen auf den tatsächlichen Umfang sichtbar. Als Business-Analyst sollten Sie gleichzeitig prüfen, ob die vorgeschlagenen Anpassungen sich auf den Wert der Lösungen auswirken, ob es dadurch zu Konflikten mit anderen Anforderungen kommen kann oder ob sich dadurch Risiken erhöhen. Achten Sie außerdem darauf, dass die neue auf die ursprüngliche Anforderung zurückverfolgt werden kann.

**Wichtig:** Es braucht nicht unbedingt einen formalen Change-Prozess für Änderungen von Anforderungen. In agilen Softwareentwicklungsprojekten beispielsweise ist die Veränderung von Anforderungen schon in den Prozess eingebaut (Backlog-Management).

### Konsens erlangen

Business-Analysten sind dafür verantwortlich, Anforderungen, Design und andere Informationen klar an die wichtigsten Beteiligten zu kommunizieren und die entsprechenden Abnahmen einzuholen.

Wenn die Anforderungen geprüft und validiert sind (Kapitel 5.4) und an die Stakeholder kommuniziert sind (Kapitel 5.5), ist der nächste Schritt an der Reihe: Sind alle einverstanden, können die Anforderungen von den Stakeholdern abgenommen werden.

Abnahmen von Anforderungen und Design sollten am Ende einer Phase oder – wenn das Vorhaben beispielsweise sehr lange dauert – zwischen den einzelnen Analysetätigkeiten eingeholt werden. Ziel ist es, einen Konsens unter den Beteiligten über die Anforderungen bzw. Änderungen der Anforderungen zu schaffen. Dazu arbeiten Sie als Business-Analyst von Anfang an mit den wichtigsten Beteiligten zusammen. Diese können Sie mittels der Stakeholderanalyse, die wir in Kapitel 3.2 beschrieben haben, ermitteln. Ist ein Konsens gefunden, muss dieser noch kommuniziert und verwaltet werden.

## 5.7 Das eigentliche Ziel: Lösungen realisieren

Hat ein Unternehmen einen Business-Analysten eingesetzt, dann weiß es, dass er oder sie nach umfassender Analyse passgenaue Lösungen vorschlägt, die dem Unternehmen helfen, seine Ziele zu erreichen. Das lässt den Schluss zu, dass Business-Analysten hauptsächlich an den Konzepten für Lösungen arbeiten und weniger an deren tatsächlicher Umsetzung.

Aber: Auch in der Umsetzungsphase ist der Business-Analyst nicht untätig, sondern übernimmt vielmehr wichtige Aufgaben. Er stellt in dieser Phase sicher, dass alle Änderungen auch tatsächlich wertvoll für das Unternehmen sind und die Versprechungen, die er vorher erarbeitet hat, auch wirklich eingehalten werden.

Die Umsetzung von Anforderungen und damit die Realisierung von Lösungen kann sich auf unterschiedliche Bereiche beziehen – auf Prozesse, Menschen und Organisationsstruktur oder auf die IT. Die Arbeit, die Business-Analysten dabei übernehmen, hängt stark vom Kontext der Veränderung ab. Folgende, mögliche Ergebnisse können sich daraus ergeben:

- **Umsetzungsmodell** – der Prozess, die Methoden und Standards, die verwendet werden, um die Anforderungen zu realisieren (z. B. prädiktive vs. adaptive Ansätze, s. u.).
- **Organisation und Rollen** – die Art des Unternehmens bzw. der Projektorganisation und ihre Rollen.
- **Ergebnisse** – die Arbeiten, die vom Team durchgeführt werden, und in fertige Ergebnisse bzw. Produkte münden.

## Umsetzungsmodelle

Es gibt mehrere Lebenszyklen, Methoden und Standards, die bei der Entwicklung von Lösungen, die den Anforderungen gerecht werden müssen, beachtet werden sollten. Bei der Entscheidung, wie die Anforderungen zu liefern sind, ist es wichtig, eine Anzahl von Faktoren zu berücksichtigen:

- **Kontext** – die Art des Unternehmens und des Projekts ist die Grundlage für die Entscheidung, wie die Lösung geliefert wird.
- **Lebenszyklus** – der für die Entwicklung und Implementierung der Lösung angenommene Prozess.
- **Ansatz** – die Methoden und Standards, die während des Lebenszyklus verwendet werden.

- **Aufgaben** – die entscheidenden Aufgaben, die während des Projekts durchgeführt werden.
- **Ergebnisse** – die Produkte, die geliefert werden.
- **Techniken** – die Entwicklung und der Einsatz von Techniken zur Planung, Analyse und Dokumentation.

Bei der Vorgehensweise ist es ebenfalls wichtig, zwischen den prädiktiven und den adaptiven Ansätzen zu unterscheiden.

### Prädiktive Ansätze

Bei diesem Ansatz liegt das Hauptaugenmerk der Business-Analysten auf den frühen Phasen. Als Business-Analyst definieren Sie das Ergebnis, indem Sie zunächst die Bedürfnisse festlegen, danach eine Lösung bestimmen und einen detaillierten Plan aufstellen, wie diese Lösung erreicht wird. Aber auch in den Test- und Umsetzungsphasen gibt es für Sie als Business-Analysten durchaus etwas zu tun – vor allem Rückfragen zu klären, die beim Test oder der Umsetzung auftreten:

- Sind erkannte Fehler wirklich Fehler oder wurden Anforderungen falsch verstanden?
- Zeigt sich im Test, dass zwar gewisse Anforderungen erfüllt werden, sie aber den Unternehmensbedarf doch nicht so treffen, wie erhofft?
- Bewähren sich Veränderungen in der Praxis?

In dieser Phase ist es wichtig, dass das Wissen der Personen, die in der Analyse tätig waren, auf den Test und den Betrieb der Lösung übergeht! Erinnern Sie sich an unsere Beschreibung der Stakeholder: Der Tester übernimmt in der späteren Phase mehr Aufgaben, während der Business-Analyst immer weniger macht und sich auf neue Aufgaben und Vorhaben konzentrieren kann (s. Grafik).

### Beispiele, wann und wo prädikative Ansätze sinnvoll sind

- In der Softwareentwicklung nach dem Wasserfallmodell: Machbarkeit – Analyse – Design – Entwicklung – Test – Umsetzung,
- Process Reengineering mit möglichen Phasen wie Identify – Ist-Analyse – Soll-Design – Test – Umsetzung.

### Adaptive Ansätze

Die Lösung entwickelt sich beim adaptiven Ansatz erst mithilfe von Rückkopplungsschleifen. Dementsprechend spät finden Entscheidungen statt. Analyse und Umsetzung sind dabei oft eng verzahnt. Manchmal gibt es auch gar keine eigene Business-Analyse-Rolle, sondern die Business-Analyse-Tätigkeit findet in Personalunion mit anderen Rollen statt. Die Fragen, die Sie sich und anderen stellen müssen, sind aber dieselben. Die Ergebnisse der Tests und Umsetzungsphase fließen direkt in die Analyse ein:

- Was funktioniert?
- Was funktioniert nicht?
- Was können wir besser machen?
- Was sollten wir uns genauer anschauen?

### Beispiele, wann und wo dieser Ansatz sinnvoll ist

- agile Vorgehensmodelle in der Softwareentwicklung,
- kontinuierliche Prozessverbesserung,
- bei allen Vorhaben, die mit Iterationen arbeiten.

## Organisation und Rollen

Je nach Kontext der Organisation und des Projekts, der Art des Lebenszyklus und dem gewählten Ansatz sind unterschiedliche Rollen bei der Umsetzung von Anforderungen notwendig.

Rollen, mit denen der Business-Analyst zu tun hat, sind unter anderem vor allem bei prädiktiven Ansätzen:

- Projektmanager,
- Softwareentwickler und -Tester bei IT-Projekten,
- Prozessverantwortliche bei Prozessveränderungen.

Bei adaptiven Ansätzen ist es etwas anders: Bei diesen Ansätzen wird oft die Selbstorganisation und Mitarbeiterbeteiligung in den Vordergrund gestellt. Aus diesem Grund ist es meist nicht gewünscht, die Analyse-Arbeit durch dezidierte Business-Analysten durchzuführen – die Business-Analyse-Tätigkeiten teilen sich dann auf unterschiedliche Rollen auf.

Die erforderlichen Rollen sind wie bereits erwähnt von den oben genannten Faktoren abhängig und werden entsprechend der Vorgehensweise gewählt. Betrifft die Lösung der Veränderungen nicht die IT-Systeme, sondern beispielsweise die Geschäftsprozesse, die benutzt werden, so ist es die Aufgabe des Business-Analysten, zu analysieren und Geschäftsprozessverbesserungen zu definieren. In diesem Fall wird es aber nicht notwendig sein, dass ein IT-Entwickler oder Software-Tester unter den Rollen zu finden ist.

Bei Softwarelösungen oder bei der Wahl eines inkrementellen Lebenszyklus kann der Business-Analyst viele Arbeiten in der frühen Phase allein abwickeln, ohne dass die Beteiligung eines Entwicklers oder Testers notwendig ist. Ist allerdings eine Softwarelösung erforderlich und wird eine agile Entwicklung herangezogen, werden für das Vorhaben möglichst früh die Fähigkeiten von Entwicklern und Testern erforderlich sein.

## Ergebnisse

Die Tätigkeit der Business-Analyse kann aber auch davon abhängig sein, welches Ergebnis eigentlich geliefert wird:

- **Software:** Die schon beschriebene Interaktion mit Test und Betrieb der Software.
- **Prozesse**: Interaktion mit den Mitarbeitern, die die Prozesse ausführen, bzw. mit den Prozessverantwortlichen.
- **Skills**: Durchführen von Schulungen oder Interaktion mit den Schulungsverantwortlichen.

Einer der wichtigsten Aspekte ist, dass die Tätigkeit immer für den angedachten Zweck geeignet ist. Wo Dokumentationsstandards existieren – ob sie nun organisatorische Standards oder Teil eines bestimmten Ansatzes sind –, ergibt es wenig Sinn, Zeit und Energie in Leistungen zu stecken, die nicht zu den Zielen der Maßnahme beitragen werden.

## 5.8 Ergebnisse evaluieren

Nach dem Projekt ist vor dem Projekt: Wenn die Veränderung umgesetzt ist, hört die Aufgabe des Business-Analysten nicht auf. Im Gegenteil: Jetzt beginnt sie erst (wieder) richtig.

Business-Analysten sind dank ihres Hangs zum Perfektionismus mit umgesetzten Lösungen nie zufrieden – und das ist in jedem Fall auch gut so. Tatsächlich gibt es immer etwas zu verbessern. Wichtig ist nur, dass der Nutzen die Kosten übersteigt und nicht umgekehrt.

### Mögliche Verbesserungen im Bereich Evaluierung

- Prototypen und Piloten evaluieren, um daraus Verbesserungen abzuleiten,
- fertige Ergebnisse evaluieren.

## Ergebnisse evaluieren

Sowohl bei der Evaluation der Prototypen als auch bei den fertigen Ergebnissen sind die folgenden Schritte zu tun:

- die Leistung der Lösung messen,
- die Ergebnisse der Messung analysieren,
- Beschränkungen innerhalb und außerhalb einer Lösung bewerten,
- Maßnahmen treffen, um Beschränkungen zu beheben.

### Leistung der Lösungen messen

Messgrößen und Kennzahlen bestimmen objektiv den Wert einer neuen oder vorhandenen Lösung. Welche Maßnahmen verwendet werden, hängt dabei von der Lösung selbst ab, dem Rahmen und davon, wie das Unternehmen den Wert für etwas definiert. Wertmaßstäbe können bereits in einer Lösung selbst enthalten sein und via Key Performance Indicators (KPI) gemeldet werden. Hat die Lösung keine integrierten Performance-Maßnahmen, sind Sie als Business-Analyst gefordert, mit bestimmten Stakeholdern zusammenzuarbeiten und zu überlegen, welche Maßnahmen am besten den Nutzen einer Lösung widerspiegeln.

### Ergebnisse der Messung analysieren

Die im vorherigen Schritt gesammelten Bewertungen erfordern oft weitere Interpretationen, um daraus weitere Bedeutungen herzuleiten und diese umsetzbar zu machen. Leistungsbewertungen sind selten selbst Auslöser für eine Entscheidung über den Wert einer Lösung. Als Business-Analyst unterstützen Sie die Stakeholder dabei, aus den Maßnahmen richtige Rückschlüsse zu ziehen.

Um die Ergebnisse der Messungsmaßnahmen sinnvoll zu analysieren, sind Ihre Kenntnisse als Business-Analyst über den potenziellen Wert der Kennzahlen und der gewünschten Lösung gefragt. Um diese Analyse zu erleichtern, werden Variablen wie die Ziele des Unternehmens, Kennzahlen und Risikokennzahlen betrachtet.

## Beschränkungen innerhalb und außerhalb einer Lösung bewerten

Wenn eine implementierte Lösung nicht den potenziellen Nutzen erreicht, kann das mehrere Ursachen haben. Bei der Bewertung von Beschränkungen einer Lösung werden die Ursachen für leistungsschwache und ineffektive Lösungen und Lösungskomponenten identifiziert.

Diese Bewertung ist eng mit der Bewertung von Unternehmenseinschränkungen verknüpft. Diese Aufgaben können gleichzeitig ausgeführt werden. Erfüllt die Lösung nicht ihren potenziell erreichbaren Wert, müssen Sie als Business-Analyst bestimmen, welche Faktoren das innerhalb, aber auch außerhalb der Lösung verhindern.

Diese Bewertung kann an jedem Punkt während des Lebenszyklus einer Lösung durchgeführt werden. Sie kann als Lösungskomponente während der Entwicklung auftreten. Sie kann als fertige Lösung vor der vollständigen Umsetzung auftreten. Sie kann aber auch als bereits bestehende Lösung innerhalb eines Unternehmens auftreten. Unabhängig vom Zeitpunkt sind Ihre Tätigkeiten dabei ähnlich und die Überlegungen dazu dieselben.

## Maßnahmen treffen, um Beschränkungen zu beheben

Die Lösungen können im Rahmen mehrerer Abteilungen innerhalb eines einzigen Unternehmens eingesetzt sein und daher zu vielen Interdependenzen führen. Beschränkungen können externe Faktoren wie Umwelt, Kultur, Stakeholder-Interessen oder Regulationen betreffen.

Auch die Einschätzung solcher Beschränkungen kann zu jedem Zeitpunkt während des Lebenszyklus einer Lösung durchgeführt werden: während der Entwicklung, nach der Umsetzung oder während des Einsatzes der Lösung.

## Falsche Umsetzung oder falsche Anforderung?

Wenn erkannt wurde, dass die Lösung nicht den erwarteten Nutzen bringt, ist es zunächst einmal unerheblich, wie es dazu gekommen ist. Egal, ob die Anforderungen ursprünglich nicht korrekt erhoben wurden oder die Umsetzung nicht richtig durchgeführt wurde: Letzten Endes zählt nur das Ergebnis.

Auch wenn es vielleicht verlockend ist, aber passen Sie auf: Es geht nicht darum, den Schuldigen zu finden (es kann ja auch der Business-Analyst selbst gewesen sein ...), sondern nur darum herauszufinden, ob die Leistung zu der Lösung passt!

### Messen gegen den Business Case

Wenn Sie dem Vorschlag in diesem Buch gefolgt sind, haben Sie anhand des Kapitels 4.4 einen Business Case mit den Nutzen und Kosten erstellt. Nun ist es an der Zeit, diesen Business Case aus der Schublade zu holen und mit den realen Ergebnissen zu vergleichen.

Viele Unternehmen haben Angst vor diesem Schritt. Das Projekt ist zu Ende geführt worden, und eigentlich haben die meisten persönlich involvierten Personen kein Interesse daran, allzu genau hinzuschauen: Der Projektmanager ist froh, dass er (hoffentlich) in der geplanten Zeit und mit den veranschlagten Kosten sein Projekt realisiert hat. Und der Auftraggeber ist froh, dass eine Lösung gefunden und umgesetzt wurde. Aus diesen Gründen ist es logisch und auch menschlich, dass bei der Evaluierung der Ergebnisse oft beide Augen zugedrückt werden.

Ein Business Case ist immer nur ein Verkaufsdokument und keine verlässliche Prognose der Zukunft – die werden Sie, so sehr Sie sich auch bemühen, niemals finden können.

Schauen Sie sich also den Business Case unter diesen Gesichtspunkten an:

- Welchen Nutzen wollten wir mithilfe des Projekts erreichen?
- Konnten wir ihn verwirklichen?
- Gibt es Aspekte, die wir nachträglich betrachtet, vergessen haben?
- Wo waren unsere Annahmen gut, wo weniger?
- Was haben wir aus all dem lernen können? Wie können wir das zu unserem Vorteil nutzen?

### Messen gegen den Unternehmensbedarf

Falls Sie keinen Business Case haben, gegen den Sie die realisierte Lösung vergleichen können, können Sie immer noch prüfen, ob der Unternehmensbedarf erfüllt wurde.

Ganz allgemein gefragt: Warum hat das Unternehmen die Initiative gestartet? Wurden diese Ziele erreicht?

Manchmal kommt es vor, dass erst anhand einer bestehenden Lösung der eigentliche Unternehmensbedarf so richtig verstanden wird. Auch diese Möglichkeit sollte der Business-Analyst nicht aus den Augen verlieren.

### Lessons Learned: Wie gut waren Sie?

Eine weitere Überprüfung, die Sie als Business-Analyst in jedem Fall am Ende Ihrer Business-Analyse durchführen sollten, ist Ihre eigene Performance.

Hand aufs Herz: Wie gut waren Sie und das Team?

Ein Weg, das herauszufinden, ist die Durchführung einer Lessons-Learned-Technik oder auch Retrospektive. Dabei ist es vor allem wichtig, in einer wertschätzenden Atmosphäre im Team zu diskutieren, was gut funktioniert hat, was verbesserungswürdig ist und welche Maßnahmen daraus abgeleitet werden können.

Der Zeitpunkt dafür ist natürlich nicht nur zum Ende des Projekts sinnvoll. Für die jeweilige Maßnahme kann dies jederzeit gemacht werden und bereits viel Nutzen bringen.

### Nach der Umsetzung ist vor der Umsetzung

Egal, ob die Überprüfung der Leistung am Ende des Projekts durchgeführt wird oder zwischen Iterationen: Das Ergebnis fließt immer wieder in die neue Analyse ein. Was haben wir? Was wollen wir erreichen? Was fehlt uns dafür?

Wer auf diese Fragen eine Antwort hat, ist mit einem Fuß wieder am Anfang des Business-Analyse-Zyklus angelangt: Im Auftrag des Unternehmens ist der Business-Analyst immer auf der Suche nach Lösungen, die das Unternehmen weiterbringen.

Kapitel 6

# Erfolgsfaktoren der Business-Analyse

## 6.1 Was einen guten Business-Analysten ausmacht

Aufgrund unserer eigenen Praxiserfahrung als Business-Analysten, aber auch in der Zusammenarbeit mit vielen anderen Business-Analysten haben wir im Laufe der Jahre bemerkt, dass es gewisse Fähigkeiten und Fertigkeiten gibt, die allen erfolgreichen Business-Analysten gemein sind. Dazu zählen neben den fachlichen Kompetenzen, die sich jeder aneignen kann, die persönlichen Kompetenzen. Bei beiden gilt es, zunächst das Potenzial einer Fähigkeit zu erkennen, diese dann zu erlernen und Best Practice und Learning by doing immer wieder anzuwenden und zu vertiefen.

Business-Analysten brauchen fachliche Kompetenzen und betriebswirtschaftliche Kenntnisse, um ein gutes Verständnis für das Unternehmen und den Bereich zu erlangen, der für die Entwicklung zuständig ist. Dieses Wissen ist vor allem dann erforderlich, wenn ein Business-Analyst dem Unternehmen seine Erkenntnisse erklären muss, die zur Verbesserung der Leistung beitragen sollen. Betriebswirtschaftliches Wissen kann entweder durch ein Studium oder aber auch durch Lektüre einschlägiger Literatur und im Kontext der Arbeit in einer Vielzahl von Unternehmen und/oder Projekten entwickelt werden. Zu den fachlichen Kompetenzen werden wir etwas später im Laufe dieses Kapitels kommen.

Zunächst wollen wir aber näher auf die persönlichen Kompetenzen eingehen. Diese Fertigkeiten sehen wir für Business-Analysten als mindestens ebenso wichtig an wie die technischen oder kaufmännischen Kompetenzen, da sie eine Voraussetzung für die Arbeit mit anderen Menschen sind. Böse Zungen behaupten sogar, dass es einfacher sei, eine Person mit gut ausgeprägten Verhaltenseigenschaften in einen technischen Bereich zu integrieren, als einer technisch versierten Person das passende Verhalten beizubringen. Einer der Hauptgründe dafür ist, dass es viele Jahre dauert, bis persönliche Fähigkeiten zur Routine werden, Fachkenntnisse jedoch vergleichsweise schnell erlangt werden.

Das *Gabler Wirtschaftslexikon* definiert Handlungskompetenz als

> »(...) die Fähigkeit, zielgerichtet, aufgabengemäß, der Situation angemessen und verantwortungsbewusst betriebliche Aufgaben zu erfüllen und Probleme zu lösen«.[19]

Wir definieren in diesem Buch Kompetenz als verfügbare oder eventuell erlernbare kognitive Fähigkeiten und Fertigkeiten, mit denen ein Business-Analyst bestimmte Probleme lösen kann bzw. diese erfolgreich und verantwortungsvoll einsetzt.

Gute Business-Analysten können vor allem eins: kommunizieren. Sie sind Problemlöser und hinterfragen alles. Sie wissen genau, was dem Unternehmen nützt und was nicht. Sie helfen dabei, die Strategie und die Vision des Unternehmens zu unterstützen, ohne viele Umwege zu gehen. Aber es gibt noch andere Fähigkeiten, dank derer ein Business-Analyst erfolgreich in einer modernen Umgebung handelt.

## 6.2 Wissen ist nicht alles: Persönliche Kompetenzen

Wir unterscheiden die persönlichen Kompetenzen in vier zentrale Bereiche: 1. Analytisches Denken und Problemlösefähigkeit; 2. Interaktionsfä-

---

[19] *http://wirtschaftslexikon.gabler.de/Archiv/85640/handlungskompetenz-v7.html*

higkeit; 3. Verhalten und 4. Kommunikationsfähigkeit. All diese Kompetenzen können antrainiert werden, auch wenn sie bei manchen Menschen von Natur aus stärker ausgeprägt sind als bei anderen.

## Analytisches Denken und Problemlösefähigkeit

Das Wort Analyse deutet bereits darauf hin: In Ihrer Rolle als Business-Analyst sind analytische Fähigkeiten unumgänglich und machen einen Großteil Ihrer Arbeit aus. Analytisches Denken bedeutet aber viel mehr, als blitzschnell im Kopf rechnen zu können.

Es bedeutet vor allem, dass Sie nicht nur das offensichtlich Sichtbare annehmen, nicht alles akzeptieren oder für bare Münze nehmen und keine voreiligen Schlüsse ziehen. Vielmehr müssen Sie immer tiefer und tiefer graben, bis die tatsächliche Lage und das eigentliche Bedürfnis sichtbar werden. Oft gibt es widersprüchliche Informationen und Behauptungen, welche Sicht tatsächlich relevant ist und welche nicht. Es geht darum, Probleme zu erkennen und zu lösen. Und das bedeutet wiederum anspruchsvolles und ständiges Lernen und Nachfragen: Warum tun Sie das? Welchen Wert hat es für das Unternehmen? Wo wird es gemacht? Wie wird es gemacht? Wer ist oder soll dafür verantwortlich sein? Wann sollte es geschehen?

Der Prozess des analytischen Denkens vollzieht sich im Wesentlichen in drei Schritten: Zuerst müssen Sie das Problem erfassen, dann die einzelnen Aspekte im Gesamtkontext verstehen, um aus diesem heraus die Lösung des Problems herzuleiten. Letztlich ist also die praktische Fähigkeit gemeint, einen Sichtwechsel vom Blick auf die relevanten Details hin zum großen Ganzen vollziehen zu können und umgekehrt.

Unser Job besteht nicht nur einfach darin, möglichst viele Informationen zu sammeln – in der Hoffnung, die Antwort auf Fragen werde sich dann auf magische und geheimnisvolle Weise herauskristallisieren. Ohne Ihre aktive und kritische Intervention wird das nicht geschehen! Im Laufe der

Analyse wird es notwendig sein, bestimmte Situationen zu bewerten. Dazu ist es wichtig, sich nicht zu verzetteln und den Blick auf das Wesentliche zu behalten. Aus einer Fülle von Möglichkeiten müssen die wirklich relevanten Informationen herausgefiltert werden.

### Analyse

Die Fähigkeit, Prozesse und Sachverhalte in ihre kleinsten Einheiten zu zerlegen, ist ein enger Verwandter der Kommunikationsfähigkeit. Als Business-Analyst sezieren Sie Unternehmensprobleme in logische Komponenten, um die passende Lösung zu finden. Ein erfahrener Business-Analyst ist in der Lage, die Fachsprache, mögliche Ausreden, Hintergründe, verschiedene Interessen und Begründungen so zu filtern, dass er schnell Einsicht in die wirklichen Sachverhalte des Unternehmens bekommt.

Analytische Fähigkeiten können zum Teil erworben und durch methodische Vorgehensweise unterstützt werden. Oft gelingt Analyse erst mit Diagrammen und Modellierung, mit deren Hilfe eine bessere Sicht auf den Gesamtbedarf und potenzielle Lösungen möglich ist. Diese Techniken lassen sich unserer Erfahrung nach einfach und schnell erlernen.

Aber: Wie die Kommunikationsfähigkeit liegt auch die Analyse eher den Menschen, die gerne fragen und Neues entdecken wollen. Denjenigen, die alles für bare Münze nehmen und ohne weitere Frage akzeptieren, könnte es schwerfallen, sich in der Rolle des Business-Analysten wiederzufinden.

### Liebe zum Detail

Sie kennen bestimmt die Aussage: Der Teufel steckt im Detail. Obwohl die Antwort auf Probleme manches Mal offensichtlich zu sein scheint, gibt es viele Fälle, in denen die wirkliche Lösung erst nach sorgfältiger Untersuchung zutage tritt. Viele Projekte und Vorhaben sind allein deshalb gescheitert, weil es nicht genügend detaillierte Argumente für die vorgeschlagene Änderung gab. Ohne die richtige Liebe zum Detail können Sie als Business-Analyst nicht gewährleisten, dass die tatsächlichen Lösungen entwickelt werden, die die Bedürfnisse des Kunden erfüllen. Wenn Sie die Liebe zum Detail leitet, können Sie eine überzeugende Präsentation über den Wert eines Projekts hinlegen und sich unmittelbar danach beim Verlassen des Raums mit einem Tester darüber unterhalten, warum eine Änderung der Anforderung R-ESA8 Auswirkungen auf die Testfälle T-131 und 132 haben wird.

### Problemlösungsdenken

Es gibt viele Techniken, die sich genau mit diesem Thema beschäftigen. In diesem Fall sprechen wir allerdings von der Problemlösungsdenkweise. Wenn aus finanziellen, technischen oder politischen Gründen die optimale Lösung nicht realisiert werden kann, muss der Business-Analyst pragmatisch reagieren und bereit sein, andere Lösungen zu finden, die dem Unternehmen mehr Nutzen bringen. Dazu muss er das Problem neu analysieren und so beschreiben, dass noch andere Wege gefunden werden können, es zu lösen. Es geht dabei vor allem um die Kreativität, eine Vielzahl möglicher Wege entdecken zu können.

Wenn Sie an der Lösung von Problemen arbeiten, versuchen Sie jemanden zu finden, der möglichst wenig mit der Aufgabenstellung zu tun hat und erzählen Sie ihm davon. Sie werden erstaunt sein, wie breit die Basis an möglichen Lösungen wird.

### Kreatives Denken

Jeder Mensch verfügt über kreatives Potenzial, d.h. die Möglichkeit, schöpferisch zu handeln. Im Grunde geht es dabei darum, Neues und Überraschendes zu schaffen. Verbesserung ist das Ziel, aber die Kreativität ermöglicht uns, dieses Ziel auf verschiedenen Wegen zu erreichen.

Für kreatives Denken brauchen Sie neben Fantasie und Assoziationsvermögen, den Mut querzudenken und auch unkonventionelle Ideen einzubringen. Sie müssen über den viel zitierten Tellerrand hinausdenken. Dabei ist die schwierigste Übung, mit sich selbst geduldig zu sein. Die Lösung wird kommen, doch diese ist oftmals einem zeitlichen Zwang unterworfen. Deswegen lohnt es sich, den Kreativitätsprozess etwas zu Hilfe zu kommen, indem Sie viel lesen, sich mit anderen Leuten unterhalten, an allem Neuem interessiert sind, offen gegenüber neuen Ideen bleiben und sich dabei gleichzeitig mit Bewertungen zurückhalten. Gerade als Business-Analyst ist Ihre Arbeit inhaltlich sehr vielfältig. Nutzen Sie diesen Umstand, um Neues zu lernen und flexibler zu reagieren.

### Entscheidungsfindung

Als Business-Analyst treffen Sie ununterbrochen Mikro-Entscheidungen, die Ihnen oftmals gar nicht bewusst sind. Zum Beispiel ist es bereits eine Entscheidung, welchen Stakeholder Sie zuerst interviewen und welchen Sie erst später oder doch nicht befragen werden. Bei Entscheidungen haben Sie also immer mehrere Optionen, Sie müssen sich jedoch für eine entscheiden. Manchmal sind es die kleinen Entscheidungen, die schwerfallen. Erst recht aber tun sich die meisten bei großen Entscheidungen schwer, deren Konsequenzen weitreichender sein können. Beginnen Sie aber stets mit dem Sammeln der relevanten Informationen. Vielleicht gibt es dazu unterschiedliche Alternativen oder die Kosten und der Nutzen sind andere. Vergleichen Sie und wählen Sie daraus die beste Option.

Als Business-Analyst sollten Sie sich auch typischer Denkfallen bewusst sein, die gerade in der Entscheidungsfindung auf Sie lauern: Dazu zählt die Tendenz, in alten Denkmustern zu verharren oder unbewusst Fakten höher zu bewerten, die die herrschende Meinung unterstützen. Oder auch die Neigung, bereits getätigte Investitionen nicht mehr zu hinterfragen, da darin schon so viel Zeit und Geld steckt.

### Systemdenken

Das Ganze ist mehr als nur die Summe aller Teile. Dieses Wissen ist wichtig, um das Gesamtsystem zu verstehen und in komplexeren Problemstellungen Lösungsansätze finden zu können. Dabei werden aber nicht nur alle Elemente eines Systems betrachtet, sondern auch die Wechselbeziehungen und -wirkungen zwischen diesen Elementen.

In der Business-Analyse ist es wichtig, dass Sie einzelne Probleme nicht isoliert voneinander betrachten, weil sich Probleme normalerweise nicht an spezifische Grenzen halten. Ein System ist immer ein dynamischer Prozess mit verschiedenen Elementen.

Beim Systemdenken liegt der Fokus nicht nur auf den einzelnen Elementen, sondern vor allem auf der Beziehung zwischen diesen. Anstelle des gewohnten Blickwinkels, nehmen Sie einen komplett anderen ein und betrachten nicht nur Ursache und Wirkung, sondern das Zusammenspiel der einzelnen Faktoren.

## Interaktionsfähigkeit

Wir werden nicht müde, es immer und immer wieder zu betonen: Ein guter Business-Analyst muss vor allem hervorragend und effektiv mit anderen arbeiten, also interagieren können. Interaktion ist der Dreh- und Angelpunkt all seiner Tätigkeiten. Wenn Sie zurückhaltend oder ängstlich sind, Menschen nicht direkt begegnen wollen oder der Gedanke an die morgige Präsentation Sie heute schon krank macht, sollten Sie Ihre Berufswahl besser nochmals überdenken.

Interaktion besteht aus mehr als nur darin, zu wissen, welche Wirkung Sie bei Ihrem Gesprächspartner mit Ihren Handlungen erzielen. Sondern es geht um empathische Fähigkeiten und aktives Zuhören: Sie müssen einschätzen können, wann eine Mail einem Anruf vorzuziehen ist und umgekehrt, und was schlechtes Benehmen im Meeting nach sich ziehen wird. Es gehört dazu zu wissen, wie Sie Konflikte so auflösen, dass alle glücklich sind. Sie sollten aber ebenso in der Lage sein, Vertrauen aufzubauen und überzeugend zu argumentieren. Aus unseren Trainings wissen wir, dass Übung in diesem Fall den Meister ausmacht.

## Moderation

Als Business-Analyst werden Sie unzählige Gespräche zwischen Stakeholdern moderieren. Dabei werden Sie u. a. dabei helfen, Anforderungen zu klären oder die Priorisierung vorzunehmen. Manches Mal geht es auch darum, Unstimmigkeiten zu beseitigen.

Auf den ersten Blick erscheint die Rolle des Moderators nicht sehr anspruchsvoll zu sein. Lassen Sie sich aber nicht täuschen: Vor allem die Vorbereitung ist das A und O. Werden Sie sich bewusst, welche Anforderungen eigentlich an die Rolle des Moderators geknüpft sind. Nur dann können Sie als Moderator glänzen. Gruppendiskussionen sollten Sie als Moderator leiten und alle Teilnehmer dazu ermutigen, ihre Ansichten über ein Thema zu kommunizieren und die anderen Meinungen zu respektieren. In vielen Fällen hilft erst ein gut moderiertes Meeting, zu erkennen, dass es unterschiedliche Ansichten über einen gewissen Punkt gibt. Business-Analysten können in dieser Rolle helfen, dort Lösungen zu finden, wo es Meinungsverschiedenheiten gibt. Dafür müssen Business-Analysten die verschiedenen Sichtweisen kennen und verstehen, die Interessen, die vielleicht zugrunde liegen, erkennen und aus all diesen eine gemeinsame Lösung finden.

## Aufdecken von Mehrdeutigkeiten

Als Business-Analyst werden Sie schnell erkennen, dass fast alles, was in einem Unternehmen als eindeutig definiert wird, von einem anderen Blickwinkel aus ganz anders gesehen werden kann. Jeder Bedarf und jede Lösung kann aus vielen verschiedenen Rollen, Interessen, Umgebungen etc. betrachtet werden. Dieses Wissen ist wichtig, vor allem dann, wenn Sie als Business-Analyst mit Stakeholdern sprechen, die der Meinung sind, dass es nur *eine* Lösung geben kann.

Versetzen Sie sich kurz in die Lage Ihrer Stakeholder, so werden Sie schnell feststellen, dass es für diese schwierig sein kann anzuerkennen, dass es immer mehrere Varianten gibt und Lösungen bzw. Anforderungen aus verschiedenen Perspektiven betrachtet werden können. Deswegen ist es so entscheidend, dass der Business-Analyst die dokumentierte Lösung so verständlich, eindeutig und unmissverständlich kommuniziert wie möglich – damit die Fachexperten diese auch richtig umsetzen können.

### Aufbau von Beziehungen

Wenn Sie neu in einem Projekt oder in einem Unternehmen sind, ist Ihr erster Schritt, eine Beziehung zu den neuen Stakeholdern und Projektmitgliedern aufzubauen. Nicht nur, damit diese Ihnen vertrauen, sondern damit sie auch erfahren, dass es Ihnen wirklich am Herzen liegt, zu helfen und Nutzen zu erreichen. Sie wollen, dass diese Menschen mit Ihnen wichtige Informationen teilen und gemeinsam Meinungen und Ideen austauschen und diskutieren. All diese Dinge werden sehr viel einfacher, wenn diese Personen Ihnen vertrauen.

Sie können auf verschiedene Weise Beziehungen aufbauen. Das beginnt schon bei der Begrüßung: Zeigen Sie Ihr strahlendstes Lächeln, schütteln Sie die Hände, lassen Sie Ihre Gesprächspartner wissen, dass Sie wirklich an Ihnen interessiert sind. Sprechen Sie immer in einer positiven und wertschätzenden Art über das Projekt und die beteiligten Personen. Wenn Sie mit echter Neugierde dabei sind, werden Ihre Stakeholder das auch spüren. Sie werden sehen, wie Sie mit anderen umgehen, ob Sie in brenzligen Situationen Ihre Nerven bewahren, wie Sie Probleme meistern.

Es gibt ein paar Tipps, die Ihnen beim Aufbau von Beziehungen helfen können: Seien Sie ehrlich, vermeiden Sie Klatsch, loben Sie jemanden, wenn er etwas gut gemacht hat oder Ihnen weitergeholfen hat. Wie so oft im Leben, gilt auch hier: Je mehr Sie in Beziehungen geben, desto mehr werden Sie von Menschen in Ihrer Umgebung bekommen!

### Neugier

Eine der wichtigsten Eigenschaften, die jeder Business-Analyst braucht und die Sie nicht erlernen können, ist Neugierde. Interesse an einem bestimmten Thema allein reicht nicht – Sie müssen das starke Brennen in sich spüren, eine Art Verlangen, erfahren zu wollen, warum etwas wie passiert: Warum geschehen diese Dinge in dieser Reihenfolge? Warum laufen Prozesse so ab? Wie agieren und reagieren Menschen? Wie verhalten sich Personen im Unternehmensumfeld?

Neugierde ist eine Leidenschaft, die antreibt, Unbekanntes aufzudecken und Lösungen für die komplexesten Aufgabenstellungen zu finden.

### Neutralität

Ein Business-Analyst muss sich wie die Schweiz verhalten: vollkommen neutral und nur dem eigenen Land (in unserem Fall dem Unternehmen) gegenüber loyal – nicht der IT, einem bestimmten Fachbereich des Unternehmens oder einzelnen Stakeholdern gegenüber. Auch wenn Sie als Business-Analyst einer bestimmten Abteilung zugeordnet sind, die auch Ihr Gehalt überweist, muss Ihr Fokus immer auf die gesamte Unternehmensperspektive und die Erreichung der Unternehmensvision/-strategie gerichtet sein. Genau diese Neutralität ist es, die Business-Analysten von anderen Rollen unterscheidet.

### Beeinflussung

Business-Analysten schließen ihre Analyse oft mit einer Empfehlung zur weiteren Vorgehensweise. Wenn diese Empfehlung allerdings im Widerspruch zu vorgefassten Meinungen darüber steht, was erforderlich ist, oder wenn dafür radikale oder unerwartete Aktionen nötig sind, dann müssen sie vor allem eins können: Einfluss ausüben.

Wenn Sie als Business-Analyst erfolgreich Einfluss ausüben wollen, reicht es nicht, eine Mail mit einer Powerpoint-Präsentation an die Entscheidungsträger zu schicken. Sie müssen die Menschen, die die Entscheidung beeinflussen, wirklich verstehen. Und vor allem müssen Sie erst einmal herausfinden, wer diese tatsächlich sind. Bei einigen ist es offensichtlich: Sponsoren, das Projektteam oder andere Stakeholder haben viel Einfluss.

Kollegen-Netzwerke, persönliche Ziele und versteckte Informationen ebenfalls, sie sind aber viel schwieriger zu erkennen. Sie müssen jeden der Stakeholder also identifizieren und herausfinden, wie viel Macht er über Entscheidungsprozesse hat. Sobald Sie die wichtigsten Entscheidungsträger ausfindig gemacht haben, können Sie einen Maßnahmenplan erstellen, um die Entscheidung voranzubringen.

Business-Analysten sollten ein Gespür dafür entwickeln, ob ihr Vorschlag eher befürwortet wird oder ob sie mit Widerstand rechnen müssen. Zum Beispiel kann es sein, dass einige Manager lieber die Entscheidungen auslagern würden oder viel detailliertere Informationen benötigen. Andere sind nur an den technischen Details interessiert oder wollen ein »Big Picture« haben. Für ein erfolgreiches Ergebnis müssen Sie sich dem jeweiligen Ansatz anpassen.

Auch die Analyse selbst kann infrage gestellt werden oder nimmt plötzlich einen anderen Verlauf. Das kann ein weiterer Grund sein, um Kollegen um Unterstützung zu bitten oder diese am besten in das Vorgehen mit einzubeziehen. Das gilt insbesondere dann, wenn dem Business-Analysten auf einmal viel Ablehnung von allen Seiten entgegenschlägt.

Dies ist übrigens eine weitere wichtige persönliche Fähigkeit für einen Business-Analysten: Er muss Druck und Widerstand aushalten.

## Teamarbeit

- Business-Analysten arbeiten oft in Teams – denn ihre Aufgabe ist es, Informationen aus vielen Quellen wie zum Beispiel von Arbeitskollegen, Lieferanten sowie Mitgliedern des Projektteams oder Managements zu sammeln. Ein Business-Analyst muss also ein gutes Verständnis von seiner Rolle im Team, vom Arbeitsrhythmus der anderen und von dem, was getan werden muss, haben – nur so ist sichergestellt, dass er seine Ziele auch erreicht.
- Teamarbeit bedeutet also Zusammenarbeit. Alles, was diese Zusammenarbeit fördert, fördert somit auch die Teamfähigkeit. Das kön-

nen effiziente Arbeitstechniken, Kompetenz im Projektmanagement oder die Kompetenz der Konfliktfähigkeit sein.

- Wer die eigene Teamfähigkeit steigern will, sollte als Erstes an der Motivation zur Zusammenarbeit arbeiten. Die Motivation ergibt sich aus den Vorteilen, die es für den Business-Analysten bringt. Die Erkenntnis allein, dass die Gruppe davon profitiert, nützt allein nicht. Einige weitere Vorteile sind:
  - Teams ermöglichen Austausch an fachlich und sozialem Wissen und Erfahrungen.
  - Die Arbeit im Team erhöht aufgrund des internen Leistungsdrucks die Wirksamkeit des Einzelnen.

Im Team erhält auch der Einzelne Feedback und Anerkennung, die wiederum sein Selbstwertgefühl und die persönliche Zufriedenheit steigert.

**Führungsqualität**

Führung ist eine Kompetenz, die oft den Linien-Management-Rollen zugeordnet ist. Führung bedeutet in unseren Augen jedoch, eine Vision entwickeln zu können, die alle Aspekte der Umgebung berücksichtigt – einschließlich der Menschen, der Kultur und der Prozesse sowie der kaufmännischen und technischen Belange. Ganzheitliches Denken ist ebenso gefragt wie genaue Analysen. Somit ist Führung auch für Business-Analyse wichtig! Wir sehen sie in diesem Zusammenhang als die Fähigkeit, eine Vision zu schaffen, die den Bedarf eines Unternehmens löst, der alle Beteiligten zustimmen und die alle dazu motiviert, die Geschäftsprozesse zu verändern.

## Verhalten

Sie kennen bestimmt die Redewendung: »Wie man in den Wald ruft, so schallt es heraus« Verhalten ist immer die Reaktion auf etwas und beeinflusst unsere Kommunikation. Gerade im Hinblick auf Ihre Sozialkompetenz spielt das gelernte Sozialverhalten eine wesentliche Rolle.

Im Rahmen Ihrer Arbeit stehen Sie als Business-Analyst immer wieder vor der Herausforderung, mit anderen Personen zu verhandeln, zu diskutieren, einen Konsens zu finden etc. Dazu müssen Sie sich auch »richtig« verhalten und je nach Situation angepasst reagieren können.

### Veränderungsbereitschaft

Als Business-Analyst sind Sie immer wieder mit turbulenten Zeiten und ständigen Veränderungen konfrontiert. Erfolgreiche Business-Analysten sollten in der Lage sein, Veränderungen als laufende Ereignisse, als Prozesse zu sehen, die nicht sporadisch oder willkürlich auftreten, aber in ihrer Natur immer einzigartig sind. Veränderungen können nicht nach Belieben wie elektrisches Licht mithilfe eines Schalters ein- und ausgeschaltet werden, sondern sie passieren permanent.

Sobald ein Vorhaben abgeschlossen und die Lösung im Unternehmen implementiert wurde, überprüft der Business-Analyst die Ergebnisse, um weitere Bedarfe zu suchen und setzt somit den Prozess der Veränderung zum Besseren proaktiv fort. Als Business-Analyst wissen Sie, dass die aktuelle Maßnahme nur ein kleiner Ausschnitt von verschiedenen Möglichkeiten ist, die dazu beitragen, das Unternehmen nach vorn zu bringen.

### Selbstbewusstsein

Diese Qualität ist eine, die oft übersehen wird, aber gerade sie ist extrem wichtig. Selbstbewusstsein heißt nicht, dass Sie ein enormes Ego haben sollten, sondern dass Sie genügend Vertrauen in sich selbst, in die Qualität Ihrer Arbeit und in die Korrektheit Ihrer vorgeschlagenen Lösung haben. Nur dann sind Sie in der Lage, Druck zu widerstehen und Kritik annehmen zu können. Selbstbewusstsein ist vor allem ein Schlüssel für die effektive Zusammenarbeit mit den Stakeholdern.

## Politisches Bewusstsein

Einschätzen zu können, was politisch in einem Unternehmen akzeptabel ist und was nicht, ist eine wichtige Kompetenz, die Sie als Business-Analyst haben sollten. Sie müssen wissen, wer Einfluss und Macht innerhalb des Unternehmens besitzt, was diese Menschen mögen und nicht mögen und wie Sie entsprechend damit umgehen. Politisches Bewusstsein ist aber *nicht* das Bewusstsein über die innenpolitischen Zustände, die politische Lage des Landes oder die notwendigen Handlungen, auch wenn dies für ein ganzheitlich politisches Bewusstsein notwendig ist. Wir bezeichnen damit vielmehr die Eigenschaft, mit Einfallsreichtum und Scharfsinn gegenüber der Opposition Ergebnisse zu erzielen.

## Ethik

Wenn eine Stunde mehr auf der Zeiterfassung vermerkt wird, als eigentlich gearbeitet wurde, wenn die Mittagspause länger ausgedehnt wird, ohne die Zeit nachzuarbeiten, oder wenn sich die Kugelschreiber aus dem Büro zu Hause wiederfinden, kann das unterschiedliche Gründe haben: schlechte Erziehung, falsch verstandene individuelle Nutzenmaximierung oder fehlende Selbstdisziplin des Einzelnen.

Um sich moralisch einwandfrei zu verhalten, ist nicht nur Selbstkontrolle nötig, sondern auch die Eigenschaft, ethisch zu handeln. Um ethisch zu handeln, brauchen Sie ein Verständnis davon, was als moralisch und was als unmoralisch gilt.

Als Business-Analyst müssen Sie auch die Konsequenz von vorgeschlagenen Lösungen auf Ihre Stakeholder bedenken und sollten darauf achten, dass alle fair behandelt werden. Das bedeutet nicht, dass jeder Stakeholder auch die Lösung erhält, die er sich wünscht. Sondern, dass alle Betroffenen eine Entscheidung nachvollziehen können und sich nicht übervorteilt fühlen. Jede Entscheidung sollte im besten Interesse des Unternehmens liegen.

## Kommunikationsfähigkeit

Im Zuge unserer Beratungstätigkeit vermitteln wir u. a. Business-Analysten und bieten Jobbörse und Potenzialanalysen an. Dementsprechend haben wir Hunderte Stellenausschreibungen für Business-Analysten analysiert, ausgewertet und auf Herz und Nieren geprüft. Raten Sie mal, in wie vielen Fällen das Wort »Kommunikationsfähigkeit« vorkommt? Genau. In 100 Prozent.

Viele Menschen verbinden mit Kommunikationsfähigkeit die Gabe, viel zu reden. Das trifft allerdings nicht den Kern: Kommunikation ist niemals eine Einbahnstraße! Kommunikationsfähigkeit bedeutet nicht nur, gut reden zu können, sondern auch, die Botschaft des anderen richtig zu interpretieren. Dazu gehört es, aktiv zuzuhören, Mimik, Gestik und Körperhaltung entschlüsseln und entsprechend darauf reagieren zu können. Auch Empathie ist ein wichtiges Schlüsselwort. Als kommunikationsfähig erweist sich letztlich derjenige, der mit anderen gut kann – um es etwas salopper auszudrücken.

Zur Kommunikationsfähigkeit zählen wir aber auch, die richtigen Informationen zur richtigen Zeit an den richtigen Ort zu bringen. Wenn Sie zum Beispiel wissen, dass der Stakeholder Müller relativ lange braucht, um Entscheidungen zu treffen, dann sollten Sie ihn frühzeitig mit allen Informationen versorgen, die er für seine Entscheidung braucht.

Gerade in Projekten kommen viele Entscheidungsverzögerungen dadurch zustande, dass nicht alle Stakeholder und Entscheidungsträger rechtzeitig ins Boot geholt wurden. Das Ergebnis solcher Kommunikationspannen kann teuer werden: Schnell fühlt sich jemand übergangen und blockiert vielleicht das Projekt.

Manches Mal stellt sich auch heraus, dass wichtige Informationen oder rechtliche Rahmenbedingungen fehlen. Eine nachträgliche Abstimmung kann viel Zeit (und damit Geld) kosten und für eine frostige Atmosphäre zwischen den Beteiligten sorgen.

> **Ein kleiner Test**
>
> Hören Sie sich kurz selbst aufmerksam zu und beschreiben Sie ein Ereignis, an dem Sie selbst beteiligt waren. Fertig? Gut. Dann analysieren Sie: Haben Sie eine interessante, witzige und packende Geschichte erzählt? Oder zählen Sie lieber Tatsachen und Fakten auf? Im ersten Fall haben Sie das (Kommunikations-)Zeug zu einem guten Business-Analysten schon in der Tasche. Wenn Sie sich eher an den Fakten festhalten, sollten Sie sich in Kommunikationsdingen noch weiter ausbilden lassen.

### Didaktik

Sie werden als Business-Analyst immer wieder vor der Herausforderung stehen, Menschen schwierige Sachverhalte so zu kommunizieren, dass diese sie auch verstehen und nachvollziehen können. Auch müssen Sie mit Umsetzungsexperten über Lösungen und deren Kontext diskutieren. Dafür ist es hilfreich, die verschiedenen Lerntypen zu kennen. Die drei wichtigsten Lerntypen sind:

- **Der visuelle Typ**: Diese Lerntypen nehmen Sachverhalte am besten visuell über Präsentationen und Grafiken auf.
- **Der auditive Typ**: Diese Menschen erfassen Inhalte am besten durch mündliche Kommunikation.
- **Der kinästhetische Typ** oder Learning by doing: Der beste Weg für diese Menschen, sich etwas zu merken, führt über das eigene Tun.

Versuchen Sie bei der Kommunikation, die jeweiligen Lerntypen zu erreichen.

### Schriftliche Kommunikation

Zu Ihren Aufgaben als Business-Analyst gehört es, dass Sie immer wieder Dokumente schreiben, Anforderungen erheben und Informationen verschriftlichen. Das ist dort notwendig, wo Informationen unabhängig von

Zeit und Entstehungsort benötigt werden. Dazu brauchen Sie einen großen Wortschatz, ein gutes Verständnis und Gespür für die Wahl der Begriffe, damit sie alle verstehen, und gute Kenntnisse der Grammatik. Die Herausforderung besteht eben darin, Texte so zu verfassen, dass sie von allen richtig verstanden werden.

### Wird man zum Business-Analysten geboren?

Der Business-Analyst ist weder ein Fachexperte mit Unternehmenswissen noch ein Unternehmer mit speziellen Kenntnissen. Er versteht sowohl allgemeine Technologien als auch das Umfeld mit seinen Bedürfnissen und kann diese beiden Bereiche erfolgreich zusammenführen. So vereinigt er das Beste aus beiden Welten.

Gute Business-Analysten haben eines gemeinsam: ein multidisziplinäres Mindset. Viele Business-Analysten haben das Know-how und die Erfahrung aus der IT und ihrer Domäne. Aber wichtig ist letztlich, dass sie Erfahrungen in der Durchführung von Aufgaben in verschiedenen Bereichen aus unterschiedlichen Branchen haben. Sie sollten Informationen schnell erfassen können und ihre Kenntnisse aus verschiedenen Disziplinen nutzen, um Techniken und Informationen aufzunehmen und sie auf die aktuelle Aufgabe zu projizieren. Es ist wichtig, vielseitig zu sein und dadurch weniger anfällig für den Glauben, dass bestimmte Analyse-Tools oder Techniken etwas sind, was für jede Situation notwendig ist. Ein großartiger Business-Analyst weiß, dass alle Aktivitäten und Methoden an die spezifische Umgebung und Situation angepasst werden müssen. Er kennt innovative Wege und hat ein breites Wissensspektrum, um wirklichen Mehrwert zu liefern.

Selbst wenn die speziellen Anforderungen an den Business-Analysten je nach Unternehmen variieren, so sind die Eigenschaften, die meistens gefragt sind, diese:

- Die Fähigkeit, die richtigen Fragen zur richtigen Zeit an die richtige Person zu stellen, und die unstillbare Neugier, noch tiefer zu graben.

- Die Fähigkeit, Informationen zum Unternehmen und Prozessen zu sammeln, zu zerlegen und zu verstehen.
- Die Fähigkeit, Informationen detailliert zu analysieren, um den Bedarf so genau wie möglich aufzuzeigen.
- Die Fähigkeit zu planen, zu entwickeln und durchzuführen, vor allem auch bei Abnahmen von Anforderungen und Systemen, um sicherzustellen, dass der Unternehmensbedarf tatsächlich gelöst wird.
- Die Fähigkeit, solide, vertrauensvolle Beziehungen mit Stakeholdern und dem Management aufzubauen.
- Die Fähigkeit, den wirklichen Bedarf schnell und genau zu erheben und passende Lösungen zu finden.
- Die Fähigkeit, mündlich und schriftlich in einer klaren, präzisen und für alle verständlichen Sprache zu kommunizieren.
- Die Fähigkeit, Meetings oder Workshops effizient zu leiten.

Oder, um es etwas allgemeiner auszudrücken: Der Business-Analyst unserer Wahl hat exzellente Kommunikationsfähigkeiten, analytische Fertigkeiten, Ausdauer, eine hohe Lernkurve, die Fähigkeit, sich immer wieder Veränderungen und Mehrdeutigkeiten anpassen zu können – und vor allem eine große Portion Humor und ein gesundes Verständnis für teilweise Absurdes.

## 6.3 Ohne Hard Skills geht es nicht

Damit ein Business-Analyst seine Arbeit erfolgreich tun kann, braucht er ein breites betriebswirtschaftliches und technisches Wissen und Verständnis. Es fungiert als Hintergrund und Grundlage seiner Arbeit.

Viele Unternehmen fordern sowohl technische als auch wirtschaftliche Detail-Kenntnisse von ihren Business-Analysten – gerade diese können Sie sich aber relativ einfach aneignen, wenn Sie das methodische Rüstzeug anwenden, das wir in den vorigen Kapiteln beschrieben haben.

»Learning by doing« ist in diesem Bereich das Zauberwort. Dafür ist es wichtig, Fragen zu stellen und genau zuzuhören, um danach neue Fragen zu stellen. Das Wissen und die Informationen, die Sie auf diese Weise erhalten, werden Sie brauchen, um Missverständnisse zu lösen, Vorannahmen zu verringern und den tatsächlichen Bedarf für neue und sich verändernde Technologie- und Business-Umgebungen zu finden.

## Notwendige Skills

### Finanzen

Die universelle Sprache der Wirtschaft ist und bleibt die Sprache des Geldes. Auch im öffentlichen und im Non-Profit-Sektor spielt Geld eine Schlüsselrolle – beispielsweise bei der Entscheidung, welche Mittel zur Verfügung stehen und was getan und was nicht getan werden kann. Als Business-Analyst müssen Sie deswegen zumindest die Grundlagen der Unternehmensfinanzierung kennen. Finanzberichte wie die Bilanz- und Gewinn- und Verlustrechnung, Finanzanalyse-Tools wie Ratio-Analyse und Grundsätze der Kalkulation sollten Ihnen vertraut sein.

### Business-Case-Entwicklung

Ein Großteil der Business-Analyse-Arbeit besteht darin, zu eruieren, was ein Vorhaben kostet und welchen Nutzen es bietet. Wenn Sie als Business-Analyst die Analyseergebnisse präsentieren, müssen Sie auch einen Ausblick auf die finanziellen Auswirkungen geben, die das Vorhaben haben wird.

Um einen Business Case zu entwickeln, brauchen Sie neben einem grundlegenden Verständnis für die Finanzen allgemein auch einen Einblick in das finanzielle Leben des Unternehmens. Business-Analysten, die in die Erstellung von Business Cases involviert sind, müssen grundlegende Techniken der Investitionsrechnung anwenden können und sollten keine Angst vor dem Jargon der Finanzabteilung haben.

In den letzten Jahren haben Business-Analysten ihr Verständnis für den Nutzen und die Kosten für mögliche Lösungen weiterentwickelt. Das ist eine sehr positive Entwicklung, da es dem Business-Analysten ermöglicht, teure Optionen zu enttarnen und schnell und treffend den wahren Wert und die Auswirkungen ihrer Arbeit auf das Unternehmen abzuschätzen.

### Domänenwissen

Domänenwissen umfasst ein gutes, allgemeines Verständnis des Unternehmensbereichs oder Sektors, in dem der Betrieb tätig ist – sei er nun privat, öffentlich oder non-profit. Neben dem allgemeinen Domänenwissen gibt es spezifischeres Fachwissen wie beispielsweise das Wissen über einen einzelnen Supermarkt oder über Bereiche der Kommunalverwaltung.

Dieses Wissen ist wichtig – und zwar aus drei Gründen:

- Es ermöglicht Ihnen als Business-Analysten, mit den involvierten Geschäftsleuten in einer Sprache zu sprechen, die diese auch verstehen. Das wiederum hilft Ihnen, einen persönlichen Draht und eine Bindung aufzubauen.
- Es wird Ihnen helfen zu verstehen, was in diesem Geschäftsbereich akzeptabel oder nützlich ist und was nicht. Fragen rund um das Thema Profit zum Beispiel werden kaum von Interesse sein, wenn es um soziale Sicherung geht.
- Es liefert Ihnen neue Ideen und Ansätze, die Sie in späteren Projekten und Vorhaben eventuell adaptieren können.

### Generalist versus Fachexperte

Salopp ausgedrückt könnte man sagen, dass Domänenwissen, angewendet auf noch mehr Details, das Fachwissen ergibt. Ein gutes Verständnis des Geschäftsbereichs, in dem Sie arbeiten, ist wichtig, um gegenüber Ihren Kunden glaubwürdig zu sein. Das erforderliche Niveau der benötigten Fachkenntnisse hängt wiederum von der speziellen Tätigkeit ab. Beschäftigt sich ein Projekt beispielsweise mit strategischen Fragen, ist ein Verständnis von den verschiedenen Strukturen, der Organisationsgestaltung, den Geschäftsmodellen und den Auftraggebern für die strategische Veränderung erforderlich. Auf einer operativen Ebene erfordert eine Diskussion über das Ersetzen bestehender Systeme ein Verständnis davon, wie die bestehenden Systeme in die aktuellen Geschäftsanforderungen integriert werden müssen.

Business-Analysten können Spezialisten in bestimmten Geschäftsbereichen sein und ein starkes und detailliertes Verständnis der Themenbereiche haben, um so sehr schnell Verbesserungsoptionen herauszufinden. Sie können ebenfalls erkennen, was geändert oder analysiert werden muss, indem sie vorhandene Kenntnisse und Kontakte nutzen.

Alternativ können sie aber durchaus Generalisten sein und nur rudimentäres Wissen über einzelne Geschäftsbereiche haben. Für das Detailwissen müssen sie sich in dem Fall auf die Kenntnisse, Informationen und das Know-how anderer verlassen.

Auf die Frage, ob ein Generalist oder ein Fachexperte besser für den Job als Business-Analyst geeignet ist, gibt es unserer Erfahrung nach keine eindeutige, geschweige denn eine richtige oder falsche Antwort. Sowohl Generalisten als auch Fachexperten leisten wertvolle Arbeit, abhängig von ihrem jeweiligen Einsatzgebiet.

Der entscheidende Punkt für Sie als Business-Analyst ist, beurteilen zu können, wie gut Ihre Kompetenzen den Bedarf der aktuellen Situation erfüllen und wie gut Sie Ihre Stärken und Schwächen kennen. Dementsprechend können Sie dann entweder eigenes Fachwissen entwickeln bzw. Input von Spezialisten einholen – oder nach dem Blickwinkel eines Generalisten fragen, um eine umfassendere Sicht zu erhalten.

## Der »T-förmige« Business-Analyst: Breite *und* Tiefe

Ein Spezialist ist in einem bestimmten Fachgebiet sehr, sehr gut. Der Nachteil ist, dass er mit Scheuklappen versehen ist und nicht gerne eine andere Perspektive einnimmt außer der ihm bekannten. Der Generalist hingegen hat von vielen Dingen eine gewisse Ahnung. Er geht allerdings in keinem Bereich in die Tiefe und kann deshalb nur oberflächlich mitreden. Dafür versteht er, von was im Allgemeinen die Rede ist, und kann daher extrem gut den Überblick behalten.

Der sogenannte »T-Shaped Professional« hingegen vereint das Beste aus den beiden anderen Modellen. Er hat (mindestens) eine Spezialisierung, die zwar in die Tiefe geht, aber nicht unbedingt so tief, wie ein Spezialist sein Spezialgebiet auslotet. Dafür ergänzt er seine Fachexpertise durch daran »angedockte« Kompetenzen, die seine Spezialisierung bestmöglich ergänzen und auf diese ausgerichtet sind. Es geht also nicht darum, dass Sie als Business-Analyst sämtliche Programmiersprachen, alle Geschäftsprozess-Notationen und jeden Management-Ansatz im Detail kennen, sondern darum, dass Sie Ihre fachliche Expertise entweder durch angrenzendes Wissen (z. B. Datenbanken) oder etwa durch Branchenkenntnisse (z. B. Telekommunikation) und entsprechende Soft Skills (z. B. Kommunikationsfähigkeit) abrunden.

Viele Business-Analysten sind Experten in IT-Fragen, aber dafür fällt ihnen das Denken in Anwendungszusammenhängen schwerer. Das wiederum ist aber notwendig, um im eigenen Unternehmen oder auch beim Kunden Lösungen umzusetzen, die der Ganzheitlichkeit eines Unternehmens gerecht werden. Welche Disziplinen die Breite darstellen und welche in die Tiefe gehen, hängt unter anderem natürlich auch von der Branche und dem Geschäftsbereich ab, in dem Sie als Business-Analyst arbeiten oder arbeiten möchten. Generell kann man sagen, dass in dieser global agierenden Welt eher Spezialisierung gefragt ist. Dazu bedarf es einer Aus- und Weiterbildung in die Breite ebenso wie in die Tiefe. Welche Fächer freilich die Breite darstellen und welche in die Tiefe gehend vermittelt werden, ist abhängig von der Schwerpunktsetzung eines jeden

Einzelnen. Bei einem Business-Analysten sollte ein breites Verständnis für die Geschäftsprozesse oder auch Aufbau- und Ablauforganisation (Organisationslehre) sowie für die Informationstechnologie vorhanden sein, aber genauso wichtig ist es, gleichzeitig vertieftes Expertenwissen in beispielsweise einer Branche wie der Telekommunikation zu haben. All diese Aspekte machen das Spezialwissen noch effizienter und effektiver einsetzbar.

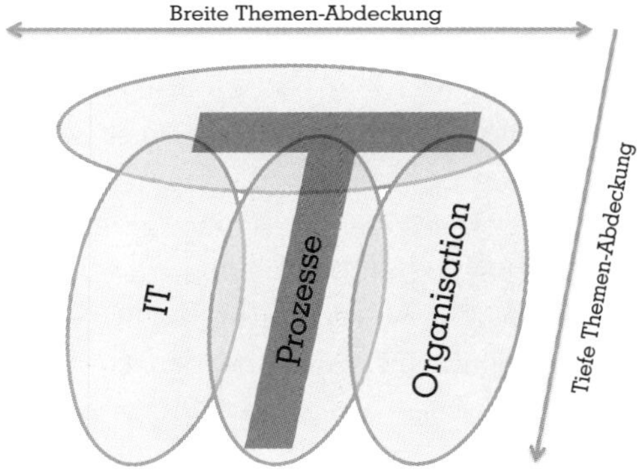


**Abbildung 29: Breites Wissen und tiefes Wissen im T-Modell**

## Grundlagen der Informationstechnologie

Viele Business-Analysten haben keinen IT-Hintergrund und behaupten zu Recht, dass sie diesen für ihre Arbeit auch nicht brauchen. Dafür gibt es Experten wie Systemanalytiker, Software-Ingenieure und so weiter. Da IT aber immer in irgendeiner Weise in jedem Business-Analyse-Vorhaben zum Einsatz kommt, ist es dennoch notwendig, ein allgemeines Verständnis dafür zu entwickeln – damit Sie als Business-Analyst sinnvoll mit dem IT-Experten kommunizieren können.

Das Ausmaß des technischen Wissens, das Sie brauchen, hängt von Ihrem spezifischen Einsatz ab. Die wichtigste Anforderung ist, dass Sie als Business-Analyst die Grundlagen, Gebiete und Fachbegriffe der IT verstehen. Das hilft, den Anwendern begreiflich zu machen, wie sich eine mögliche Änderung im Bereich der IT auf das Unternehmen auswirkt.

Diese Bereiche sollte ein Business-Analyst kennen:

- Funktionsweisen der Betriebssysteme, Anwendungssoftware, Hardware und Netzwerke;
- Systementwicklungsmodelle, zum Beispiel das »V-Modell«, agile Softwareentwicklung oder andere Vorgehensmodelle;
- Systementwicklungsansätze, zum Beispiel die dynamische Systementwicklungsmethode (DSDM) oder die Unified Modeling Language (UML);
- die Vor-und Nachteile von eigen entwickelten Systemen im Vergleich zu den »von der Stange« gekauften;
- Trends und neue Möglichkeiten, wie E-Commerce, Grid-Computing und mobile Technologien sowie deren Auswirkungen auf die Systementwicklung.

## Organisationsstrukturen und Design

So wie Prozesse und IT, umfassen viele Business-Analyse-Maßnahmen Restrukturierungsvorschläge, um beispielsweise Übergaben zu erleichtern, einen Prozess zu zentralisieren oder den Kundendienst zu verbessern. Aus diesem Grund ist es für Business-Analysten wichtig, ein gutes Verständnis der verschiedenen Organisationsstrukturen und deren Stärken und Schwächen zu haben.

## Lieferantenmanagement

Viele Unternehmen greifen auf externe Lieferanten zurück – manchmal als eine einmalige Ad-hoc-Lösung, aber oftmals auch aufgrund von Outsourcing-Vereinbarungen. In den letzten Jahren wurden ganze Geschäftsprozesse und sogar ganze Geschäftsfunktionen immer öfter ausgelagert. Zum Beispiel lagerten viele Unternehmen ihre Lohnverrechnung gleich für mehrere Jahre aus, während andere genau diese erweitert haben und dafür nun eine größere Personalabteilung haben.

Die Auswahl und Beauftragung von Lieferanten fällt in der Regel in die Domäne des Lieferantenmanagements. Bei einigen Outsourcing-Fällen ist es durchaus sinnvoll, einen Business-Analysten zu involvieren. Dafür braucht dieser ein umfassendes Verständnis der Beschaffungs- und Lieferanten-Management-Prozesse. Zumindest sollte er die folgenden verschiedenen vertraglichen Vereinbarungen kennen:

- **Zeit und Material**: Der Auftragnehmer wird auf Grundlage der Zeit für seine Arbeit bezahlt.
- **Festpreis-Lieferung**: Dabei wird der Vertragspartner nach ursprünglich vereinbarten Spezifikationen und Lieferumfang der Arbeit bezahlt.
- **Risiko und Belohnung**: Hierbei hat sich der Auftragnehmer bereit erklärt, einige oder alle möglichen Risiken eines Vorhabens zu decken. Das beinhaltet zum Beispiel Ressourcen wie Personal, Zeit, Material oder Büroräume. Der mögliche Mehrgewinn ist dabei höher, als es üblicherweise bei vertraglichen Vereinbarungen der Fall wäre.

Business-Analysten müssen den Lieferanten-Management-Prozess auch deshalb verstehen, damit sie die Leistungen der von ihnen beauftragten Lieferanten sicherstellen können.

## 6.4 Selbst ist der Business-Analyst: Selbstorganisation

Wollen Sie als Business-Analyst dauerhaft Erfolg haben, müssen Sie darauf achten, dass Sie Ihren Wert für die Organisation kontinuierlich verbessern, indem Sie neue Techniken erlernen und dadurch Ihre Fähigkeiten erweitern bzw. mehr und mehr Erfahrung in einzelnen Fertigkeiten gewinnen.

Dafür können Sie einiges tun:

- Lesen Sie Fachbücher und -artikel, üben Sie neue Techniken und Fertigkeiten und lernen Sie von anderen Business-Analysten.
- Bringen Sie anderen Menschen etwas bei – auch dadurch erweitern Sie Ihre Fähigkeiten.
- Schließen Sie sich mit anderen Business-Analysten zusammen, z. B. in einem lokalen Verein des International Institute of Business-Analysis (IIBA) oder gründen Sie in Ihrem Unternehmen eine eigene Business-Analyse-Community-of-Practice.
- Suchen Sie sich einen Mentee und beginnen Sie, Ihr Wissen weiterzugeben. Ihre Erfahrung hilft anderen Business-Analysten ebenfalls weiter und verbessert die Disziplin als Ganzes.

Die in diesem Kapitel vorgestellten Fähigkeiten und Techniken sind nicht in einer bestimmten Reihenfolge angeordnet. Sie können mit der Fähigkeit beginnen, die Sie am meisten interessiert oder mit der, die Sie im Moment am wenigsten beherrschen.

## Suchen Sie sich einen Mentor

Eine der schwierigsten Phasen für einen Business-Analysten ist der Einstieg. Wenn Sie das erste Mal einem Projekt oder einer Maßnahme zugeordnet werden, können Sie schnell von der Komplexität des Unternehmens und der schier unendlichen Menge an neuen Informationen überwältigt werden. Suchen Sie sich am besten einen erfahrenen Business-Analysten, der als Mentor fungiert und Ihnen hilft, einen Weg durch den Informationsdschungel zu finden.

Jeder Business-Analyst ist am Beginn seiner Laufbahn bzw. eines neuen Projekts gelegentlich überfordert – mit der Zeit gewinnen Sie an Erfahrung und finden heraus, wie Sie Ihre Arbeit am besten strukturieren und verwalten. Sehen Sie das Ganze als eine Art Puzzle: Die meisten beginnen mit der Suche nach den Randstücken und versuchen, sich von dort aus weiter nach innen vorzuarbeiten. Der Rand ist quasi die Grenze eines Projekts. Sie müssen zuerst bestimmen, was innerhalb des Projekts ist, indem Sie die Eckteile finden. Stellen Sie viele Fragen über die zu analysierenden Geschäftsprozesse. Je mehr Antworten Sie erhalten, desto vollständiger wird Ihr Puzzle.

Wenn Sie das Gefühl haben, vollkommen überfordert zu sein, dann lautet das Zaubermittel: Handeln Sie! Beginnen Sie, Fragen zu stellen. Schreiben Sie die Antworten auf, auch wenn Sie sie noch nicht verstehen. Wählen Sie neue Bereiche und bauen Sie so Ihr Wissen kontinuierlich auf.

Wenn Sie frustriert sind oder das Gefühl haben, Sie stecken fest – bearbeiten Sie einen anderen Abschnitt, einen anderen Bereich. Sie werden dort Fortschritte machen und plötzlich verstehen Sie, woran Sie kurze Zeit vorher noch verzweifelt sind. So fügen sich die Puzzleteile nach und nach zusammen.

### Üben Sie im Alltag

Wie ein Business-Analyst zu denken, erfordert ein wenig Übung. Manche Menschen tun sich von Natur aus etwas einfacher damit als andere. Um Probleme und komplexe Systeme zu analysieren, zerlegen Sie diese gedanklich in kleine, handliche Stücke. Als Business-Analyst müssen Sie lernen, nach wichtigen Mustern und den wesentlichen Fakten Ausschau zu halten und irrelevante zu enttarnen und auszumisten.

Nutzen Sie die Gelegenheit zu üben, wann immer möglich. Es gibt überall auf der Welt Probleme und komplexe Systeme: vom Frühstück in Ihrem Lieblingslokal (welche Schritte sind erforderlich, damit Sie zu Ihrem Kaffee kommen?) bis hin zum Besuch im Kino (wie sieht der Kartenverkaufsablauf dort aus?). Welche Fragen würden Sie stellen, um möglichst viel über das Geschäft zu lernen? Welche Tatsachen wären wichtig? Ist der Geschmack des Kaffees prozessrelevant? Oder das Ursprungsland der Bohne? Welche Rolle spielt der Preis der Kinokarte für den Prozess?

Versuchen Sie eine Vielzahl an unterschiedlichen Analyse-Techniken am gleichen Problem auszuprobieren, um neue Informationen zu bekommen. Lassen Sie trotzdem erprobte und bekannte Techniken nicht aus (z. B. Datenfluss-Diagramme), nur weil Sie diese schon seit Jahren anwenden. Viele Business-Analysten werden dadurch noch erfolgreicher. Jede Technik, die Sie lernen, bietet eine weitere Möglichkeit für Sie, Ihre Fähigkeiten zu erweitern.

Neuere Techniken werden häufig auf Grundlage älterer Techniken entwickelt, sodass das Verständnis einer alten Technik es einfacher macht, Neues zu lernen. Das Erlernen eines neuen Werkzeugs oder einer neuen Technik bedeutet nicht, dass Sie auf Altbewährtes verzichten müssen. Es fügt sich nur eine weitere Fähigkeit in Ihr Repertoire ein. Stellen Sie sich vor, Sie sind Musiker und lernen ein Instrument zu spielen. Wenn Sie zuerst Flöte spielen und anschließend lernen, Klarinette zu spielen, vergessen Sie ja deswegen nicht plötzlich, wie man Flöte spielt. Genauso ist es auch bei der Business-Analyse: Je mehr Werkzeuge und Techniken Sie kennen, mit denen Sie sich wohl fühlen, desto leichter wird es sein, neue zu erlernen.

### Machen Sie sich Notizen

Es ist entscheidend, dass ein Business-Analyst sich schnell Notizen machen kann. Als Business-Analyst müssen Sie Fragen stellen und genau zuzuhören, um die Antworten zu erfassen, die Sie von den Beteiligten bekommen. Es gibt eine Reihe von Methoden dazu:

- Kurzschrift oder handschriftliche Notizen,
- Diagramm/Modellierung mithilfe einer Analysetechnik,
- Wenn Sie mit einem Business-Analyse-Partner arbeiten: Während einer die Fragen stellt, notiert der andere die Antworten,
- Gliederung/Mind Mapping,
- Video- oder Audio-Aufzeichnung des Meetings.

Sich Notizen bei Meetings zu machen, ist aus zweierlei Gründen wichtig: Erstens nutzen Sie die Zeit Ihrer Stakeholder effektiv – eine Wiederholung der Anforderungen ist also nicht erforderlich, es sei denn, eine Klarstellung ist nötig. Nur wenige Menschen können sich wirklich an alles erinnern, was während eines Meetings erwähnt wurde. Um die Wahrscheinlichkeit der Erinnerung an die Anforderungen zu erhöhen, machen Sie sich also unbedingt Aufzeichnungen. Zweitens wäre es unhöflich, bei einem Stakeholder-Interview *keine* Notizen zu machen. Wenn die Antwort auf eine Frage wichtig ist, müssen Sie sicherstellen, dass Sie sie aufzeichnen. Wenn Sie sie nicht aufzeichnen, geben Sie Ihrem Stakeholder nonverbal zu verstehen, dass seine Antwort und damit er selbst nicht wichtig ist.

Mind Mapping ist dazu eine nützliche Technik: Notieren Sie sich die Kernkomponenten (Daten, Prozesse, Geschäftsregeln und Agenden) und machen Sie sich Notizen. Probieren Sie auch hier verschiedene Techniken aus und lernen Sie diejenige, mit der Sie am besten arbeiten, genauer kennen.

### Achten Sie aufs Detail

Business-Analysten haben eines gemeinsam: Sie lieben Details. Und sie lieben es, diese Details bis in die kleinste Einzelheit zu besprechen. Diese Stärke hat eine entsprechende Schwachstelle: Wann ist eine Information ausführlich genug? Ein erfahrener Business-Analyst fragt sich deshalb in regelmäßigen Abständen selbst: »Bin ich mit meinen Details schon zu weit weg vom eigentlichen Thema?« Schauen also auch Sie immer wieder über den Tellerrand und stellen Sie sicher, dass Sie Ihre Zeit in die wichtigsten Aufgaben investiert und sich nicht in Details verloren haben.

**Beispiel**

Eine Herausforderung für viele Business-Analysten, die sich zertifizieren lassen wollen, ist der IIBA-Zertifizierungsantrag. In diesem Antrag müssen die Business-Analysten ihre Business-Analyse-Erfahrung nach Projekt und Kompetenzen dokumentieren. Es müssen 7.500 Stunden Erfahrung nachgewiesen werden, und diese Dokumentation ist ebenfalls ein wichtiger Prozess.

Wir unterstützen immer wieder Bewerber bei diesem Antrag, und bei vielen von ihnen dauerte es Stunden, um die Projektarbeit aufzuschlüsseln. Sie brechen ihre Arbeit teilweise in sehr kleine, individuelle Aufgabenbeschreibungen herunter, manchmal integrieren sie sogar eine Tabelle, in der sie Querverweise auf die entsprechenden Wissensgebiete geben. Bei dieser ausführlichen Dokumentation vergessen sie jedoch den Zweck der eigentlichen Arbeit, wenn sie sich zu sehr in den Details verlieren und die Querverweise fast schon überwiegen. Das IIBA überprüft die Bewerbungen sehr sorgfältig, um sicherzustellen, dass die Kandidaten ausreichend Business-Analyse-Erfahrung haben. Das bedeutet aber nicht, dass die Gutachter die spezifischen Vorhaben und deren Problemstellungen, an denen ein Antragsteller gearbeitet hat, auch verstehen müssen. Das ist ein gutes Beispiel für eine Situation, in der sich ein Business-Analyst selbst regelmäßig daran erinnern sollte, die Tiefe und die Art der Details zu bedenken.

Im Hinblick auf die Details gilt es für Sie als Business-Analysten erstens zu erkennen, was Ihre Zielgruppe braucht und ob Sie schon zu sehr ins Detail gegangen sind. Zweitens müssen Sie kleine Details dennoch entsprechend dokumentieren – und das ist die eigentliche Herausforderung. Viele Menschen neigen dazu, nach dem Muster »Alles oder nichts« zu denken – wenn sie nicht alle Details preisgeben sollen, dann beschreiben sie lieber gar keines. Machen Sie diesen Fehler nicht! Lernen Sie lieber, »gerade genug« Details zu dokumentieren.

»Gerade genug« bedeutet, dass Sie genügend Informationen bekommen haben, um eine gründliche Analyse durchzuführen, und genügend

Details an Ihre Stakeholder weiterzugeben, damit diese die nötigen Entscheidungen treffen können. »Gerade genug« sollte zu Ihrem Business-Analyse-Mantra werden. Denken Sie bei der nächsten Dokumentation daran!

## Managen Sie Ihre Zeit

Werfen Sie einmal einen Blick auf einen typischen Arbeitstag eines Business-Analysten: Er beginnt meistens mit der Überprüfung aller Aufgaben, die er sich selbst aufgeschrieben hat und die ihm zugewiesen wurden. Oft ist ein Business-Analyst in mehr als ein Vorhaben gleichzeitig eingebunden, dementsprechend variieren die Aufgaben von Vorhaben zu Vorhaben. Viele dieser Aufgaben sind groß, manche nehmen bis zu zwei Wochen Zeit in Anspruch. Es gibt auch Tasks, die bereits gestartet wurden und die gerade in der Warteschleife hängen, weil noch mehr Informationen dafür benötigt werden. Um eine Entscheidung treffen zu können, wie er seine Aufgaben sinnvoll priorisiert bzw. welche Aufgaben er zuerst in Angriff nimmt, muss der Business-Analyst immer wieder Informationen einholen und Abhängigkeiten verstehen.

Eine mögliche Variante, sich seine Arbeit einzuteilen, ist die First-in-first-out-Aufgabenliste: Die Aufgabe, die zuerst ankommt, wird auch als erste erledigt – getreu dem Motto: Alles schön der Reihe nach. Der Schreibtisch eines Business-Analysten ist so gut wie niemals leer. Es gibt aber auch selten Aufgaben, die sofort erledigt werden müssen. Dadurch kann der Business-Analyst flexibel im eigenen Tempo arbeiten, ohne Angst haben zu müssen, dass er eine Deadline vergisst oder dass Langeweile oder Monotonie auftritt.

Es gibt immer mehr Arbeit als Zeit. Je effektiver Sie als Business-Analyst arbeiten, desto wertvoller werden Sie für andere als Mitarbeiter und Vertrauter – was wiederum den Arbeitsaufwand erhöht. Sie werden lernen, Ihre Zeit als etwas sehr Kostbares zu behandeln und Prioritäten zu setzen. Sie haben sicherlich bereits mit Menschen zusammengearbeitet, die sich Ihrer Meinung nach auf die falschen Arbeiten konzentriert haben und dabei die Fristen nicht einhalten konnten. Sie selbst entscheiden, wie Sie Ihre Zeit einteilen und wo Sie Prioritäten setzen.

Eine der effektivsten Möglichkeiten dies zu tun, ist eine Reihe von Fragen zu stellen:

- Warum tun wir diese Tätigkeit?
- Was bringt diese Tätigkeit für das Vorhaben?
- Wenn wir die Zeit umrechnen, wie viel würde das dann kosten?
- Sind die Kosten sinnvoll eingesetzt?

Die Arbeit gut einzuteilen, ist eine Fähigkeit, die Praxis und Sorgfalt erfordert. Eine Möglichkeit ist ein tägliches »Treffen« mit Ihrer To-do-Liste (die immer länger wird), um die wichtigsten Aufgaben zu definieren. Einige dieser Aufgaben werden schnell und einfach abzuarbeiten sein – das sind oft die schönsten. Bei den anderen handelt es sich meistens um schwierigere und langfristigere Aufgaben, die andererseits sehr wichtig für das Unternehmen sind.

**Beispiel**

Stellen Sie sich vor, Sie wurden zwei Projekten zugewiesen. Das eine Projekt hat das Ziel, der Marketingabteilung zu ermöglichen, jedem Kunden ein Merkmal zuzuschreiben, damit dessen Aktivität besser verfolgt werden kann. Das ist hilfreich bei der Vermarktung und dem Vertrieb der Produkte.

Das zweite Projekt ist eine unternehmensweite Initiative, den Kundendienst neu zu strukturieren und zu optimieren. Dieses Projekt erfordert, dass Sie Stakeholder aus mehreren Abteilungen interviewen, ihnen detaillierte Fragen stellen und aus deren Antworten aktuelle Arbeitsabläufe erstellen bzw. neue Prozesse entwerfen.

Welchem Projekt würden Sie Ihre Zeit zuerst widmen? Da das erste Projekt klein und recht einfach zu sein scheint, werden Sie vielleicht dazu tendieren, damit zu starten. Es ist deswegen einfacher, weil Sie bereits wissen, wie man einen Prototypen aktualisiert, ein Datenelement definiert und Anforderungen und Änderungen kommuniziert. Das zweite Projekt ist weit weniger strukturiert. Es erfordert viel mehr Planung und Disposition. Sie werden viel Zeit damit verbringen müssen, über Probleme zu grübeln.

Wenn Sie die Mehrheit des Tages mit dem ersten Projekt verbringen, bleibt das zweite auf der Strecke. Noch dazu wird vermutlich am nächsten Morgen eine weitere kleine, leichte Aufgabe auf Ihrem Schreibtisch warten.

Eine nützliche Technik bei der Arbeit an großen Maßnahmen lautet »Teile und herrsche«. Erfolgreiche Business-Analysten müssen verstehen, wie man eine große Aufgabe in kleine, überschaubare Teile zerlegt, um sie dann in einer logischen Reihenfolge abzuarbeiten und zu verwalten. Wenn Sie noch nie von einem Projektstrukturplan gehört haben, sollten Sie sich damit schnell beschäftigen, denn dieser Ansatz wird Ihnen helfen, Ihre Arbeit in einzelne Teile zu gliedern.

Was erfahrene Business-Analysten auch gut können: unbewusst an einem Projekt arbeiten. Hatten Sie jemals eine grandiose Idee, während Sie unter der Dusche standen? Oder ist Ihnen die Lösung für ein Problem plötzlich eingefallen, als Sie auf dem Weg von der Arbeit nach Hause waren? Das alles sind Beispiele dafür, wie unser Unterbewusstsein arbeitet. Das menschliche Gehirn hat die erstaunliche Fähigkeit, eine Sache bewusst zu tun (wie Fahren oder Duschen), während gleichzeitig das Unterbewusstsein an einem Problem arbeitet. Nutzen Sie diese Fähigkeit! Wenn Sie zum Beispiel einen Fachexperten befragen, machen Sie sich Notizen und lassen Sie Ihr Unterbewusstsein seine Arbeit tun. Sie werden sehen, dass Sie viel größere Einblicke in die Anforderungen und sehr gute Folgefragen haben werden.

## Lassen Sie sich nicht von Analyse-Paralyse lahmlegen!

Viele Business-Analysten haben die Analyse-Paralyse mindestens einmal in ihrer Karriere erlebt. Gemeint ist damit eine Situation, in der sie ein Problem immer und immer wieder überdenken, analysieren, dokumentieren, um es danach wieder zu überdenken, zu analysieren und zu dokumentieren. Es entspricht einer Endlosschleife. Irgendwie stecken sie in dieser Schleife fest und finden den Ausgang nicht mehr.

Warum geschieht das? Es gibt ein paar Ursachen für Analyse-Paralyse: Eine davon ist, wenn die Auswertung der Analyse ein anderes Ergebnis als das eigentlich erwartete ergibt. Wir Menschen neigen dann dazu, nach immer weiteren Informationen zu suchen, die die ursprüngliche Erwartung unterstützen würden – es liegt in der menschlichen Natur, recht haben zu wollen.

Ein weiterer häufiger Grund für Analyse-Paralyse ist, dass Sie als Business-Analyst eine Antwort erhalten, die der Auftraggeber so gar nicht mögen wird. In diesem Fall ist es eine gute Idee, sicherzustellen, dass Sie alle Möglichkeiten durchdacht und die Untersuchung vollständig und sorgfältig durchgeführt haben, bevor Sie zum Überbringer der schlechten Nachrichten werden.

Schließlich kann die Analyse-Paralyse durch einen Vertrauensmangel in Ihre Arbeit verursacht werden. Gerade unerfahrene Business-Analysten sind sich oft nicht sicher, ob ihre Schlussfolgerungen oder Empfehlungen richtig sind, sodass sie weiterhin den gleichen Punkt mit verschiedenen Techniken oder Ansätzen beweisen wollen.

Um diesen Kreislauf zu unterbrechen, treten Sie einen Schritt zurück und überlegen Sie, wie Sie Ihre Zeit einteilen:

- Sind Sie bei der Sache geblieben?
- Verbringen Sie Ihre Zeit mit der Detaillierung einer Anforderung, die niemals automatisiert wird, da sie viel zu komplex ist?

- Sind Sie auf der Suche nach etwas, was Sie wahrscheinlich nie finden werden (wie z. B. ein Softwarepaket, das genau dem Bedarf des Benutzers entspricht)?
- Haben Sie vielleicht schon »überanalysiert«, wie Sie Ihre Arbeit noch weiter verbessern können, auch wenn das Projekt bereits in der Abschlussphase ist?
- Wo liegt Ihr Fokus und worauf sollte er besser liegen?

Was auch immer Sie tun, halten Sie kurz inne und überlegen Sie, ob das auch die optimale Nutzung Ihrer Zeit ist. Wenn nicht, machen Sie halt und ändern Sie die Richtung.

Werden Sie sich bewusst, was Sie tun und was Sie noch machen können. Das ist oft der schwierigste Teil. Business-Analysten müssen von Zeit zu Zeit einen Schritt zurücktreten und alles betrachten, um sicherzustellen, dass die Arbeit, die sie gerade tun, die wichtigste Arbeit in diesem Moment ist. Das ist ein guter Grund, um eine Aufgabe zu beenden und am nächsten Tag neu zu betrachten. Oftmals sieht das Problem plötzlich ganz von allein anders aus.

### Technik: Die 80-20-Regel oder das Pareto-Prinzip

Die 80-20-Regel, oder auch Pareto-Prinzip, geht auf den italienischen Ökonom und Soziologen Vilfredo Pareto zurück, der die Häufigkeitsverteilung von Vermögen in Italien untersuchte. Er entdeckte dabei, dass 20 Prozent der Bevölkerung 80 Prozent des Vermögens besaßen. Diese ungleiche Verteilung findet sich in vielen Bereichen wieder, so auch in der Business-Analyse:

80 Prozent ihrer Zeit verbringen Business-Analysten mit 20 Prozent der Anforderungen. Die restliche Zeit sind sie damit beschäftigt, 80 Prozent der Anforderungen zu sammeln. Der Grund ist leicht erklärt: Die Mehrheit der Anforderungen sind relativ einfach und können gerade von erfahrenen Business-Analysten schnell in Interviews erhoben und verstanden werden. Das »Big Picture« lässt sich rasch erkennen und mit Details füllen.

Aber es gibt eben noch einen Rest an Anforderungen. Jedes Unternehmen hat mindestens ein paar Prozesse, Geschäftsregeln oder Bedürfnisse, die sehr komplex und schwer zu verstehen sind. Diese 20 Prozent erfordern die meiste Aufmerksamkeit.

Als Business-Analyst sollten Sie immer beachten, ob diese häufig anzutreffende Verteilung auch auf Ihr Projekt zutrifft. Wenn dies der Fall ist, versuchen Sie festzustellen, welche wichtigen Anforderungen in den 80 Prozent (einfach) oder den 20 Prozent (komplex) zu finden sind. Die Schwierigkeit und Komplexität kann ihren Ursprung in Branchenspezifika haben oder in einem Themenbereich begründet sein, in dem Anforderungen nie klar artikuliert wurden. Ein gutes Beispiel ist ein verworrener Ablauf, der seit vielen Jahren nie analysiert und verbessert wurde und bei dem eigentlich keiner mehr so recht weiß, warum er überhaupt so gemacht wird.

Wenn Sie nun vermuten, dass Ihre Anforderungen nach Pareto verteilt sind, sollten sie zwei unterschiedliche Fälle unterscheiden, die komplett konträre Strategien erfordern:

- Wenn die komplizierten 20 Prozent einen geringen Einfluss auf die übergeordneten Geschäftsanforderungen haben, so stellen Sie die überflüssigen Tätigkeiten an diesen Themen ein oder schränken Sie diese ein. Lernen Sie, Nein zu dem zu sagen, was Ihren Zielen nicht förderlich ist, und freuen Sie sich über die zusätzliche Zeit, die Sie gewinnen, wenn Sie sich auf die wirklich wichtigen Dinge in Ihrer Analyse konzentrieren.
- Wenn die komplizierten 20 Prozent einen hohen Einfluss auf die Geschäftsanforderungen haben, wird Ihnen nichts anderes übrig bleiben, als diese wie alle anderen Anforderungen eingehend zu analysieren und einer Lösung zuzuführen.

## Technik: Timeboxing

Eine nützliche Technik, die auch in der Business-Analyse sinnvoll angewendet werden kann, ist das sogenannte Timeboxing. Timeboxing bedeutet, dass man einen festen Zeitrahmen für bestimmte Business-Analyse-Tätigkeiten festlegt und dafür die Detailtiefe (und somit den Bearbeitungsaufwand) der Anforderungen variabel hält. Diese Technik wird meistens dort verwendet, wo Themen von ganz unterschiedlicher Granularität und Komplexität vorherrschen. Beim Timeboxing nimmt man sich eine bestimmte Zeit, um eine bestimmte Aufgabe zu erfüllen. Das Ziel dabei ist, so viel wie möglich in der vorgegebenen Zeit abzuschließen.

Timeboxing ist insofern schwierig, weil es den Business-Analysten zwingt, Prioritäten zu setzen. Erst wenn es die Zeit erlaubt, können Objekte mit niedrigerer Priorität behandelt werden. Timeboxing ist gerade für Perfektionisten hilfreich.

Stellen Sie sich vor, Sie sind in einem kleinen Projekt, für das Sie ein komplettes Anforderungsdokument in einer bestimmten Zeit abschließen müssen und Sie haben vier zentrale Geschäftsanforderungen. Normalerweise würden Sie wahrscheinlich eine Geschäftsanforderung nach der anderen detailliert in Lösungsanforderungen herunterbrechen und dokumentieren.

Timeboxing würde empfehlen, dass Sie zunächst einige Zeit auf jede Anforderung verwenden, um ein wenig über die Priorität und Risiken zu erfahren. Durch die Arbeit an jeder Anforderung für eine kurze Zeit bekommen Sie zunächst eine Gesamtübersicht über den jeweils zu erwartenden Aufwand und Sie sind besser in der Lage festzustellen, wie viel in der zur Verfügung stehenden Zeit durchgeführt werden kann. Wenn alle vier Anforderungen benötigt werden, brechen Sie diese in vier Timeslots herunter, angelehnt an die insgesamt zur Verfügung stehenden Zeit. Geben Sie danach dem Team Bescheid, wenn Sie möglicherweise nicht in der Lage sind, alle Anforderungen vollständig und professionell in der vorgegebenen Zeit liefern zu können. Behalten Sie den Überblick über Risiken und offene Fragen und stellen Sie häufig Status-Updates zur Verfügung.

Am Ende Ihrer Timebox haben Sie ein Gesamtverständnis von jeder Anforderung und können diese zumindest grob liefern – samt einer Liste an offenen Fragen und möglichen Risiken. Das ist in jedem Fall besser, als die Hälfte der Anforderungen genau bearbeitet zu haben und die andere Hälfte gar nicht.

Timeboxing ist eine großartige Technik um Business-Analyse-Tätigkeiten besonders effizient (im Sinne von Wirtschaftlichkeit) durchzuführen. Gerade bei internen Dokumenten, die nur innerhalb eines Unternehmens besprochen werden, ist Perfektion nicht notwendig: Nur die wichtige Message muss die Zielgruppe erreichen.

## 6.5 Lebenslanges Lernen: Kompetenzen entwickeln

Im vorherigen Abschnitt haben wir Ihnen eine breite Palette von Kompetenzen gezeigt, die ein Business-Analyst unserer Meinung nach haben sollte. Wenn Sie allerdings neu in dieser Rolle sind, wird diese Auflistung Sie vielleicht entmutigen. Vielleicht stellen Sie sich die Frage, ob Sie diese Kompetenzen haben müssen, um überhaupt als Business-Analyst arbeiten zu können. Die Antwort darauf ist eindeutig: nein. Business-Analysten beginnen in der Regel mit bereits gut entwickelten Kompetenzen – aber es gibt immer auch Bereiche, in denen sie weniger gut entwickelte Kompetenzen haben.

Der erste Schritt als Business-Analyst ist, dass Sie die in der speziellen Umgebung erforderlichen Kompetenzen verstehen. Manchmal erfordert die Personalabteilung oder auch das Linienmanagement bestimmte Kompetenzen oder Rahmenbedingungen der unterschiedlichen Rollen. Oftmals ergeben sich diese aber erst durch das Projekt oder das Vorhaben und können gar nicht so im Vorhinein festgelegt werden.

Im Wesentlichen gibt es drei Wege, auf denen Business-Analysten ihre Kompetenzen entwickeln können: Ausbildung, Selbststudium und Berufserfahrung.

- **Ausbildung**: Das ist besonders nützlich bei konkreten Techniken und im gewissem Umfang für die Hard und Soft Skills. In Trainings können Sie weitere Fähigkeiten lernen – sie bieten eine sichere Umgebung, um diese zu üben, oftmals mit einem Coach, der anleitet und ermutigt. Soft Skills-Trainings, aber auch Weiterbildungen in Bereichen wie zum Beispiel Prozessmanagement oder IT sind äußerst nützlich, insbesondere wenn es darum geht, Wissen zu erlangen. Erkundigen Sie sich bei lokalen Vereinen wie der Computergesellschaft (OCG) oder dem ansässigen IIBA.
- **Selbststudium**: Das ist eine hervorragende Möglichkeit für Business-Analysten, ihre betriebswirtschaftlichen Kenntnisse zu erweitern. Durch Lehrbücher oder Lektüre von Fachpublikationen und Wirtschaftszeitungen können Sie Ihr Wissen verbreitern und Ihr Verständnis der Geschäftswelt vertiefen. Das Internet bietet eine Fülle von Ressourcen an Webseiten, Artikeln und Blogs.
- **Berufserfahrung**: Diese bietet die Möglichkeit, Ihre Techniken und betriebswirtschaftlichen Kenntnisse zu vertiefen und zu verbessern. Der Arbeitsplatz ist der beste Ort, an dem Business-Analysten ihre Handlungskompetenzen und persönlichen Qualitäten entwickeln können. Die Leistung der meisten Business-Analysten verbessert sich im Laufe der Zeit, wenn die Erfahrungen wachsen. Sie können das Tempo aber erhöhen, indem Sie in Ihrem Unternehmen nach Coaching- oder Mentoring-Programmen fragen. Selbst wenn sie nicht angeboten werden, gibt es eine Menge zu arbeiten oder viele Gelegenheiten, um mit erfahrenen Business-Analysten zu diskutieren. Allerdings ist es wichtig, den Ansatz anderer Personen an die eigene Persönlichkeit und Kompetenz anzupassen: Was für eine Person gilt, ist nicht unbedingt für andere zutreffend.

# Nachwort

Mark Twain sagte: »Die beiden wichtigsten Tage deines Lebens sind der Tag, an dem du geboren wurdest, und der Tag, an dem du herausfindest, warum.« Für uns war das der Tag, an dem wir unsere Firma den Namen »Gerstbach Business Analyse« gaben. Es ist für uns mehr als ein Beruf, es ist Berufung – keine Pflicht, sondern eine Möglichkeit, uns auszudrücken und Mehrwert zu schaffen. Wir würden uns freuen, wenn wir diese Leidenschaft ein wenig zum Ausdruck bringen konnten und Ihnen ein paar Handwerkszeuge anbieten konnten, mit denen auch Sie erfolgreich im Unternehmen agieren und anderen helfen können.

Aber auch wir möchten gerne von Ihnen lernen und würden uns sehr freuen, Antworten auf die folgenden Fragen zu erhalten[20]: Ist das von uns empfohlene Vorgehen in der Business-Analyse für Sie anwendbar? Sind die Ideen aus diesem Buch mit Ihrem Unternehmen »kompatibel«? Gibt es in Ihrem Unternehmen überhaupt Personen, die man Business-Analyst nennen könnte? Gibt es eine Abteilung, die sich der Entwicklung der Disziplin verschrieben hat?

Insbesondere, wenn Sie die letzten beiden Fragen verneinen müssen, oder wenn Sie der Meinung sind, dass der Stellenwert der Business-Analyse in Ihrem Unternehmen gestärkt werden sollte, hoffen wir, Ihnen am Ende dieses Buches noch ein paar hilfreiche Tipps geben zu können.

Wir sind davon überzeugt, dass jedes Unternehmen gute Business-Analysten dringend benötigt, um Veränderung im Unternehmen schneller, günstiger und vor allem zielsicher zu erreichen. Wenn Sie Business-Ana-

[20] Die Kontaktdaten der Autoren finden Sie auf der Buch-Website http://gerstbach.at/buch/basiswissen

lyse in Ihrem Unternehmen professionalisieren wollen, empfehlen wir Ihnen die folgenden Punkte zu beachten:

- Als Erstes sollten Sie sich Gedanken darüber machen, welche Ziele das Unternehmen mit Business-Analyse überhaupt erreichen will. Eine ausführliche Standortanalyse hilft Ihnen zu verstehen, was Sie bereits erreicht haben, und ermöglicht es Ihnen, einen Maßnahmenplan zu erstellen.
- Bauen Sie ein effektives Team mit einer klaren Rollen- und Aufgabenverteilung auf und finden Sie die passenden Mitarbeiter mit den entscheidenden Skills.
- Investieren Sie in die methodische Kompetenz Ihrer Mitarbeiter und unterstützen Sie die Entwicklung der persönlichen Kompetenzen und des richtigen Mindsets Ihrer Business-Analysten.
- Definieren Sie ein Vorgehen, das alle zentralen Ziele der Business-Analyse berücksichtigt, und sorgen Sie für eine effiziente Arbeitsorganisation, beispielsweise durch passende Vorlagen und Checklisten.
- Zu guter Letzt stellen Sie sicher, dass alle Konzepte in die Praxis umgesetzt werden und sich nachhaltig etablieren. Dabei sind erfahrene Business-Analysten, die als Mentoren und Sparringpartner agieren, extrem hilfreich.

*Wir wünschen Ihnen viel Erfolg!*

*Herzlichst,*

*Ingrid und Peter Gerstbach*

# Über die Autoren

© Budiono Nguyen

Ingrid Gerstbach ist Unternehmensberaterin, Trainerin, Coach und Autorin. Sie hat Betriebswirtschaft, Bildungswissenschaft und Wirtschaftspsychologie studiert und in zahlreichen Projekten Unternehmen, Topführungskräfte und Teams begleitet, beraten und gecoacht. Sie verwendet die Innovationsmethode Design Thinking in der Business-Analyse, um festgefahrenen Projekten neuen Schwung zu verleihen. Sie gilt als einer der ersten Design Thinking-Trainerinnen und führende Beraterin im Bereich Business-Analyse. Sie ist Gesellschafterin der Gerstbach Business Analyse GmbH und Organisatorin der BA Camps.

© Christian Postl

Peter Gerstbach ist Unternehmensberater, Trainer, Coach und Podcaster. Er hat Wirtschaftsinformatik und Informatik studiert und in nationalen und internationalen Unternehmen Business-Analyse-Projekte eingeführt und begleitet. Er gilt als einer der erfahrensten internationalen Berater und Trainer im Bereich Business-Analyse. Er ist Mitgründer des IIBA Austria Chapter – Internationales Institut für Business Analyse in Wien sowie geschäftsführender Eigentümer der Gerstbach Business Analyse GmbH.

# Stichwortverzeichnis

**T**



**U**



**V**



**W**



**Z**